JN299264

入門 水処理技術

和田洋六

東京電機大学出版局

はじめに

　水は私たちの生命維持をはじめ，生活用水，産業活動，環境保全に欠かすことのできない重要な物質です。石油や天然ガスは一度使ってしまうと元の姿に戻りませんが，水に限っては繰り返し使うことのできる循環型資源です。

　地球上に存在する水は約 14 億 km^3 といわれており，昔も今もその量は変わりません。このうち地下，河川，湖沼などの淡水として存在するのは，全体の約 0.8% とされています。私たちが生活や産業に利用できる淡水の量はそのまた一部であり非常に限られています。

　地球上の水の大半は，海水が太陽熱によって蒸発し，水蒸気が雨となって陸地に降りそそぎ，淡水として利用されるという大循環を繰り返しています。水があれば人は定住し，農業や畜産が営まれ，やがて産業も発展します。

　水循環が自然の営みのなかで行われているあいだは，人の生活用水や産業用水の供給バランスに問題はありませんでした。ところが，近年，人口増加・経済成長・環境汚染などさまざまな要因によって，水の循環サイクルが円滑に進まなくなっています。

　21 世紀になって世界の水資源は多くの地域で需要と供給のバランスが崩れはじめ「水のあるところにはあり余るほどあり洪水被害まで起こすが，ないところには一滴の飲み水すらない」という偏在した状況で，衛生的な生活を維持するための水を確保することが難しくなっています。

　世界の水必要量は 2025 年には 2000 年と比べて約 3 割増加すると見込まれています。なかでも，人口増加の著しいアジアは世界の必要量の約 6 割を占めるとされています。水不足は生活・産業・農業・生態系の破壊など，さまざまな分野に影響を及ぼします。これに加えて，発展途上国では環境保全よりも生産性を優先せざるをえない事情もあって，水質汚濁による健康被害が追い討ちをかけ，深刻な状況も発生しています。

環境対策を進めるには，一般市民への環境教育，産業界での環境保全技術の普及が必要です。快適な環境が整備されると人々の心にゆとりが生まれ，経済活性化のきっかけが芽生え，これらが相互に影響しあってさらにクリーンで豊かな社会を構築しようとする意欲がわいてきます。

　環境保全と経済活性化の両方を達成する手段のひとつに水の高度処理とリサイクル技術があります。ここに水処理ビジネスの活躍の場が生まれます。

　これらの観点から，本書は，水ビジネス，水の高度処理とリサイクル，有害物の処理など，実務に役立つ水処理技術に焦点を合わせて解説しています。

　この本は，理工学部の学生をはじめ，水処理をある程度経験した技術者，日ごろ水処理の業務にたずさわる技術者の方々が短時間に理解できるようにわかりやすく書きました。本書が水処理にたずさわる読者の実務上のガイドブックとして役立てば幸いです。

　本文中に掲げた多くの文献，資料の著者ならびに東京電機大学出版局の皆様の努力に厚くお礼申しあげます。

2012 年 10 月

和田洋六

目次

第 1 章 水ビジネス 1

1.1 家庭用水 4

1.2 ミネラルウォーター 6

1.3 バーチャルウォーター 7

1.4 工業用水 9

1.5 上水および工業用水の水質と処理方法 12

1.6 排水の水質と処理方法 14

第 2 章 膜分離 21

2.1 MF 膜ろ過 21

2.2 UF 膜ろ過 27

2.3 RO 膜脱塩 32

第 3 章 イオン交換 52

3.1 イオン交換樹脂の種類 52

3.2 イオン交換樹脂による脱塩 54

3.3 脱塩装置 57

3.4 イオン交換樹脂の再生 63

3.5 超純水 67

第 4 章 オゾン酸化　　74

4.1　オゾンの発生方法　74

4.2　オゾンの特性と利用例　76

4.3　オゾンの溶解方法　83

第 5 章 促進酸化法（AOP）　　85

5.1　紫外線の特徴と UV ランプ　85

5.2　AOP 処理の原理と特長　89

5.3　AOP 処理のフローシート　91

5.4　光洗浄　94

第 6 章 活性炭吸着　　97

6.1　活性炭の性質　97

6.2　活性炭の塩素分解　99

6.3　UV オゾン・活性炭処理　100

6.4　活性炭塔の材質と配管例　102

第 7 章　生物学的処理　　　　　　　　　　　　104

7.1　活性汚泥法　104

7.2　生物膜法　128

7.3　膜分離活性汚泥法（MBR）　138

第 8 章　チッ素処理　　　　　　　　　　　　143

8.1　チッ素・リンによる富栄養化　143

8.2　チッ素除去　145

第 9 章　リン処理　　　　　　　　　　　　151

9.1　凝集沈殿法　152

9.2　生物処理法　153

9.3　晶析法　155

第10章 有害物の処理　157

- 10.1 シアンの処理　157
- 10.2 クロムの処理　162
- 10.3 Cr^{3+}化成処理排水の処理　166
- 10.4 重金属の処理　173
- 10.5 フッ素（F）・ホウ素（B）の処理　181
- 10.6 放射性セシウム　195
- 10.7 ジオキサン　202

第11章 水のリサイクル　208

- 11.1 RO膜法とイオン交換樹脂法による表面処理排水のリサイクル　209
- 11.2 2段RO膜分離とUVオゾン酸化による産業排水のリサイクル　216
- 11.3 シアン含有排水のリサイクル　227
- 11.4 クロム（Cr）含有排水のリサイクルとクロムの再資源化　234
- 11.5 汚染地下水のリサイクル　245

索引　255

第1章 水ビジネス

　わが国において「水ビジネス」という言葉はまだ馴染みが薄いが，世界的にみるとその歴史は古く，19世紀のフランスで上下水道事業の民営化として始まっている。その後，1980年代後半のイギリスにおける公共事業の民間委託の普及をきっかけに，水ビジネスを取り扱う企業が欧州域内で成長し，今では世界各地に普及している。

　欧米の水メジャー企業（上下水道の整備や海水淡水化などの水供給にかかわる事業を総合的に手掛ける複合企業）は官民一体となって国際的に優位な位置を構築している。水メジャー企業は自国における水事業の経営を通じて安定した営業基盤をもち，装置設計・建設から管理・運営までを自社で一貫して提供できる強みをもっている。

　水メジャー企業が国際的に優位な状況を確保している要因のひとつは，国を挙げて国益を考えた戦略をとっている点である。これにより，輸出相手国の規格，水処理の実態にまで踏み込んだ技術を提供すると同時に，有力な営業情報を得ている。ドイツ，シンガポール，スペイン，韓国などでも自国の経験を活かしつつ，国策として世界展開を図る動きが加速している。

　これに対しわが国では，強みとする要素技術はいくつもあるものの，各企業の取り組みが断片的で，国策としての戦略的展開はみえない。

　商社などは，個々に海外の民営化事業への投資を進めてはいるが，水ビジネス事業全体を欧米の水メジャー企業並みに組織化するには至っておらず，日本の強みを活かした連携がとれていない。

　わが国の水道事業はもともと公営事業として運営されてきた経緯から，どうしても安定指向になりがちで，海外事業案件の入札に必要な情報の入手，管理・運営に関する知見が乏しい。したがって，今後は顧客のニーズに応えつつ国際的に

競争力のある価格をすばやく提示するための努力が求められる。

これらのことから，わが国の水ビジネスは，水処理技術とからめて官民一体となった戦略的なしくみを構築することが急務である。

表1.1は水ビジネスにおける国内外のおもな関連企業例である。

表1.1　国内外のおもな水ビジネス関連企業

	資機材製造	設計，建設，維持管理	事業運営
海外企業	Veolia enviroment（フランス），Suex enviroment（フランス），GE water（アメリカ）		
	Giemens（ドイツ），Dow chemical（アメリカ），GE water（アメリカ），ITT（アメリカ）		
		Thames Water（オーストラリア），Befesa（スペイン），Hyflux（シンガポール），CH2M Hill（アメリカ）	
		Keppel（シンガポール），Doosan（韓国），Black and Veatch（アメリカ）	
日本企業	〔水処理機器企業〕旭化成，旭有機材，水 ing，クボタ，クラレ，ササクラ，積水化学，東洋紡，東レ，酉島，日東電工，日立プラント，三菱電機，三菱レイヨン，明電舎，横河電磁など	〔エンジニアリング企業〕オルガノ，栗田工業，JFEエンジ，水道機工，千代田化工，東洋エンジ，日揮，日立造船，日立プラント，三菱化工機，三菱重工，IHI　など	〔商社〕伊藤忠，住友商事，双日，三井物産，三菱商事，丸紅など 〔国内〕地方自治体

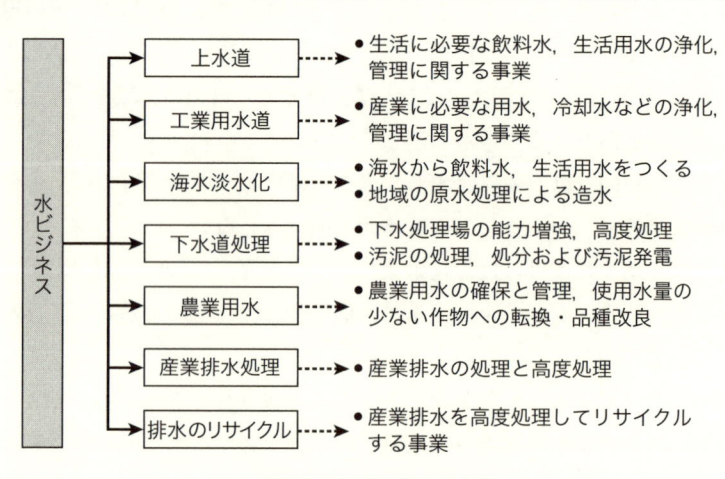

図1.1　水ビジネスの内容

水ビジネス
- 上水道 → 生活に必要な飲料水，生活用水の浄化，管理に関する事業
- 工業用水道 → 産業に必要な用水，冷却水などの浄化，管理に関する事業
- 海水淡水化 → 海水から飲料水，生活用水をつくる／地域の原水処理による造水
- 下水道処理 → 下水処理場の能力増強，高度処理／汚泥の処理，処分および汚泥発電
- 農業用水 → 農業用水の確保と管理，使用水量の少ない作物への転換・品種改良
- 産業排水処理 → 産業排水の処理と高度処理
- 排水のリサイクル → 産業排水を高度処理してリサイクルする事業

図 1.1 は水ビジネスの内容例である。水ビジネスは上水道・工業用水道・下水道・農業用水・排水処理・排水のリサイクルなど多くの領域を網羅した業務であり、すそ野の広い産業である。

　最近、東京都や地方自治体が水処理エンジニアリング企業や設備メーカーと共同で東南アジアの都市などから水ビジネスともよべる水道事業を受注する事例も具体化してきており、これからの展開が期待される。

　世界の水問題は深刻化し、今から数年前に 21 世紀は「水の世紀」になるといわれた。現在、その言葉が水不足・水汚染・水紛争などを包括する概念としてしばしば使われ、にわかに現実味を帯びてきた。20 世紀は石油を押さえたものが世界経済の行方を左右した。近い将来、「水」が「石油」にとって代わる時代が到来するかもしれない。

　今後、中国、インドをはじめとした新興国や東南アジアの国々における人口増加、経済発展、工業化の進展に伴い、水ビジネスは 2025 年には市場規模が 100 兆円になると見込まれており、水ビジネスに対する需要が急速に高まると予想される。

　図 1.2 は世界の年間水需要と人口の推移である。2025 年には世界人口は 80 億人に迫り、年間の水需要は 5,000 km^3 を超えると見込まれている。

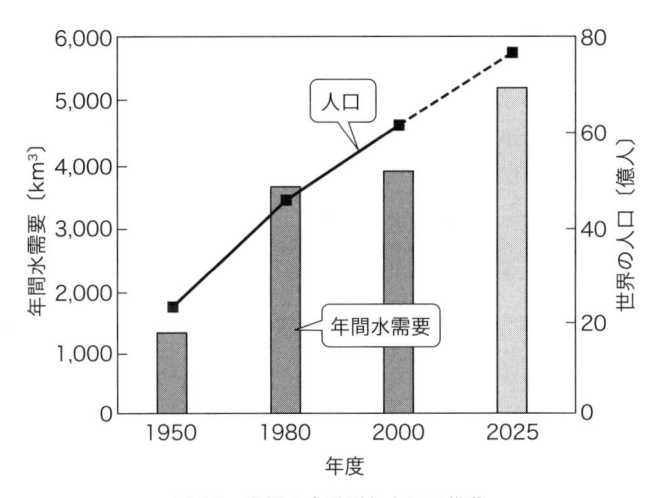

図 1.2　世界の水需要と人口の推移
SHI and UNESCO（1999）を参考に筆者が加筆

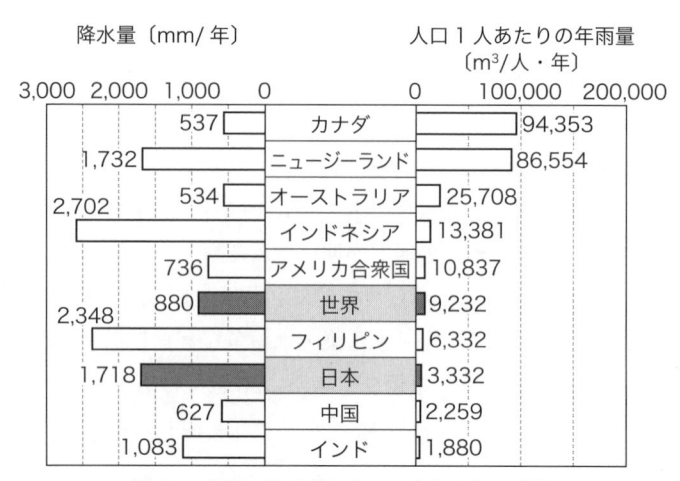

降水量〔mm/年〕		人口1人あたりの年雨量〔m³/人・年〕
537	カナダ	94,353
1,732	ニュージーランド	86,554
2,702 / 534	オーストラリア	25,708
	インドネシア	13,381
736	アメリカ合衆国	10,837
2,348 / 880	世界	9,232
	フィリピン	6,332
1,718	日本	3,332
627	中国	2,259
1,083	インド	1,880

図1.3 世界の降水量と人口1人あたりの雨量

　図1.3は世界の降水量と人口1人あたりの雨量である。わが国の年間平均降水量は約1,718 mmで，世界平均降水量約880 mmの2倍と恵まれている。しかし，狭い国土のわりに人口が多く，1人あたりの平均降水量は世界平均の1/3程度で，決して豊富とはいえない。

　地球上の水の量は変わらないで世界の人口が増えれば，当然，水需要が増える。このため，安価で安全な飲み水が入手できる浄水技術と環境に負荷をかけない水循環システムの構築が望まれている。

　今後も増加すると予測される地球規模の水不足に対応して，日本国内だけでなく世界の水事情の動向から目が離せない。

1.1　家庭用水

　図1.4は家庭における1人あたりの水使用量と用途である。使用目的の割合はトイレ（28％），風呂（24％），炊事（23％），洗濯（16％）とおもに洗浄目的が多い。1985年の水使用量は1人あたり287リットルだったが，生活が便利になり，水道水を使う機器が増えたこともあって1995年には322リットルと増加した。

　その後，節水機器の技術向上や普及を反映して2005年は1人あたりの平均使用水量は307リットルと減少した。

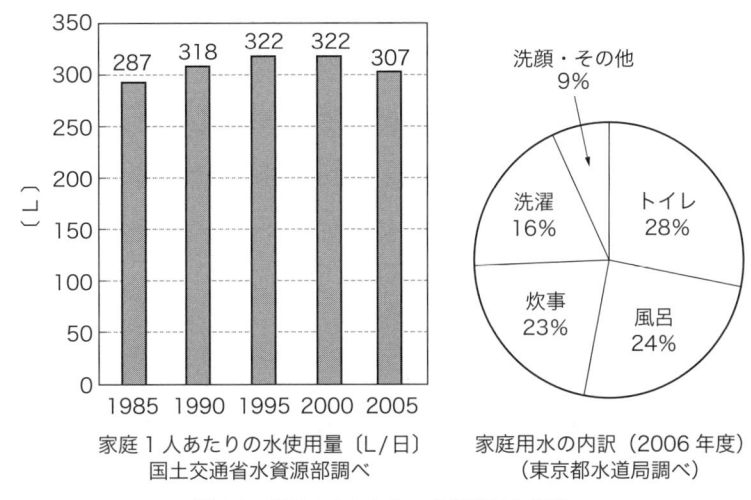

図1.4 家庭1人あたりの水使用量と用途

　これまでわが国のトイレ洗浄水量は，1回あたり洗い落とし式で10リットル前後，サイホンゼット式で13リットル（いずれも大洗浄）というのが一般的であった。2011年に大洗浄4リットル，小洗浄3.3リットルの節水型便器が販売されるなど，節水型機材の研究が進んでいる。

　洗濯で使用する水は，1回あたり100〜120リットル（洗濯時間約30分）程度である。ある洗剤メーカーのデータによれば，泡ぎれのよい洗剤を使ってすすぎを1回に設定すると，全自動縦型洗濯機で約5〜50リットル，ドラム式洗濯機で約15〜24リットルの節水になるなど，洗剤の改良も進んでいる。

　風呂の節水としては，残ったお湯を捨てないで掃除，洗濯，植物への水やりなどに再使用することや，浴槽に入らないでシャワー（10分以内）で済ませることなどが考えられる。

　いずれも節水することで水道料金の節約になるので家計の助けとなる。一例として，東京都23区の家庭で1カ月に21 m³以下の水道水を使っていたとする。この場合の1 m³の水道代単価は303円（上水163〔円〕＋下水140〔円〕）である。

表 1.2 ミネラルウォーターの区分

表示区分	特徴
ナチュラルウォーター	特定の水源から採水された地下水を原水に，沈殿，ろ過，加熱殺菌以外の処理を行っていないもの。
ナチュラルミネラルウォーター	ナチュラルウォーターのうち自然の状態でミネラルが溶け込んだ地下水を原水にしたもの。
ミネラルウォーター	ナチュラルミネラルウォーターを原水に人工的にミネラル調整をしたり，複数のナチュラルミネラルウォーターを混合したりしたもの。
ボトルドウォーター	上記3つ以外のもので，地下水を原水にしていないもの。

1.2 ミネラルウォーター

表1.2にミネラルウォーターの区分を示す。ミネラルウォーターとは，容器入り飲料水のうち，ナチュラルミネラルウォーターを原水に人工的にミネラル調整を施したり，複数のナチュラルミネラルウォーターを混合したものをいう。日本では原水の成分に無機塩添加などの調整を行っていないものは，ナチュラルウォーターまたはナチュラルミネラルウォーターとよぶ。一方，原水が地下水でないものは，ボトルドウォーターとよぶ。これらの区分については，農林水産省がガイドラインを定めている。

WHOの基準では，塩類の量を炭酸カルシウム（$CaCO_3$）に換算したアメリカ硬度〔mg/L〕において，0～60のものを軟水，120～180のものを硬水，180以上のものを非常な硬水と決めている。

欧州各地の地下水はもともと塩分濃度が高過ぎて飲めない。そのため昔から，味の良い地下水のある地域の水を瓶詰めして，飲料水として販売していた。また水道水を沸かすと，やかんの内側にカルシウム（Ca）やマグネシウム（Mg）などの硬度成分が付着するなどの実害もあった。これらの事情から水質が悪い都市圏を中心に「ミネラルウォーター」の販売が普及した。わが国の水道水は安全なのでそのまま飲むことができるが，ミネラルウォーターを健康志向や自分の好みに合った水として愛飲する人々が増加している。

図1.5はいくつかの溶液のpHと酸化還元電位（ORP：Oxidation Reduction Potential）である。日本の水道水はおおむねpH 6.8～7.5，ORPは400～

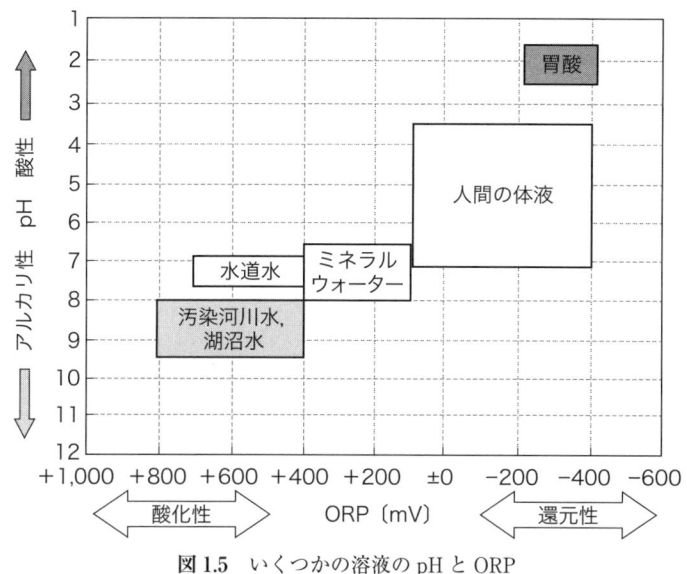

図1.5 いくつかの溶液のpHとORP

650 mV，残留塩素（Cl_2）濃度 0.2〜0.4 mg/L 程度である。ORP が高いのは残留塩素があるためで，試みに，ORP500 mV の水道水 200 mL に緑茶の葉を茶さじ1杯くわえると ORP はたちまち 50 mV 程度に低下する。これは緑茶に含まれる成分が残留塩素を消費したためである。ミネラルウォーターは水道水のように残留塩素が含まれないので，ORP が 100〜450 mV 程度である。

　水道水は塩素が残留しているので衛生学的には無害であるが，そのまま飲用するのは残留塩素のために酸化性が強いので健康上好ましくない。その対策として，①一度沸騰させてから冷やす，②活性炭に接触させて残留塩素を除く，③家庭用の浄水器でろ過する，などの方法をとることをお勧めする。

　図1.6 はミネラルウォーターの生産と輸入量の推移である。生産量は，2000年には 1,000 千 kL に満たなかったが 2008 年には 2 倍の 2,000 千 kL に達しており，今後も増加する傾向にある。

1.3　バーチャルウォーター

　「バーチャルウォーター」とは，ある国の輸入物資を「仮に」自国内でつくる

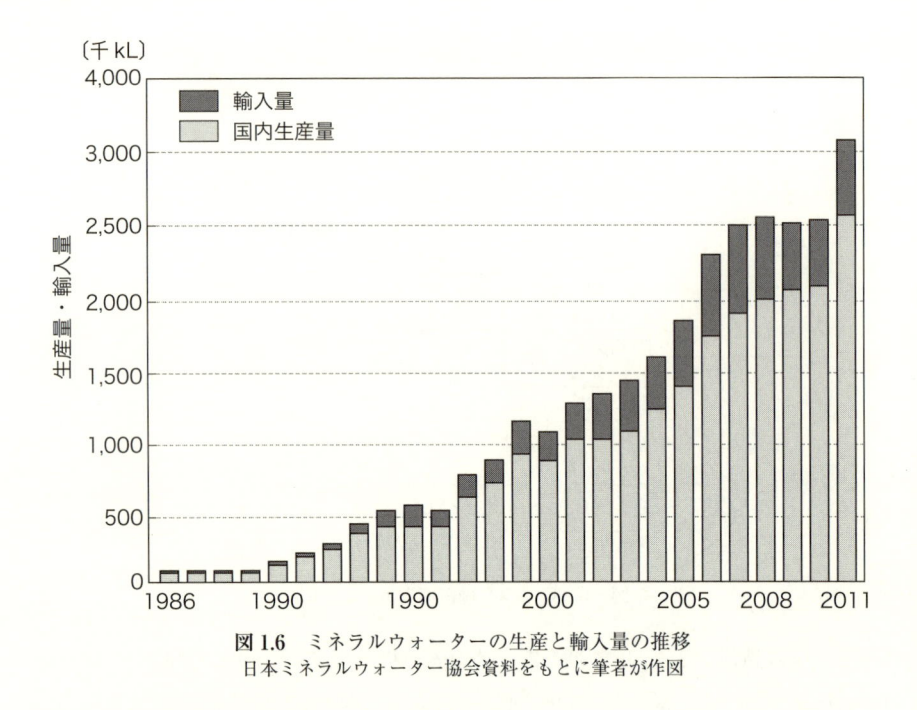

図1.6 ミネラルウォーターの生産と輸入量の推移
日本ミネラルウォーター協会資料をもとに筆者が作図

としたら，その場合必要となる水の量のことである。ロンドン大学東洋アフリカ学科名誉教授のアンソニー・アラン氏がはじめて紹介した。

たとえば，1 kgのトウモロコシを生産するには，灌漑用水として1,900リットルの水が必要となる。また，牛はトウモロコシなどの穀物を大量に消費しながら育つため，牛肉1 kgを生産するには，その約20,000倍もの水が必要となる。つまり，日本は海外から食料を輸入することによって，その生産に必要な分だけ自国の水を使わないで済んでいるということになる。言い換えれば，食料の輸入は形を変えて水を輸入していることになる。その量は年間800億 m^3（2005年環境省推計）に達し，日本全体の年間水使用量834億 m^3（同年国土交通省水資源部推計）に匹敵するほどであり，その意味においてわが国も世界の水不足と無縁ではない。

図1.7は主要穀物（5品種）の水消費原単位試算例である。穀物の年間水輸入量は，トウモロコシ145億 m^3/年，大豆121億 m^3/年などと試算され，穀物や畜産物にかかわる水の総輸入量は年間640億 m^3 にも達する。一方，工業製品はわ

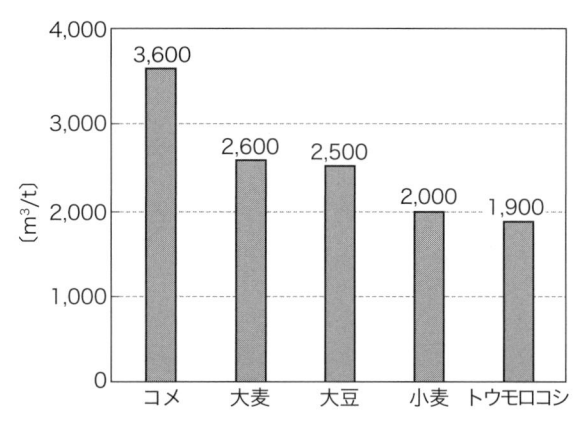

図 1.7 主要穀物（5 品種）の水消費原単位
東京大学生産技術研究所　沖大幹教授らのグループによる試算
「世界の水危機，日本の水問題」2002 年発表，2003 年修正版

ずか 14 億 m^3 である．視点を変えれば，日本はこれだけ多くの水を外国から輸入しているといえる．

1.4　工業用水

　水道水とは別に，工場などの生産工程で使われる水を工業用水とよぶ．わが国の工業用水道は世界的にはあまり類例をみないもので，地下水の汲み上げによる地盤沈下を防止するための行政施策として計画・実施された．
　図 1.8 は工業用水の用途である．図 1.9 は工業用水使用量の推移である．工業用水の総使用量は，近年，ほぼ横ばいで推移しているが，従来から主要な用途である冷却用，洗浄用，ボイラ用，原料用，温度調整用等に加え，最近は IC 産業，電子産業，ファインケミカル（医薬品）産業等の先端事業において高品質の水が要求されるなど，新たな水需要も発生している．
　図 1.10 は全国の水使用量である．1990 年以降，生活用水，農業用水の消費量はそんなに変わらないが，工業用水は節水，リサイクルなどの効果もあってか減少傾向がみられる．
　図 1.11 は生産工程における水洗段数と使用水量の関係例である．処理槽で処

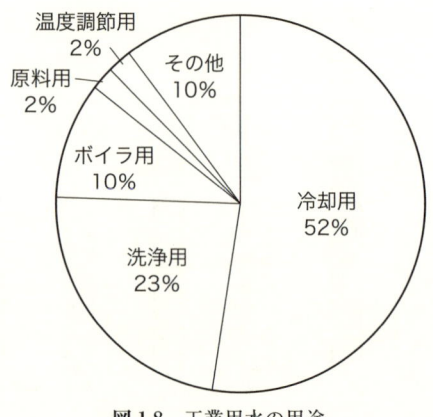

図1.8 工業用水の用途

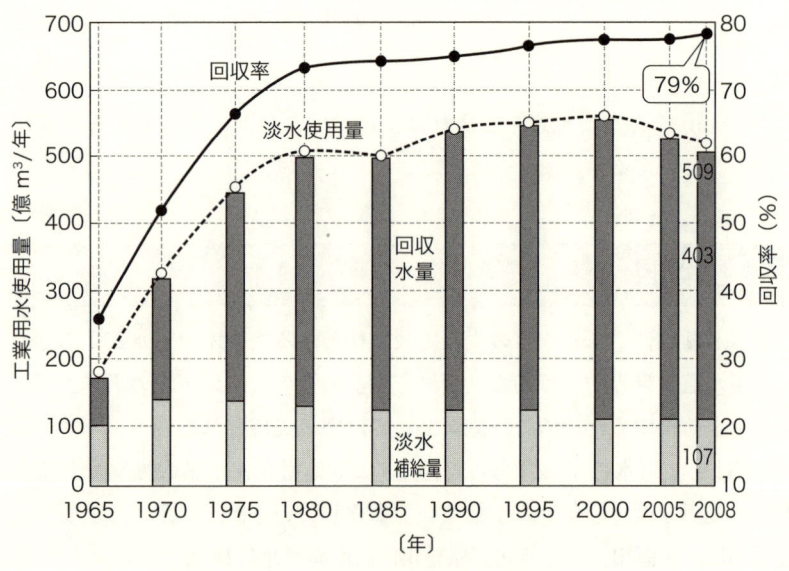

図1.9 工業用水使用量の推移
国土交通省水資源部による数値を参考に筆者が作図

理した品物はNo.1 → No.3水洗槽を経由して仕上がる。一方，水洗水はNo.3 → No.1水洗槽に向かって流れ，水洗排水として排出される。ここで，品物と水の流れ方向が相反するので，この方式を向流水洗とよぶ。

このような向流多段水洗方式をとると，水洗水の消費量を節約できる。

図 1.10 全国の水使用量
国土交通省水資源部の推計を参考に筆者が作図

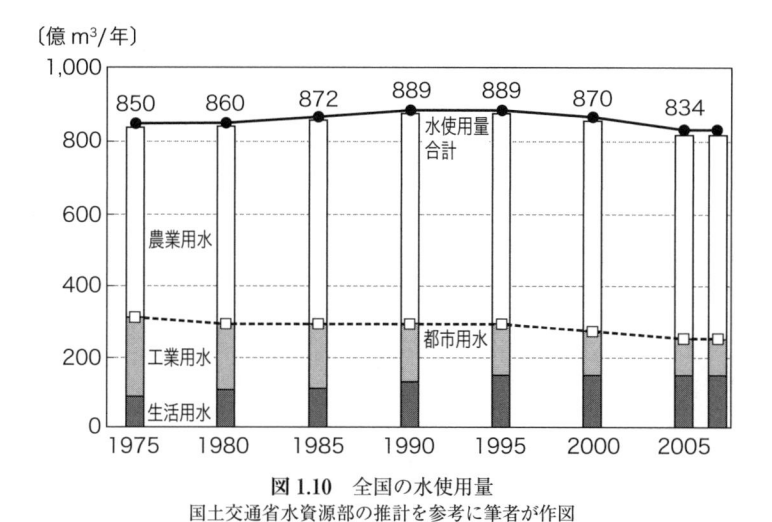

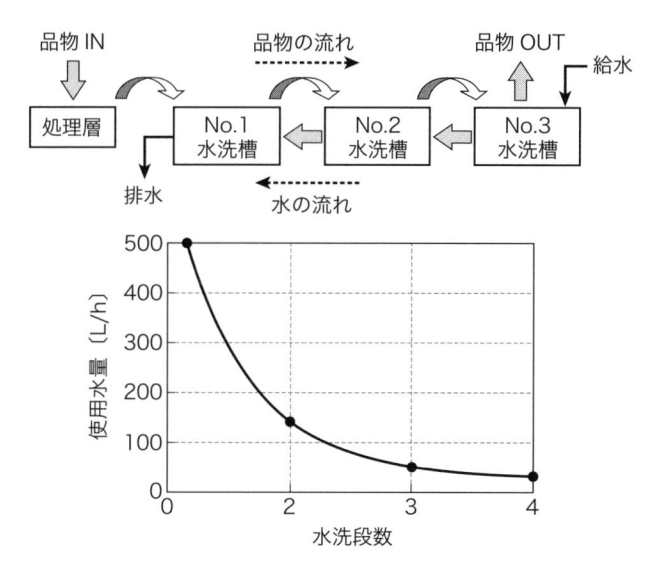

図 1.11 水洗段数と使用水量の関係例

図 1.11 に示す 3 段水洗は 2 段水洗の約 2/5 の水量（60/150）で同じ効果が得られるが，3 段水洗を 4 段水洗に増やしても水洗効果はあまり変らない。したがって，ここでは 3 段水洗が一番効果的ということになる。

向流多段水洗方式は電子，機械，食品，表面処理など多くの生産現場の水洗工程で節水に威力を発揮している。

　われわれの日常生活でも歯磨き後の「口ゆすぎ」や食器洗いで，おおむね3回洗浄を繰り返すと感覚的にきれいになったと思うが，これと同じである。

1.5　上水および工業用水の水質と処理方法

　表1.3は上水道および工業用水道の水質と処理方法の一例である。いずれの水質も参考値としての一例を示したものなので，全体の比較検討資料として参照のこと。

　上水では飲料水，食品用水，医療用水の水質事例とこれらの水を得るための処理方法について記載した。詳細については別に定めた各分野別の水質基準があるのでそちらを参照のこと。上水は人の健康や医療にかかわるので一般細菌や大腸菌などの項目を重視している。工業用水では製造する製品によって要求水質が異

表1.3　上水道および工業用水道の水質例と処理方法

区分	用水名称	水質例												処理方法
		pH	EC (μs/cm)	TDS	SS	TOC	COD	硬度	DO	SiO_2	チッ素	Cl^-	一般細菌	金属等	
上水	飲料水	5.8-8.6		<500	濃度<2		<10	<300				<10	<200	<100 cfu/mL	Fe:<0.3 Mn:<0.05	①②④⑧
	食品用水	5.8-8.6		<500	濃度<2		<10	<300				<10	<200	<100 cfu/mL	Fe:<0.3 Mn:<0.3	①②③⑧
	医療用水	5-7	<0.5			<100 ppb						<10	<200	<100 cfu/mL		①②⑤⑪
工業用水	冷却水	6-8	<200					<50	<30			<50			Fe:<0.3	①②③⑧
	洗浄用水	6-8	<10	<3	0	<1 mg/L	<3	0		<5		<10			Fe:<0.1 Mn:<0.05	①②⑤⑧
	ボイラ水	8.5-9.5	<0.3	<2	0		0		<0.007	<0.2		—			Fe:<0.02 Mn:<0.005	③⑦
	純水	6-8	<10	<3	0	<1 mg/L	<3	0		<2					Fe:<0.1 Mn:<0.05	①②⑤⑦
	超純水	6-8	>18.2 M$\Omega\cdot$cm		0	<1 μg/L			<2 μg/L	<0.1 μg/L	<1	<1 ng/L	<0.1 個/L	<0.05 ng/L		⑤⑥⑦⑩
	農業用水	6.0-7.5	<300		<100		<6		>5		<1				Zn:<0.5 Cu:<0.2	①②

　処理方法の内訳　①凝集沈殿　②砂ろ過　③除鉄・除マンガン　④活性炭処理　⑤MF膜・UF膜ろ過　⑥RO膜脱塩　⑦イオン交換　⑧塩素殺菌　⑨オゾン酸化　⑩UV殺菌　⑪蒸留

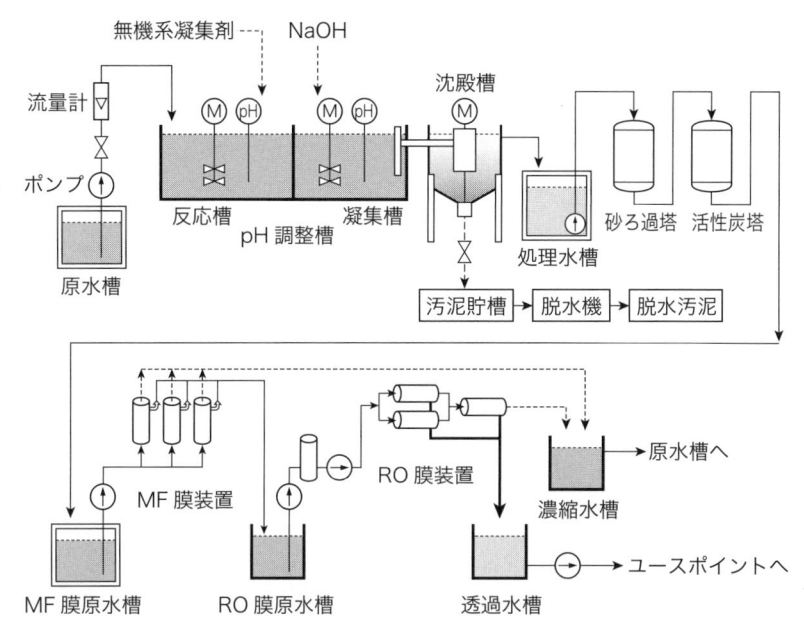

図 1.12 工業用水製造フローシート例

なる。

洗浄用水，ボイラ水，純水，超純水などは高い清浄度が要求されるので膜ろ過（MF 膜ろ過，UF 膜ろ過），RO 膜脱塩，イオン交換，UV 殺菌などを組み合わせた処理技術が使われる。

図 1.12 は工業用純水製造フローシート例である。工業用水や河川水は水道水ほどきれいな水ではないので，原水槽に貯留した水は無機系凝集剤（PAC：ポリ塩化アルミニウム）等を用いて凝集沈殿処理をする。処理水は砂ろ過，活性炭処理をして水道水と同じ程度の水質とする。

この段階まで処理した水は冷却水の補給水として利用可能である。さらに高純度の水が必要なときは MF 膜ろ過，RO 膜脱塩の工程を付加する。これにより，電気伝導率（EC：Electric Conductivity）$10\,\mu$S/cm 程度の純水が安定して得られる。処理水は生産工程における洗浄水や薬品溶解用水として利用できる。原水の濁度が少なく水質が良い場合は，図 1.12 下段の MF 膜と RO 膜で処理すれば良質の工業用水が回収できる。

膜処理の前段では膜面閉塞防止の観点から，高分子凝集剤は使用してはならない。EC 10 μS/cm 以下の純水が必要な場合は，イオン交換樹脂処理を付加する。膜分離とイオン交換樹脂処理の組み合わせは樹脂の再生頻度を減らすので実用上，経済的な処理方法といえる。

表 1.3 で冷却水に使う水は pH 6～8，EC 200 μS/cm 以下，硬度 50 mg/L 以下，シリカ（SiO_2）30 mg/L 以下，鉄イオン（Fe^{2+}，Fe^{3+}）0.3 mg/L 以下が目安で，ほぼ飲料水の水質と同等である。

ここでの数値は冷却塔などに補給する水の水質を示している。水処理薬品を添加してある冷却塔の中を循環する水の水質とは異なるので注意すること。

農業用水は pH 6.0～7.5，EC 300 μS/cm 以下，浮遊物質（SS：Suspended Solids）100 mg/L 以下，化学的酸素要求量（COD：Chemical Oxygen Demand）6 mg/L 以下，溶存酸素（DO：Dissolved Oxygen）5 mg/L 以上と植物の成長に損害を与えない範囲の水質である。

超純水は明確な定義や国家・国際規格がない。実際にはメーカーの使用目的に見合った要求水準を満たすことが条件となる。

1.6　排水の水質と処理方法

表 1.4 はおもな産業排水の水質例とその処理方法である。表 1.4 に示す産業排水の処理では，いずれの排水もひとつの処理方法が単独で使用されることはなく，いくつかの手段を組み合わせて処理する。

図 1.13 は表面処理排水の処理フローシート例である。ここでは，凝集沈殿・生物処理・砂ろ過・活性炭処理などを組み合わせて段階的に処理するのがポイントである。

表 1.4 のなかで，無機系排水は重金属類，フッ素（F），ホウ素（B）などの処理が大きな比率を占める。有機系排水では難分解性 COD，生物学的酸素要求量（BOD：Biochemical Oxygen Demand）などに代表される有機物とノルマルヘキサン抽出物質（N-Hex.），チッ素（N），リン（P）成分の処理が重視される。

海外ではどうだろうか。発展途上国では，都市化の進展と生活様式の変化により生活用水と生活排出が増加し，一方で下水処理への対応が遅れている。また農

表 1.4 産業排水の水質例と処理方法

区分	排水名称	水質例 (pH 以外は [mg/L])													処理方法
		pH	SS	COD	BOD	N-hex.	鉄	銅	ニッケル	亜鉛	フッ素	ホウ素	チッ素	リン	
無機系	表面処理	1-12	<200	<100	<50	<100	<100	<50	<50	<50	<100	<50	<100	<50	①②④⑦
	電気めっき	1-12	<200	<50	<50	<100	<100	<50	<50	<50	<100	<50	<200	<250	①②⑤⑥
	電子工業	2-12	<100	<50	<50	<50	<50	<50	<20	<10	<200	<50	<100	<50	①②⑤⑥
	鉄鋼業	3-10	<100	<100	<100	<50	<200	<50	<50	<50	<20	<20	<50	<50	①②③⑦
	火力発電	5-10	<100	<50	<20	<20	<20	<20	<20	<20	<100	<50	<50	<50	①②③⑦
	産廃処理	1-14	<500	<900	<500	<500	<500	<200	<200	<200	<100	<100	<500	<200	①④⑦⑪
有機系	石油精製	6-10	<200	<500	<500	<500	0	0	0	0	0	0	<50	<50	①②③⑦
	有機薬品	6-10	<100	<800	<500	<500	0	0	0	0	0	0	<100	<50	①③⑦⑩
	食品工場	3-9	<500	<500	<1000	<500	0	0	0	0	0	0	<200	<50	①⑦⑧⑨

処理方法の内訳　①凝集沈殿　②砂ろ過　③活性炭処理　④ MF 膜・UF 膜ろ過　⑤ RO 脱塩　⑥イオン交換　⑦活性汚泥処理　⑧ MBR　⑨塩素殺菌　⑩オゾン酸化　⑪減圧蒸留

業の近代化や生産量の増加に伴い，公共水域に流出する肥料由来の栄養塩が増加し，これらが組み合わり河川や湖沼の富栄養化が進む。これに加えて，産業の発展に伴う工場排水の増加が水汚染に追い討ちをかけ，さらなる水質汚濁問題が顕在化・深刻化しつつある。

　とくに，経済発展の著しい中国における水質汚濁は深刻で，河川や湖沼水の過半数が飲料に適さない水準まで汚染されているといわれている。2012 年 5 月，中国国家環境保護総局の幹部は「汚染された河川の水質はすでに改善不能の状態に達した」と発言，汚染の深刻さを警告した。

　中国を代表する黄河は，青海省に源を発し，四川省，内モンゴル自治区，河南省，山東省など 9 つの省や自治区を経て渤海に流れ込む全長 5,464 km の大河である。1990 年代以降，黄河の水が生活排水や産業排水で汚染されたうえに渤海まで届かず，途中で途絶えてしまう「断流現象」が起きた。

　同様の現象はメコン川でも発生している。メコン川は中国青海省（チベット高原）から雲南省に入り，ミャンマー，タイ，ラオス，カンボジアを流れベトナムで海に達する国際河川である。上流に位置する中国が建設する大規模ダムのため，

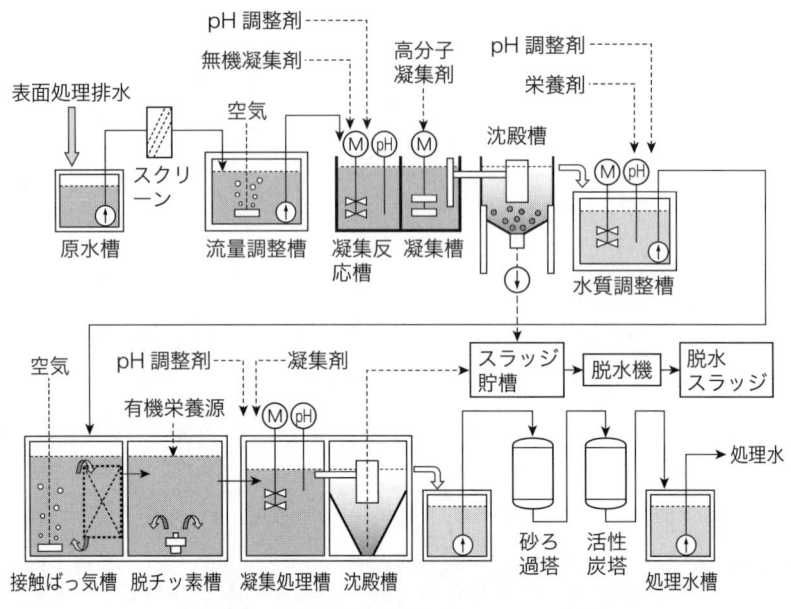

図 1.13　表面処理排水の処理フローシート例

　下流で暮らす人々の農業用水，産業用水確保に支障をきたし，経済や環境が根幹から崩された。国際河川の上流に位置する国は地図上の境はあっても河川はつながっていることを忘れてはならない。

　水不足の深刻度（水ストレス）が 2050 年までにどれだけ大きくなるかの予測は，東南アジア，アフリカ，南アメリカなどの開発途上国で高くなると考えられている。発展途上国は，経済成長という嵐のなかで，環境保全を無視して生産効率だけを上げ，金儲けに奔走したあげくの「ツケ」がまわってきたと思われる。まさに，かつての日本の高度経済成長期を思い起こさせる。

　アジア諸国のなかには，先進国並みの立派な公害防止規制が整備されているところが多いが，法治が浸透していないので，実際の現場では規制当局の取り締まり，監理・指導が不十分である。生産と利益を優先せざるをえない発展途上国では「儲けに直結しない」環境保全設備に投資するよりも，違反が見つかっても罰金で事をすませたほうが安く済む，という思惑が根底にある。水環境にかぎらず，大気，土壌などの環境を改善するには，国民の素養を高めて礼節を守る社会を確

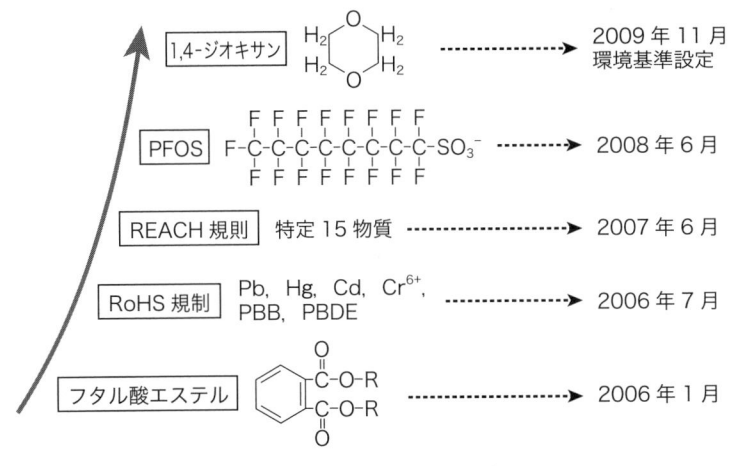

図 1.14 最近の環境規制の動向

立し，環境改善に対する順法精神を盛り上げることが重要である。

　排水の組成は上水と違って水質がつねに変動する。生産工程によっては成分がまったく異なることもあるので，実際の処理方法を検討するには事前の「予備実験」が必須である。

　図 1.14 は最近の環境規制の動向である。最近の産業排水の中にはこれまでになかった難分解性物質が含まれることがある。これらの物質は生産する側にとっては「都合のよい処理剤」であるが，化学的に安定であるため環境中に排出されると長期にわたって水中に残留し，水生生物や魚介類に蓄積することが懸念される。

　化学的に安定な物質の事例として① PFOS（Perfluorooctanesulfonic Acid：パーフルオロオクタンスルホン酸），② 1,4-ジオキサンなどがある。

① PFOS：有機フッ素化合物は化学的に安定なので環境中で分解されにくく，自然界や社会など環境中に広く存在する。生物への蓄積性も明らかになり，新たな環境汚染物質として注目された。

　PFOS は 1960 年ごろから米国 3M 社，デュポン社などで大量に製造販売された。現在は使用・生産が禁止されているが，以前から消火薬剤，界面活性剤，撥水剤などに広く用いられていたので，廃棄される前の PFOS 含有製品はいまだ国内に存在している。PFOS にかぎらず有機フッ素化合物は，化学的に安

1.6　排水の水質と処理方法　17

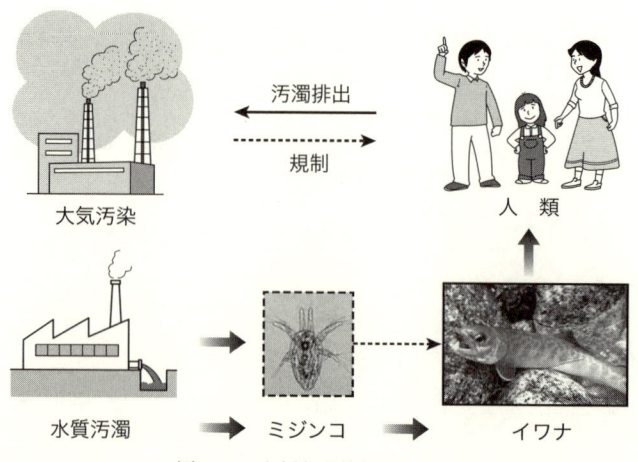

図1.15　人類と環境規制の関係

定した物質で，現在においても不明な点が多くあり，情報が不足している。
② 1,4-ジオキサン：塗料やセルロース等の溶剤，有機溶剤の安定剤等の工業用薬剤から，洗剤・化粧品等の家庭用品に至るまで幅広い製品に用いられている。難分解性でありながら水への溶解度が高いという特性をもっている。1,4-ジオキサンは 2009 年 11 月に環境基準 0.05 mg/L 以下が設定された。3 年後の 2012 年 5 月に排水基準 0.5 mg/L が定められた。この排水基準をただちに達成することが技術的に困難な業種については，フッ素，ホウ素，チッ素，亜鉛（Zn）などと同様，経過措置として暫定排水基準値が検討されている。具体的には，感光性樹脂製造業（200 mg/L），エチレンオキサイド製造業およびエチレングリコール製造業（10 mg/L），ポリエチレンテレフタレート製造業（2 mg/L），下水道業（25 mg/L）などである。

図 1.15 は人類と環境規制の関係である。水の環境基準[1] と排水基準[2] はこれまで人に有害な健康項目（シアン，6 価クロム（Cr^{6+}），鉛（Pb），ヒ素（As）など）と生活環境項目（pH，COD，BOD，ニッケル（Ni），亜鉛など）に分けて，

---

1) 環境基準：公共水域の水質について定めた基準。2003 年には，水生生物保全の観点から全亜鉛に関する環境基準が設定されている。
2) 排水基準：事業所から排出する排水の水質について定めた基準。排水が公共水域に放出されると 10 倍以上に希釈されるとの観点から排水基準は環境基準の 10 倍が目安。

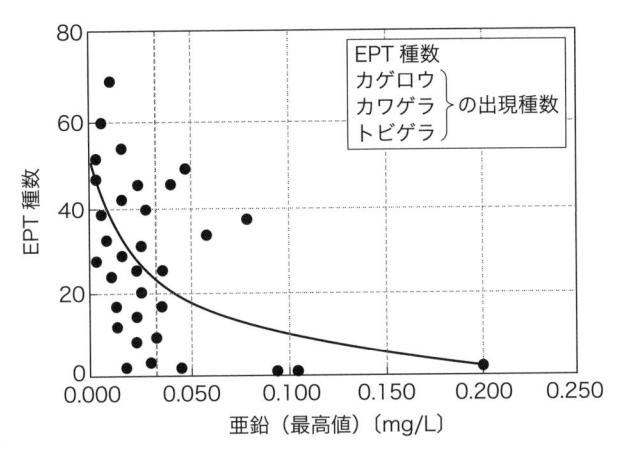

図1.16 水生生物と亜鉛濃度の関係
51水系169地点（1999〜2001年度）国土交通省河川局河川環境課作成

それぞれの基準値が設けられていた。今後の環境規制はこのような人と環境の関係だけでなく，水生生物（ミジンコ，カゲロウなど）の保護や新たな化学物質規制など，地球環境全体に配慮する時代が到来する。

2006年12月，亜鉛の排水基準がそれまでの5 mg/Lから2 mg/Lと大幅に引き下げられた。この亜鉛規制強化は，人への影響よりも水生生物の保護を優先している。亜鉛は人体にとって必須の元素であるが，ミジンコやカゲロウなどの水生生物には低濃度でも悪影響を与える。欧米諸国では1970年代から生物多様性の確保や生態系維持の観点から，水生生物への影響を考えた亜鉛の排水基準を設定していた。

図1.16は水生生物と亜鉛濃度の関係例である。図の中で，EPT種数とはカゲロウ目（Ephemeroptera），カワゲラ目（Plecoptera），トビゲラ目（Trichoptera）の合計種類数である。これによるとカゲロウ，カワゲラなどは0.03 mg/Lを超えると生息できる種が急減する。こうした経緯から亜鉛の環境基準は0.03 mg/Lとなった。

重金属の排水基準はこれまで環境基準の10倍とされてきたので，本来ならば0.3 mg/Lのはずである。しかし，これでは実際の現場での排水処理が困難なので，産業界・学会・関係省庁で協議した結果，2 mg/Lに落ち着いたという経緯がある。

それでも 2 mg/L の規制値を維持できない業種については 5 年の期限つきで暫定排水基準が適用されている。

亜鉛の暫定排水基準は金属鉱業，電気めっき業，下水道業（電気めっき排水を受け入れている下水場）の 3 業種について，2016 年 12 月まで延長される。

水はものづくり，洗浄，溶解，冷却など，多くの生産工程で使われているが，やがては大半が汚濁排水となる。排水といえども適切な処理を施せば再利用できるので環境保全と節水になるばかりか，企業に利益をもたらすこともある。

産業排水に含まれる汚濁物質を除去するには，定まった方法はない。その理由は，実際の排水は成分が単一ではなくさまざまな物質が混在しており，しかも，つねに変化しているからである。とりわけ，排水を浄化して使用目的に見合った用水とするには，上水処理とは異なったマニュアル化しきれない処理技術が要求される。

世界は今，水需要の増大，水質の悪化，利用可能な水量確保の限界などを背景に，水の「質」と「量」の両面から解決を迫られている。今後，世界が直面する水問題を解決するには，産業排水の再生利用，下水の再生，海水淡水化などの「新しい水循環システムの構築」が求められている。

ここに水ビジネスとしてのチャンスが見えてくる。具体的には，①上水道処理，②工業用水道処理，③産業排水の高度処理，④海水の淡水化，⑤農業用水処理などのニーズに対応した水処理ビジネスである。

こうした世界の水事情を背景に経済産業省では 2009 年 7 月に「水ビジネス・国際インフラシステム推進室」を設置した。「水ビジネス国際展開研究会」において水ビジネスの現状分析，具体的な方策等についてとりまとめを行うとしている。

実際の水処理は，理想的な管理下で行われる研究室レベルの実験と内容が異なる。著者は，実際の現場で適用できる処理プロセスを構築するには用水・排水処理の知識，理論に加えて実務経験の裏づけが必要と考えている。

これらの背景から，本書は表 1.3 の上水道および工業用水道の水質例と処理方法，および表 1.4 の産業排水の水質例と処理方法に示した処理技術のなかから，水の高度処理とリサイクルの実務に役立つ技術 10 項目を解説する。

第2章 膜分離

2.1 MF膜ろ過

　MF（Micro Filtration）膜ろ過の長所は化学薬品（ポリ塩化アルミニウム（PAC），硫酸アルミニウム（$Al_2(SO_4)_3$），高分子凝集剤など）を使わないで汚濁水を浄化できる点である。

　図2.1に物質の大きさと分離方法の関係例を示す。粒子径10μm以上の砂粒子や金属水酸化物ならば沈殿や砂ろ過で分離できるが，10μm以下になると対応が難しい。MF膜は0.05〜10μm程度の粒子を捕捉，分離することができる。UF（Ultra Filtration）膜は0.001〜0.1μm程度の物質（分子量では300〜300,000程度）

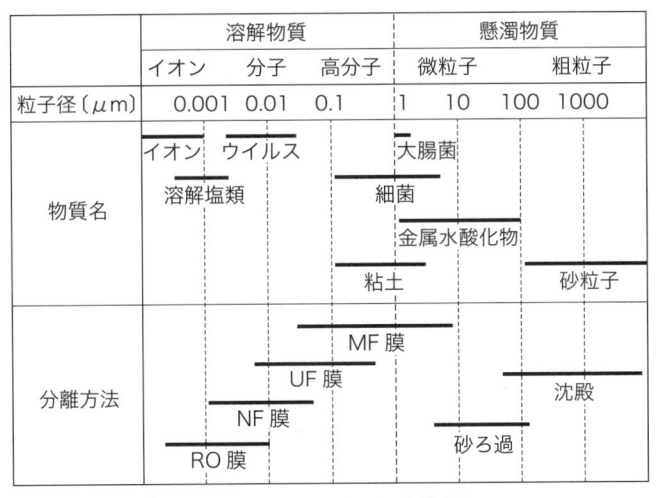

	溶解物質			懸濁物質			
	イオン	分子	高分子	微粒子		粗粒子	
粒子径（μm）	0.001	0.01	0.1	1	10	100	1000
物質名	イオン　ウイルス　大腸菌 溶解塩類　　　細菌 　　　　　　金属水酸化物 　　　　　　粘土　　　　　砂粒子						
分離方法	MF膜 　　　UF膜 　　NF膜 　RO膜　　　　砂ろ過　　沈殿						

図2.1　物質の大きさと分離方法

を分離できる。MF 膜と UF 膜によるろ過では 0.2〜0.5 MPa の圧力で原水を膜面に供給し水中の懸濁物質や溶解成分を分離する。

2.1.1 全量ろ過とクロスフローろ過

膜分離〔MF 膜，UF 膜，RO 膜（Reverse Osmosis）〕では，いずれの場合も膜面の閉塞を防止する目的で，ろ過水の出口方向に対して原水を直角方向に流すクロスフロー方式を採用する。

図 2.2 に全量ろ過とクロスフローろ過の概念を示す。全量ろ過はわれわれが実験室でよく体験するろ紙ろ過と同じである。

図 2.2（a）のように，懸濁物質を含んだ水をろ紙でろ過すると，初めのうちはろ過水がよく出るが，懸濁物質（ケーキ）が膜面に堆積してくるに従い水が出なくなることを経験する。これが全量ろ過におけるろ過時間と透過流束（単位時間，単位面積を通過する水量〔$m^3/m^2 \cdot h$〕）の関係である。

これに対して図 2.2（b）に示すクロスフローろ過では，膜面上に積もろうとする懸濁物質を原水で洗い流すので膜面の閉塞を防ぐことができる。クロスフローろ過を採用すると初めのうちは透過流束が少し低下するが，一定の時間を経過すると膜面の自己洗浄の効果が現れて，それ以後はあまり低下しない。したがって，ろ過水の出方も全量ろ過に比べて極端に減少することはない。これがクロスフ

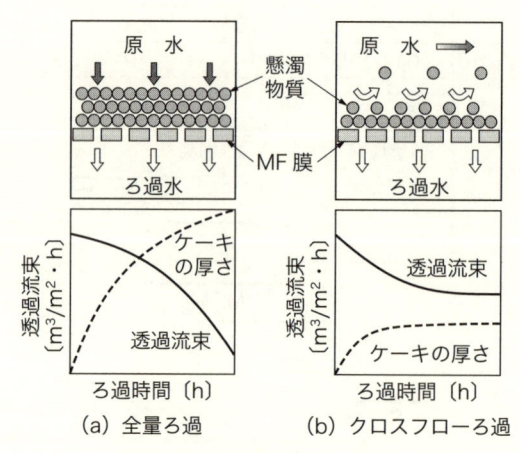

図 2.2 全量ろ過とクロスフロー

ロろ過におけるろ過時間と透過流束の関係である。クロスフローろ過では，透過水の流出量に比べて10倍以上の流量で水を循環させるとよい。そのため，大きなポンプを使うのでエネルギーを多く使うように見えるが，膜面の閉塞防止の観点からは有効なろ過手段である。

2.1.2 膜のろ過特性

MF膜ろ過の進行にともなって膜表面には薄いケーキ層が形成されたり，膜面の目詰まりによりろ過抵抗は次第に増す。ろ過しようとする原水に懸濁質がある場合はクロスフローろ過方式を採用することが多い。

図2.3はクロスフローろ過におけるろ過抵抗モデルの概念図である。

今，仮りに，図2.3に示すようにろ過時の全体のろ過抵抗Rの内訳を，①膜そのもの（Membrane）の抵抗をR_m，②細孔（Pore）中への目詰まりによる抵抗をR_p，③ケーキ層（Cake）の抵抗をR_cとし，$R=R_m+R_p+R_c$と仮定する。

図2.4はろ過抵抗成分に対する細孔径の効果である[1]。実験は膜の細孔径を0.001〜1.0 μmまで変えてろ過抵抗を測定した。図によれば細孔径が小さいときはR_mがRを増大させ，細孔径が0.05〜0.2 μmのときにR（全体のろ過抵抗）が

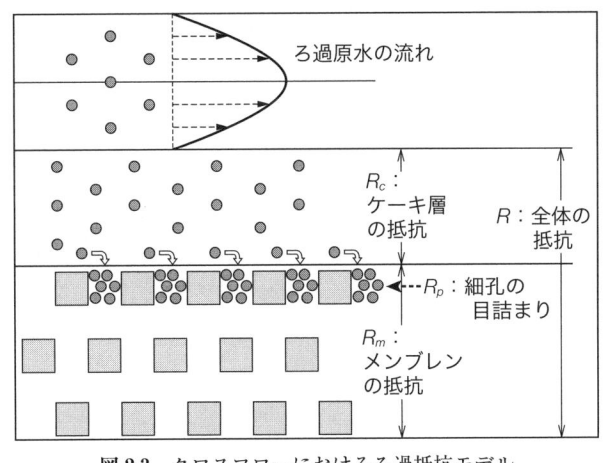

図2.3 クロスフローにおけるろ過抵抗モデル

---

1) 田中博史：無機膜の研究開発，造水先端技術講習会講演要旨，造水促進センター（1990）

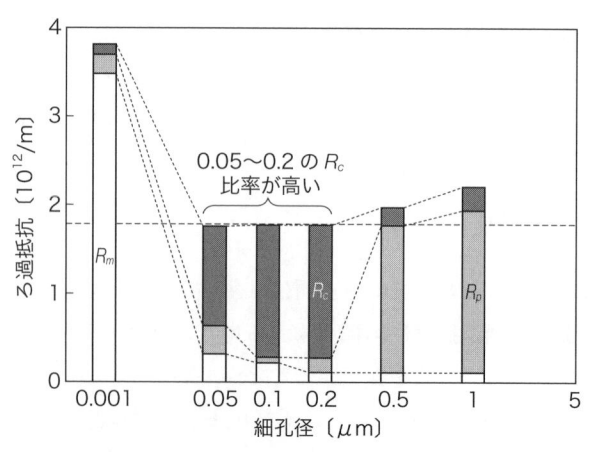

図2.4 ろ過抵抗成分に対する細孔径の効果

最小となり，この領域では R_c が大部分を占め，ケーキの捕捉量が多いことを示している。しかも，R_m+R_p の増減を R_c が調整し，R を一定値に保っている。

これはMF膜ろ過において，0.05〜0.2 μm の細孔によるろ過が抵抗を最小に保つということを示している。なかでもMF膜ろ過には 0.2 μm の細孔フィルターが多く利用されていることを裏づけている。クロスフローろ過における循環液の膜面流速が小さくなると R_c 支配の領域がほとんどを占め，その領域内でのろ過過抵抗 R は膜面流速によって決められる。

2.1.3 懸濁物の比重と流動開始時の流速

MF膜を使った排水処理では鉄（Fe），銅（Cu），ニッケル（Ni）などの金属水酸化物や成分不明の懸濁物質をろ過することが多い。MF膜ろ過でこれらの成分がスラッジとなって膜面に沈着すると透過流束が急速に低下する。そこで，金属水酸化物が沈殿しないだけの流速を与えることができれば膜面の閉塞を予防できる。

図2.5は配管内のスラッジが流動を始めるときの水の流速を測定した実験フローシートである。実験は次の手順で行った。

①U字型に曲がったガラス管の中に金属水酸化物などのスラッジを入れて水槽→ポンプ→流量計→U字管→水槽の順に一定温度（25℃）の水を循環さ

せた。

② ポンプ流量を次第に増やすと流量が大きくなり,やがてスラッジが流動を始める。

③ スラッジが流動し始めたときの流量からガラス管内の流速を計算して流動開始流速とスラッジの比重を記録する。

図2.6は鉄化合物を用いて流動実験を行った結果の一例である。図2.6の結果から,酸化鉄の場合は流速が0.3 m/s以上あれば流動を始める。したがって,MF膜やUF膜のモジュール内面の流速では0.3 m/s以上確保すればスケール沈着を防ぐことができる。

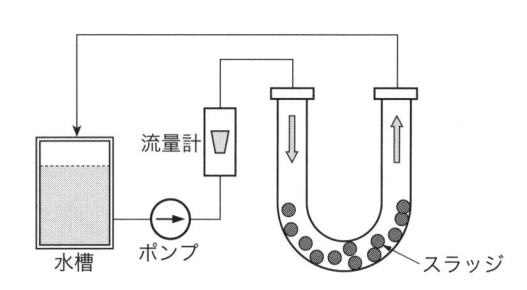

図2.5　スラッジ流動実験フローシート

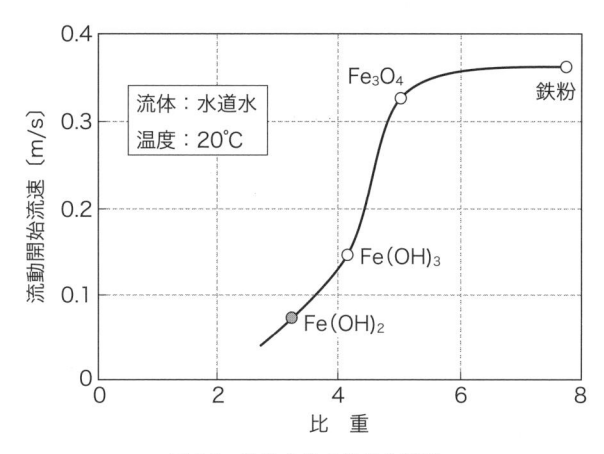

図2.6　鉄化合物の比重と流動

2.1.4 MF 膜ろ過のフローシート例

図 2.7 は間欠逆洗式 MF 膜ろ過のフローシート例である。装置の操作手順は (1)～(4) である。

(1) ①循環タンクの原水は，②循環ポンプ，③ MF 膜，①循環タンクの経路で循環する。

(2) MF 膜出口の調節弁を調整し，ろ過圧力 0.1～0.3 MPa 程度の圧力でろ過した水は④逆洗水タンク（容量：膜ろ過面積 $1\,m^2$ に対して 0.5～1.0 リットル程度）に常時貯留し，流出した水を利用する。

(3) 所定の時間ろ過したら，タイマーを作動させて逆洗水タンクの水を⑤加圧空気（0.1～0.4 MPa）で膜の 2 次側から圧送して膜面を洗浄する。

(4) 洗浄排水は⑥濃縮水側に排出するかまたは①循環タンクに戻す。濃縮水タンクの水は一定時間ごとにタンク底部から引き抜く。

この操作により，MF 膜の口径以上の粒子は確実に分離できる。

MF 膜を用いて排水のろ過を行うときには，前処理での「高分子凝集剤」の使用は避ける。陰イオン系高分子凝集剤は重金属水酸化物の凝集処理に有効な薬品ではあるが，これが処理水の中に含まれると MF 膜の細孔をふさいで処理水が

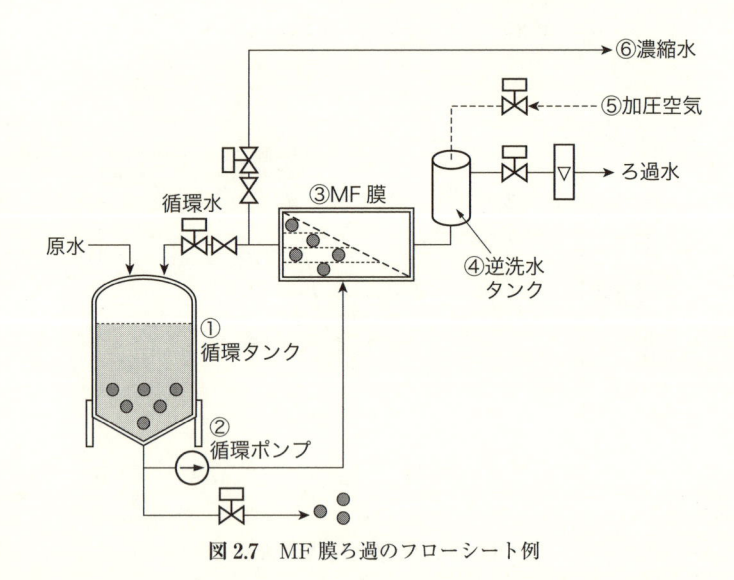

図 2.7　MF 膜ろ過のフローシート例

写真 2.1 MF 膜ろ過装置

まったく透過できなくなることがある。一度閉塞したMF膜のろ過面は化学薬品を使って洗浄しても回復しない。

写真 2.1 は MF 膜ろ過装置例である。本装置は工業用水や河川水のろ過に使用されている。

2.1.5 MF 膜と UF 膜の操作上の違い

- MF 膜：膜面の細孔はろ過操作に伴い閉塞する。したがって，間欠的な逆洗浄が必須である。
- UF 膜：UF 膜面や RO 膜面には細孔がないので目詰まりは起こらない。ただし，膜面の局部濃縮→スケール化を防止するための濃度管理と図 2.6 のような流速管理が重要である。

MF 膜と UF 膜ろ過で，透過水による定時的な逆洗を試みてもろ過機能が回復しないときは，薬品を用いた化学洗浄を行う。

2.2 UF 膜ろ過

UF 膜 (Ultra Filtlation Membrane；限外ろ過膜) は水や液体をろ過する膜で，分子量に換算しておよそ 300～300,000 の物質を分離できる。

分離対象の大きさは MF 膜＞UF 膜＞RO 膜である。

2.2.1 UF 膜の分画分子量

図 2.8 に UF 膜の構造と分離できる物質を示す。UF 膜はスキン層とスポンジ層からなる非対称膜で，高分子物質の透過は阻止し，低分子物質，イオン状物質，水は透過する。

MF 膜と違って UF 膜の細孔は小さくて測定できないので，分離性能を比較するのに「分画分子量」で表す。

UF 膜の「分画分子量」測定では，おもな分離対象がタンパク質なのでタンパク質の阻止率が膜の分離性能の基準となる。

UF 膜が分離できる物質の分画分子量を決めるには，あらかじめ分子量のわかった数種類の標準マーカー物質を用いて分子量ごとの阻止率を測定し，分子量と阻止率の関係から分画曲線を作成する。これらにはおもに球状のタンパク質が選ばれている。

図 2.9 は UF 膜面の分画曲線例である。この分画曲線で，UF 膜 A は分画分子量が 10 万，UF 膜 B は分画分子量が 2 万である。細孔径は膜 A が 8 nm 程度，膜 B が 4 nm 程度と考えられる。

市販の UF 膜ではこの方法により分画分子量を決め，小さいものは 1,000，大

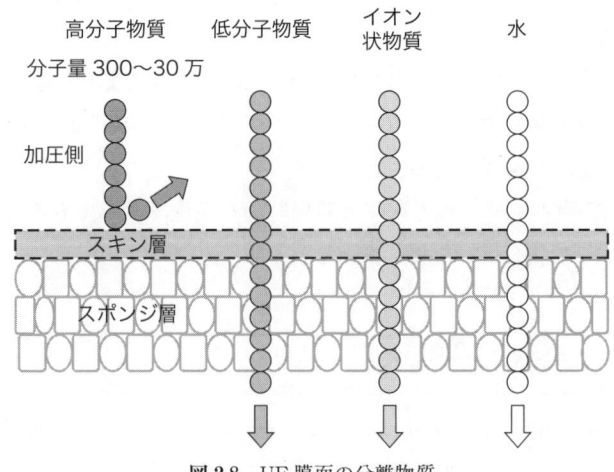

図 2.8　UF 膜面の分離物質

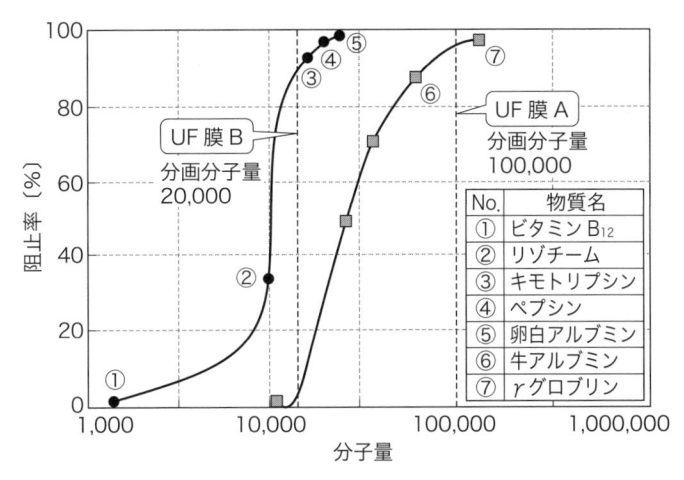

図 2.9 UF 膜面の分画曲線（出典：日東電工）

表 2.1 UF 膜の分離特性を調べるためのマーカー分子

物質名	分子量	分子径（推算）〔nm〕
ラフィノース	590	1.3
ビタミン B_{12}	1,360	1.7
インシュリン	5,700	2.7
ミオグロビン	17,000	4.0
ペプシン	35,000	5.0
卵白アルブミン	43,000	5.6
牛アルブミン	67,000	6.4
γグロブリン	150,000	8.4

きいものは 50 万など，十数段階の分画分子量の膜が準備されている。

表 2.1 は UF 膜の分離特性を調べるためのマーカー分子例である。これらの物質を使って作成した分画曲線から阻止率が 90 % の分子量をその膜の分画分子量とする。

2.2.2 UF 膜の用途

表 2.2 に UF 膜の用途を示す。UF 膜は 0.02〜0.5 MPa 程度の圧力で MF 膜とは違ったろ過機能をもつので，水処理分野では上水の精製，有価物の回収，油水

表 2.2 UF 膜の用途

項目	用途
水の浄化	MF 膜では除けない水中の濁質,細菌類,ウイルスなどの分離,除去。
有価物質回収	酵素の濃縮,果汁類のろ過,染料の精製,医薬品の精製,多糖類の精製など。
牛乳の分離・濃縮	脱脂乳の濃縮。ホエーと乳糖の分離。
油水分離	含油排水のろ過。
電着塗料の回収	アニオン系,カチオン系電着塗料の回収ろ過。
医療分野	パイロジェン物質,尿毒素成分などの分離除去。

分離,排水のリサイクルなど幅広い分野で使われている。

精密なろ過ができる UF 膜は,水処理に限らず医療,製薬,バイオの分野でも広く用いられている。とくに,①パイロジェン物質と②尿毒素成分の除去には UF 膜が有効で,われわれの健康維持に貢献している。

①パイロジェン:パイロジェンとは注射液,輸液,血液などに微量混入し,発熱原因となる物質の総称である。パイロジェンの代表的なものに,分子量約 3,000〜20,000 のエンドトキシンがある。エンドトキシンがヒトの血中にわずかでも入ると発熱する。日本薬局方では注射用水の製造法に関して蒸留法とともに超ろ過法(RO 膜と UF 膜,もしくはこれらを組み合わせた膜ろ過方法)が指定されている。

UF 膜ろ過では分画分子量 6,000 のものを使用することと規定されている。分子量が 3,000〜20,000 の物質であれば,UF 膜か NF 膜(ルーズ RO 膜)で分離できる。

②尿毒素成分:腎臓のはたらきが極端に落ちると,本来,尿中に排泄されるべき老廃物が体の中に蓄積される。この状態を尿毒症という。

尿毒素成分のひとつに β_2-ミクログロブリン(分子量 11,800,大きさ約 5 nm)がある。一方,血液中のタンパク質にアルブミン(分子量 68,000,大きさ約 8 nm)がある。生体に有効な成分であるアルブミンと有害な β_2-ミクログロブリンを分離するのには,細孔径 10 nm の UF 膜を使えば両者の分離が可能となる。医療現場ではこうした UF 膜が実際に使用されている。

2.2.3 中空糸型 UF 膜

UF 膜には平膜，スパイラル膜，中空糸膜などがある。

用水・排水処理分野では，コンパクトでろ過面積を大きくとれる中空糸膜が多く使われている。図 2.10 に中空糸 UF 膜内の水の流れを示す。中空糸膜には内径 0.5〜2.0 mm 程度のものがあり，原水は外→内または内→外に向かって流す。どちらの流れ方向の膜を選ぶかは，対象とする試料水の性状によって異なる。

懸濁物質の多い場合は中空糸膜内の流速が均一になる中→外方向の膜が有利である。懸濁物質の多い試料を外→中方向の膜でろ過すると中空糸膜の間に懸濁物質が沈殿したり，付着・堆積して流路がふさがれることがある。長期間停止したまま放置しておくと膜の付け根が破断することもあるので注意が必要である。

UF 膜は MF 膜に比べて精密なろ過ができるので，従来，飲料水の浄化における凝集沈殿・砂ろ過に代わるシステムとして応用できる。これにより細菌はもちろんのことウイルスまで除去できる。

現在でも時々話題になる飲料水中の病原性原虫（クリプトスポリジウム，ジアルジア）は，従来法による凝集沈殿→砂ろ過方式では完全には除去できないことがある。ろ過水に残留したクリプトスポリジウムなどは次亜塩素酸ナトリウム（NaClO）でも死滅させることが困難である。この課題を解決する手段として，

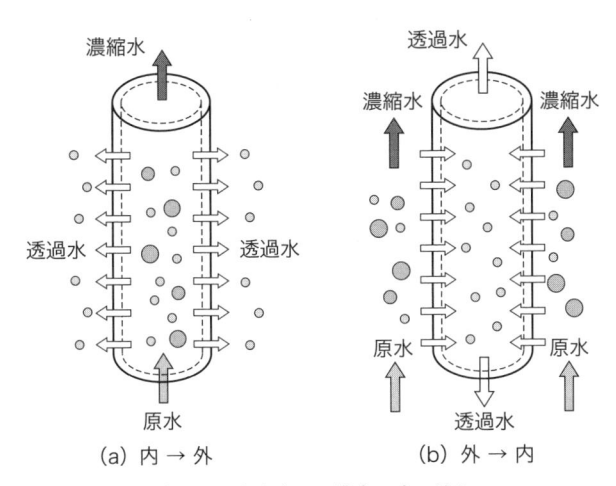

図 2.10 中空糸 UF 膜内の水の流れ

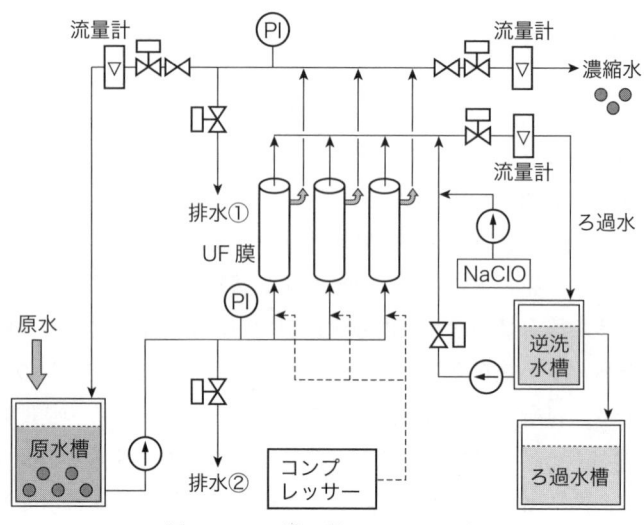

図 2.11　UF 膜ろ過フローシート例

近年，MF 膜や UF 膜を使った「膜ろ過式浄水処理」が実用化されている。「膜ろ過式浄水処理」では，クリプトスポリジウムや濁質の除去はもちろん，小さなコロイド状の無機物質・高分子の有機物も除去することができる。これによりわれわれは安全でおいしい水の確保ができるようになった。

図 2.11 に UF 膜を用いたろ過装置のフローシート例を示す。一例として，使用する膜は中空糸膜で分画分子量 150,000 程度である。膜の材質にはポリサルフォン，ポリエチレン，セルロースなどがあるが，最近は耐薬品性のポリフッ化ビニリデン（PVDF）製の膜が実用化されている。

PVDF 膜は機械的な強度と耐薬品性を備えており，高濃度の薬品を流しても損傷を受けないので化学薬品による洗浄ができる。通常の運転ではろ過水を使った定期的な自動逆洗を行う。これにより，安定して清浄なろ過水を得ることができる。

2.3　RO 膜脱塩

RO 膜の細孔の大きさはおおむね 2 nm 以下で，UF 膜よりも小さい。これに

対して，水分子の大きさは 0.38 nm である．

また，RO 膜のうち細孔の大きさが約 1～2 nm でイオンや塩類などの阻止率がおおむね 70％以下と低いものをナノフィルター（Nano Filtration 膜），または頭文字をとって NF 膜とよんで区別することがあるが，その形態や原理・使用法は RO 膜と同様である．

図 2.12 に RO 膜よる脱塩の原理を示す．水は透過させるが，水に溶解したイオンや分子状物質を透過させない性質をもつ半透膜（RO 膜）を隔てて（a）のように塩水と淡水が接すると，（b）のように淡水は塩水側へ移動して，塩水を希釈しようとする．これは自然現象で浸透作用（Osmosis）とよぶ．この希釈現象は浸透圧と液面差の圧力がつりあうまで続く．

家庭で大根や白菜などの野菜の塩漬けをつくるときに野菜に塩をかけて一晩放置しておくと，翌日，野菜の水分が塩分を薄めようとして出てくることを知っているだろう．浸透作用はこれと同じ現象である．

逆浸透はこの関係とは逆に，塩水側に浸透圧以上の圧力を加えると（c）のように塩水側から淡水側へ水だけが移動する．この原理を利用すると海水からでも真水が得られる．

図 2.13 は MF 膜・UF 膜・RO 膜の分離の模式と，分離できる物質例について示したものである．

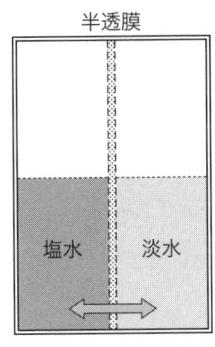

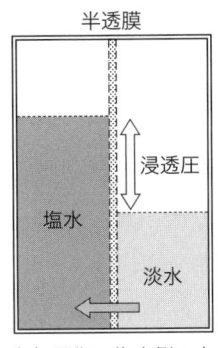

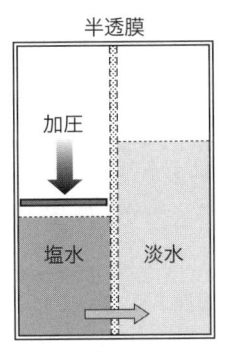

図 2.12 逆浸透作用の原理

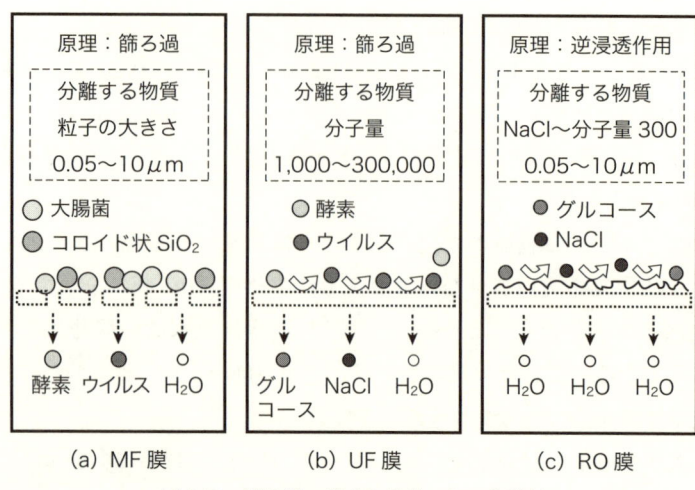

原理：篩ろ過	原理：篩ろ過	原理：逆浸透作用
分離する物質 粒子の大きさ 0.05～10μm	分離する物質 分子量 1,000～300,000	分離する物質 NaCl～分子量300 0.05～10μm
○ 大腸菌 ● コロイド状 SiO₂	○ 酵素 ● ウイルス	● グルコース ● NaCl

(a) MF 膜　　　(b) UF 膜　　　(c) RO 膜

図 2.13　膜分離の模式と分離できる物質例

MF 膜には細孔が開いているので，それより大きな粒子を含む水をろ過すると「篩ろ過」効果により分離できる．一例として，0.05 μm の MF 膜ならば大腸菌やコロイド状シリカ（コロイド状 SiO_2）は分離できるが酵素やウイルスは透過する．

UF 膜は MF 膜よりもさらに小さな物質を「篩ろ過効果」によって分離できる．一例として，分離対象は分子量 300～300,000 程度の物質である．酵素やウイルスは捕捉できるが分子量の小さいグルコースや塩分は透過する．

2.3.1　RO 膜が水を分離する原理

図 2.14 はナトリウムイオン（Na^+）と塩化物イオン（Cl^-）の水和を表した模式図である．水分子は 0.38 nm の大きさで，ひとつの分子の中にプラス極とマイナス極をあわせもっている．酸素（O）原子側はマイナス，水素（H）原子側はプラスに帯電している．

ひとつの分子の中にプラスとマイナスの極をもつ分子を双極子とよぶ．双極子がイオンに近づくと図 2.14 に示すように正電荷をもつ Na^+ のまわりには水の双極子の負側（酸素原子側）が配位し，負電荷をもつ Cl^- のまわりには正電荷側（水素原子側）が配位しようとする．

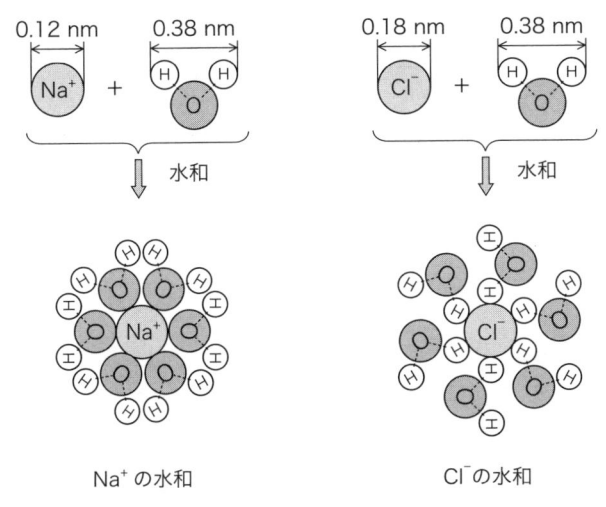

図 2.14　Na$^+$と Cl$^-$の水和

　これが水和とよばれる現象である。その結果，Na$^+$と Cl$^-$の見かけの大きさは数倍から数十倍になる。RO 膜の細孔の大きさは 2 nm 以下で，水分子の大きさは 0.38 nm であるから水分子は RO 膜を透過できる。これに対して，水中の塩化ナトリウム（NaCl）分子の Na$^+$（0.12 nm），Cl$^-$（0.18 nm）などは水分子より小さいにもかかわらず，RO 膜を通過しない。これは図 2.14 に示す水和により，Na$^+$と Cl$^-$の周囲に水分子が配位して見かけの分子量が数倍から十数倍になるので，RO 膜の細孔を通過できないからと考えられる。
　RO 膜が水を透過するもうひとつの考え方に，膜表面に水素結合で吸着した水分子が加圧作用により，順次，膜を透過して二次側に移動するというものがある。図 2.15 は古くから使われている酢酸セルロース RO 膜が水分子を透過する概念図である[2]。
　酢酸セルロース RO 膜は最初に RO 膜用に開発された素材で，天然高分子であるセルロースの 3 つの -OH 基のうち 2〜5 個をアセチル化して有機溶媒に可溶化してつくったものである。
　水分子は酢酸セルロース膜の分離機能層にある C=O 基に吸着後，圧力勾配に

---

2) 妹尾　学，木村尚史：新機能材料"膜"，pp.66-63，工業調査会（1983）に著者が加筆

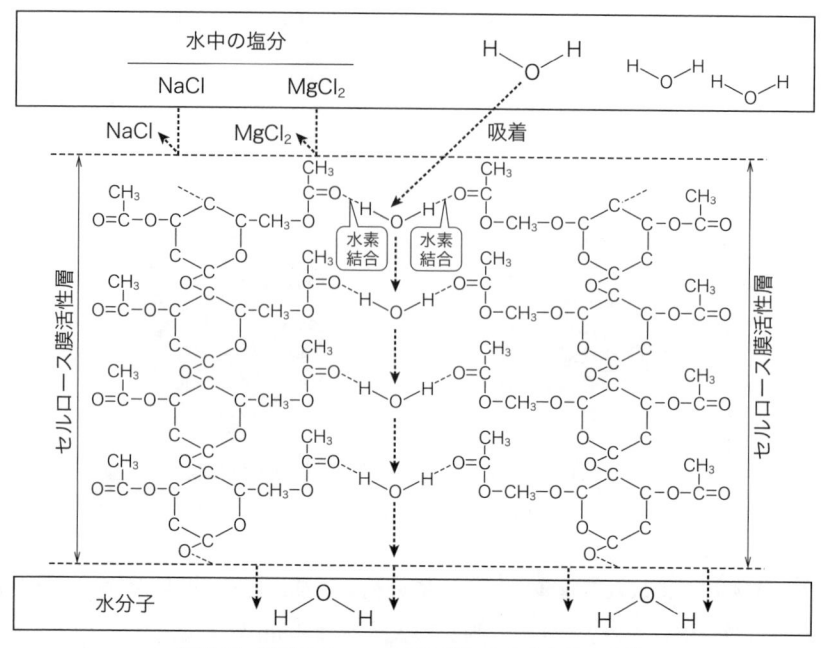

図2.15 酢酸セルロースRO膜による水分子の分離

よって拡散しながら移動し透過水側に押し出されて分離される。

これに対して塩化ナトリウム (NaCl) などの塩類はC=O基と水素結合しないので膜面に吸着しないまま分離される。

塩の阻止率99.3%以上という性能をもつRO膜として実用化されているのは，酢酸セルロース膜と芳香族ポリアミド膜である。

図2.16は現在多く使われている芳香族ポリアミド系複合RO膜に水分子が吸着して透過する概念図である[3]。

ポリアミドとはいわゆるナイロンで，アミド結合によって構成された高分子である。水分子は酢酸セルロース膜と同様にポリアミド膜の分離機能層にあるC=O基に吸着後，圧力勾配によって拡散しながら移動し，透過水側に押し出されて分離できると考えられる。

---

3) 和田洋六ほか：化学工学論文集，Vol.37, No.6, pp.563-569 (2011)

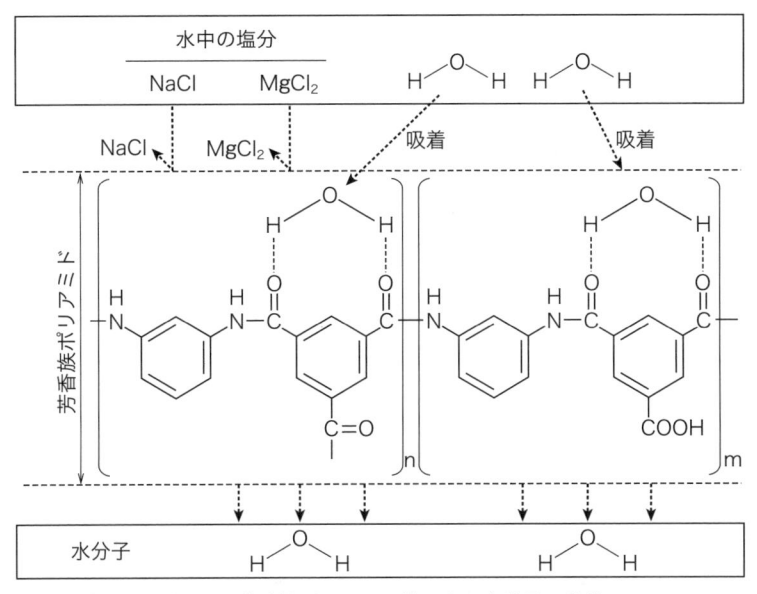

図 2.16 芳香族ポリアミド膜による水分子の分離

　ここでも NaCl などの塩類は C＝O 基と水素結合を形成しないので，膜面に吸着しないまま分離される。この現象は，従来から使われている酢酸セルロース単層 RO 膜の C＝O 基に H_2O 分子が吸着する現象と似ている。

　このように RO 膜による水の分離は，単純な物理的阻止だけでは説明しきれない。原理についてはいくつかの解説がされているが，要は① RO 膜に浸透圧以上の圧力を加えれば水とほとんどの不純物が分離できる，② RO 膜といえども分子量が小さく，水素結合を形成しやすいメチルアルコール，酢酸などの有機物は膜を透過しやすい，というように解釈すれば理解しやすい。

2.3.2 RO 膜の温度補正

　RO 膜の透過水量は水温が下がると減るので，夏に比べて冬のほうが少ない。したがって，冬場で同じ水量を得るにはポンプの圧力を高める必要がある。

　RO 膜は，通常，25℃における水質（塩分濃度）と一定の圧力を基準にして透過水量を表す。実際の装置設計で水温が低いときに一定量の透過水を得ようとする場合は，①原水を加温する，② RO 膜の数量を増やす，③加圧ポンプの圧力を

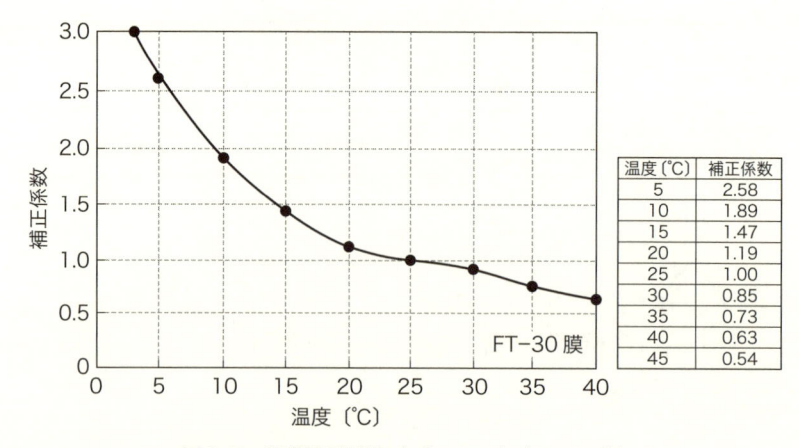

図2.17　温度補正係数（25℃ = 1.00）（FT-30膜）

温度（℃）	補正係数
5	2.58
10	1.89
15	1.47
20	1.19
25	1.00
30	0.85
35	0.73
40	0.63
45	0.54

あげる，などの措置をとる。

　逆に，水温が上がると透過水量は増えるが，塩類の阻止率が低下するため，あまり水温を上げすぎるのも良くない。

　一般にRO膜は水温が1℃上昇するごとに透過水量が3％増加するので，高温であればあるほど透過水量が多くなると思いがちである。しかし，膜には使用上の適正温度条件があるので，40℃以下での運転が望ましい。

　図2.17は透過水量温度補正係数の関係例である。水温25℃を1.00とすれば水温10℃では1.89となり，加温せずに同一の透過水量を得ようとすれば約2倍の膜面積が必要となる。

　図2.18は純水の粘度と温度の関係である。水の粘度は20℃を1.0とし，それより温度が低ければ数値が増える。これは図2.18に示す温度補正係数の傾向と似ている。膜分離では水温と水の粘度の関係を念頭に入れておくとよい。

2.3.3　溶質の種類とRO膜の阻止率の関係

　表2.3は溶解質の種類とRO膜の阻止率の関係例である。ここでもRO膜素材のC＝O基と水素結合しないNaCl，硫酸ナトリウム（Na_2SO_4），塩化マグネシウム（$MgCl_2$）などの無機物や分子量の多いグルコース，ショ糖などの阻止率は高い。

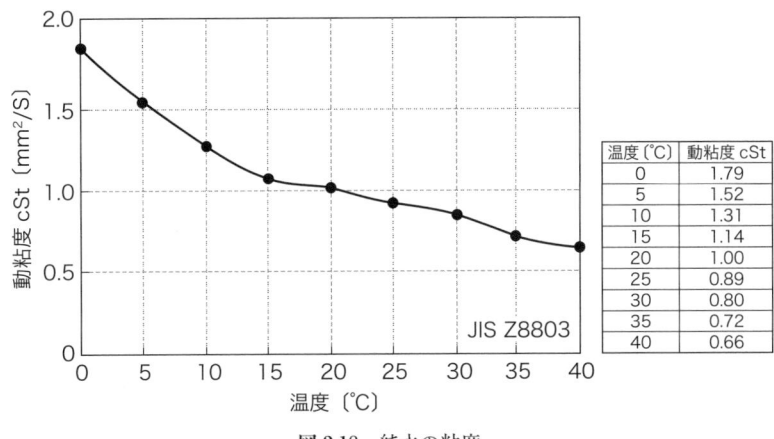

図 2.18　純水の粘度

温度(℃)	動粘度 cSt
0	1.79
5	1.52
10	1.31
15	1.14
20	1.00
25	0.89
30	0.80
35	0.72
40	0.66

JIS Z8803

表 2.3　溶質の種類と RO 膜の阻止率の関係

溶質	分子量	RO 膜の種類		
		ES20-D (海水淡水化用)	759HR	729HF
NaCl	58	99.7	99.6	94
Na_2SO_4	142	99.9	99.9	99
$MgCl_2$	94	99.7	99.5	86
$MgSO_4$	120	99.8	99.6	98
NH_4NO_3	80	99	98	83
CH_3OH	32	50	44	27
イソプロピルアルコール	60	96	94	32
アセトン	58	55	45	30
グルコース	180	>99.7	>99.7	94
ショ糖	342	>99.9	>99.9	99

　分子量の低いメタノール（CH_3OH）やアセトンは阻止率が低いが，同じ有機溶剤でも分子量 60 のイソプロピルアルコールになると阻止率が向上する。

　水中のシリカは SiO_2 として表現するが，pH 9 以下ではおもに $Si(OH)_4(H_2O)_2$ の形で存在する。ここでの SiO_2 は水分子を多く取り込んだ物質にみえる。実際，SiO_2 を含んだ水を RO 膜で分離しようとしても NaCl などの無機物のように分離効率がよくない。

同様に,水酸化アンモニウム（NH$_4$OH）もOH基をもった物質なのでRO膜で分離しにくい物質であるが,表2.3に示す硝酸アンモニウム（NH$_4$NO$_3$）になると阻止率が向上する。これはNO$_3$基がRO膜のC=O基と水素結合を形成しないので,RO膜を透過しにくくなるからと考えられる。

2.3.4 膜面の汚染

実際の水処理に使われるRO膜はスパイラル型のものが多い。

写真2.2はスパイラル膜の内部,写真2.3はスパイラル膜の断面である。スパイラル型RO膜モジュールは写真2.2のように平膜をのり巻き状に巻いて,そのあいだに網状のメッシュスペーサーをはさんで膜相互の密着を防止するとともに流路に乱流を起こさせ,スケール生成の原因となる濃縮膜が形成されないように工夫されている。

RO膜の断面は写真2.3のように緻密な構造である。原水は画面手前から奥に向かって流れるので狭い隙間を通過する。そのため,原水に懸濁物質が少しでもあると写真2.2や写真2.3の流路を閉塞してしまう。

図2.19はRO膜内部を流れる水の動きを示した概念図である。市販されているスパイラル膜の面積は4インチ膜で約9 m^2,8インチ膜で約36 m^{2}もある。

広い面積を占める膜の隙間をぬって流れる水に,少しでも懸濁物が含まれるとすぐに閉塞してしまうことが容易に理解できる。

この対策としてRO膜に送水する水の懸濁物由来の汚染指標としてFI

写真2.2 スパイラルRO膜の内部　　写真2.3 スパイラルRO膜の断面

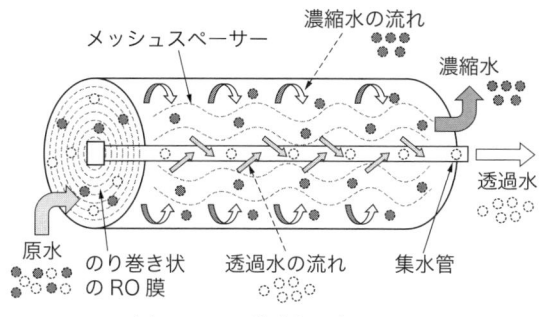

図 2.19　RO 膜内部の水の流れ

（Fouling Index）値が用いられている。

　FI 値とは供給水中の懸濁物質が RO 膜へのファウリング（汚れ）にどれだけ影響を及ぼすかを数値化した指標（メンブレン汚れ指数）である。

　FI 値は写真 2.4 の FI 値測定器を用いて次の①②の手順で測定する。

①はじめに 47 mm 径の 0.45 μm のメンブレンフィルターを用いて 500 mL のサンプル水を 206 kPa（2.1 kg/cm^2）でろ過・採取するのに要した初期の時間（F_0）を測定する。

②引き続き，15 分連続運転後に要した時間（F_{15}）を測定する。

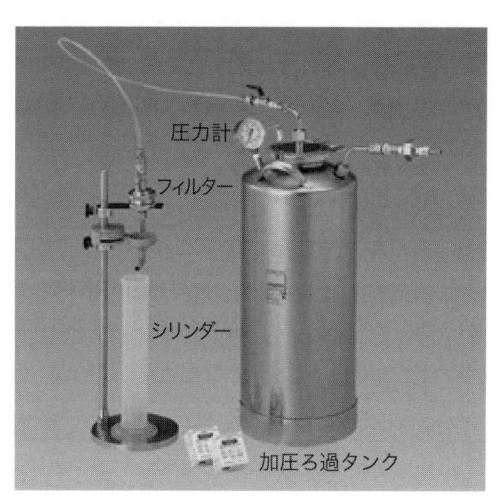

写真 2.4　FI 値測定器

2.3　RO 膜脱塩

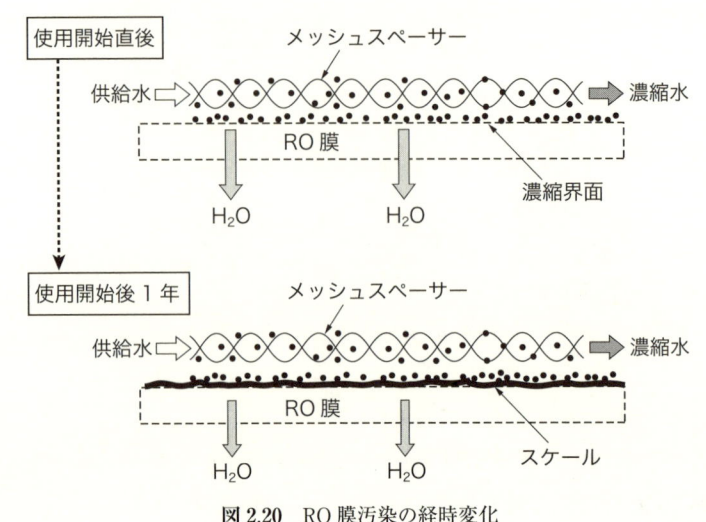

図 2.20　RO 膜汚染の経時変化

①②の数値を式（2.1）に代入して FI 値を示す。
$$\text{FI 値} = (1 - F_0/F_{15}) \times 100/15 \tag{2.1}$$

RO 膜に供給する水は濁度ゼロで FI 値 4.0 以下が望ましいが，よく管理された RO 膜装置であれば FI 値 5.0 程度でも実質的な問題はない。

式（2.1）で試験水の濁度が大きいと，計算上の F_{15} が無限大となり測定不能となる。このときの FI 値が最大値で 6.67 となるから 6.67 以上の FI 値は存在しない。

ちなみに，一般の水道水の FI 値は 5～6 である。

図 2.20 は RO 膜汚染の経時変化を表したものである。使用開始直後の RO 膜では表面に必然的に薄い濃縮膜が形成される。実際の装置ではこれを防ぐ目的で流路内の流速を上げて脱塩処理する。

しかし，時間の経過とともに濃縮界面が厚くなり，1 年くらい経過するとスケールとなって膜面に沈着する。このため，RO 膜装置はいくら入念に運転管理してもスケール生成はまぬがれない。この対策として，設計時から膜洗浄ができるような回路を組んでおくとよい。

2.3.5　RO 膜装置のフローシート

図 2.21 は RO 膜装置のフローシート例である。原水は水質に応じて必要な前

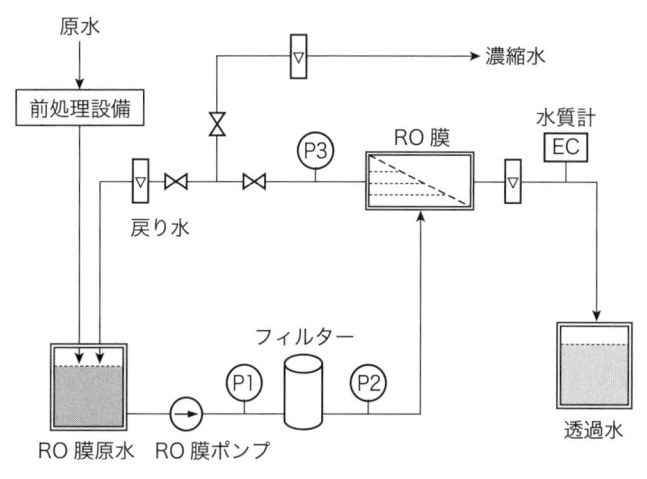

図 2.21 RO 膜装置のフローシート例

処理を施す。前処理では砂ろ過，活性炭吸着，MF 膜ろ過，UF 膜ろ過などを行う。RO 膜原水タンクの水は，RO 膜ポンプ→フィルター→RO 膜を経て透過水となる。一方，高圧側の濃縮水は大半を原水タンクに戻し，一部を濃縮水として排出する。したがって，RO 膜装置では必然的に濃縮排水が発生する。

RO 膜装置の運転管理で重要な課題は濃縮水側の濃度管理である。一例として，図 2.21 の装置で膜モジュールの流路が汚染してくると圧力計の P2 と P3 の差圧が大きくなってくる。これを防止する目的で装置を停止する場合は，戻り水の弁を閉じて濃縮水側の弁を開けて濃縮水を追い出し，濃度の低い原水で置換するなどの処置をする。このようにすると濃縮水側の水は濃度の低い原水と同じになるのでスケール生成を防止できる。

2.3.6 RO 膜による脱塩

RO 膜による脱塩は電気伝導率（EC：Electric Conductivity）100〜45,000 μS/cm の水に適用される。RO 膜脱塩は 2000 年頃までは 1 MPa 程度の圧力が必要とされていたが，最近は半分の 0.5 MPa 以下の低圧でも 97％以上脱塩できるような膜が実用化されている。

NF 膜は UF 膜と同様に Na^+，Cl^- などの 1 価イオンは透過するが，硫酸イオ

ン（SO_4^{2-}）のような多価イオン，色素成分などの有価物を阻止できる点に特徴がある。

図2.22に水道水をRO膜で脱塩するフローシート例を示す。ここでは，EC 150 μS/cmの水道水を活性炭で処理し塩素（Cl_2）を除いた水を原水とする。図2.22のRO膜装置は4インチ低圧膜3本を1本のハウジングに充填してある。これを用いて圧力0.5 MPa，水温25℃で脱塩するとEC 5 μS/cmの脱塩水が0.75 m³/h程度の流量で安定して得られる。

RO膜処理では必然的に濃縮水が発生するが，その量は0.25 m³/hでECが430 μS/cmである。濃縮水の一部は0.6 m³/hでポンプ吸い込み側に戻す。これにより，膜ベッセルの中を通過する流量は2.2 m³/hとなり，濃縮水流量の8.8倍の流量となる。〔(1.6＋0.6)/0.25＝8.8〕

次に，4インチRO膜ベッセルの内部を流れる水の流速を試算してみよう。4インチ（10 cm）ベッセルの断面積は，$\pi D^2/4$より，$3.14 \times (0.1)^2/4 = 0.0078$〔m²〕である。RO膜に充填されているメッシュスペーサーと膜の充填率を60％と仮定すれば断面積の空隙率は40％となりRO膜ベッセル内部の断面積は0.003 m²（0.0078×0.4＝0.003）となる。

膜ベッセルの中を通過する流量を2.2 m³/hとすれば流速は，2.2〔m³/h〕×1/0.003〔m²〕×1/3,600＝0.2〔m/s〕となる。

図2.22 RO膜による脱塩の概略図

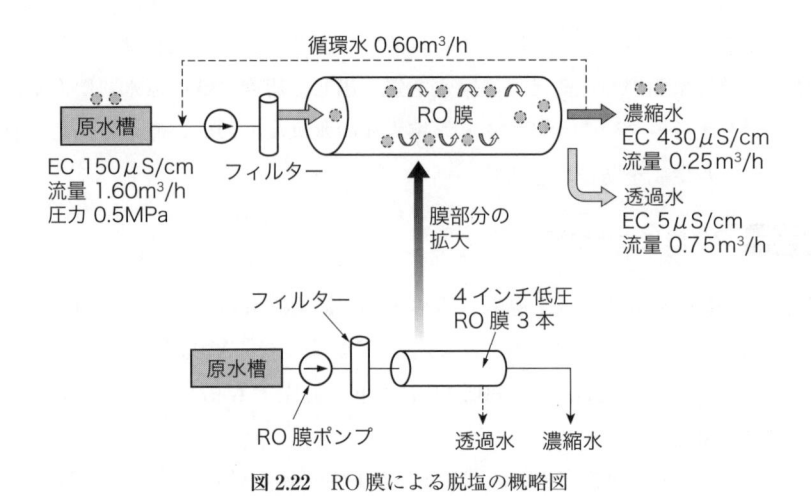

写真 2.5　活性炭処理と RO 膜を組み合わせた装置例

　図 2.6 に示した鉄化合物の比重と流動の関係例から，水流が 0.2 m/s あれば大半の懸濁物質は流動するので系外に排出できると思われる。
　RO 膜処理法は懸濁物質の除去，FI 値の管理，溶解成分の析出防止対策などをとれば，水を膜に通すだけで簡単に脱イオン水が得られる。
　EC 150 μS/cm 程度の水道水の場合は，EC 5 μS/cm（全溶解固形分：TDS：Total Dissolved Solid 3.5 mg/L）程度の脱イオン水が容易に得られるので，簡便な純水製造法のひとつである。
　写真 2.5 は前処理に活性炭処理を使った RO 膜装置例である。RO 膜は 8 インチのものが 3 本ずつ，2 本のハウジング 2 本に装填されている。この装置では，水道水中の残留塩素を活性炭で除去し，処理水を RO 膜装置に供給し，洗浄水として使っている。

2.3.7　RO 膜ベッセルの配置例

　図 2.23 に回収率と RO 膜ベッセルの配置例を示す。1 本のベッセルに充填する膜は最大 6 本である。回収率は原水に溶解している溶質が析出する濃度から決め

(a) 回収率 50%以下

(b) 回収率 51〜75%以下

(c) 回収率 76%以上

図 2.23　回収率と RO 膜ベッセルの配置例

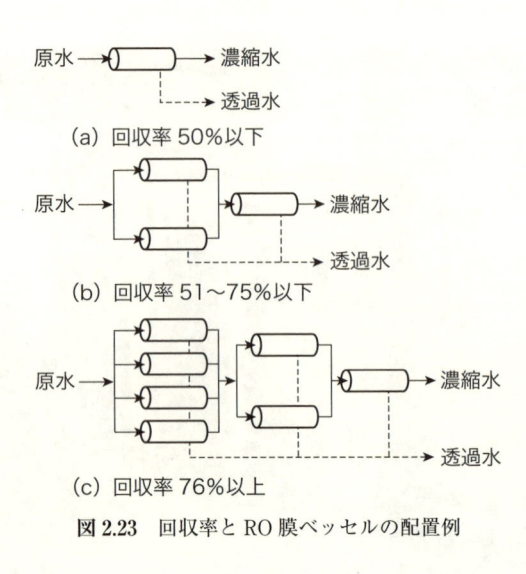

るが，標準的には 60〜80% 程度である。ちなみに，海水の Ca 濃度は約 400 mg/L であるが，RO 膜処理によって濃縮して 660 mg/L になるとスケール生成の可能性が高まる。

そこで海水淡水化処理では回収率の目安を，$(660-400)/660 \times 100 = 39$〔%〕と設定し約 40% としている。したがって，ベッセルは図 2.23 (a) の 1 段配置が適切である。

写真 2.6 は UF 膜と RO 膜を組み合わせた装置例である。手前には UF 膜が縦方向に 10 本配置されている。後方には RO 膜が横方向に 7 本配置されている。配列は回収率 76% 以上になるように 7 本が 4：2：1 となっている図 2.23 (C)。RO 膜の前段に UF 膜か MF 膜を設置すると懸濁物質は確実に除去できる。

ここで使用する UF 膜や MF 膜の細孔はいずれも 0.45 μm より小さいので，FI 値は当然 4.0 以下となり，清澄度の高いろ過水が得られる。これにより RO 膜にかかる負荷が軽減されて，膜の安定した運転ができる。

2.3.8　海水淡水化

海水には約 3.5% の塩分が含まれているので，そのままでは飲用水として使えない。海水が容易に淡水になれば飲料水はもとより，農業用水，工業用水などに

写真 2.6 UF 膜と RO 膜を組み合わせた装置例

も使える。海水を飲用水にするには塩分濃度を少なくとも 0.05％以下にまで下げる必要がある。現在，RO 膜法による海水淡水化が実用化されている。

RO 膜法は海水淡水化用の RO 膜モジュールに海水の浸透圧（2.5 MPa）以上の圧力（5.5 MPa）をかけて海水を圧入し，塩分を分離して淡水を得る方法である。

RO 膜法の原理は膜ろ過と同じで，相の変換を伴わないのでエネルギー消費が少ないという特長がある。

エネルギー効率がすぐれている反面，膜面が海水中の懸濁物質や微生物などで汚染されると閉塞しやすいという欠点がある。したがって，入念な前処理が必要で，少なくとも FI 値 5.0 以下にする必要がある。

図 2.24 は海水淡水化 RO 膜装置の基本フローシート例である。RO 膜装置の加圧ポンプにはタービンポンプやプランジャーポンプなどの高圧ポンプが使用される。大型装置ではエネルギー回収タービン付の高圧ポンプを使う。小型装置でもインバーター制御の高圧ポンプが適切である。

高圧ポンプは一般に NPSH（Net Positive Suction Head；正味吸込圧力）が 0.2～0.5 MPa 程度必要で，ポンプの入り口で加圧状態にしておく必要がある。海水淡水化 RO 膜装置設計と運転のポイントは次のとおり。

● 図 2.24 に示すように，高圧ポンプの前段に保安フィルターのろ過を兼ねた

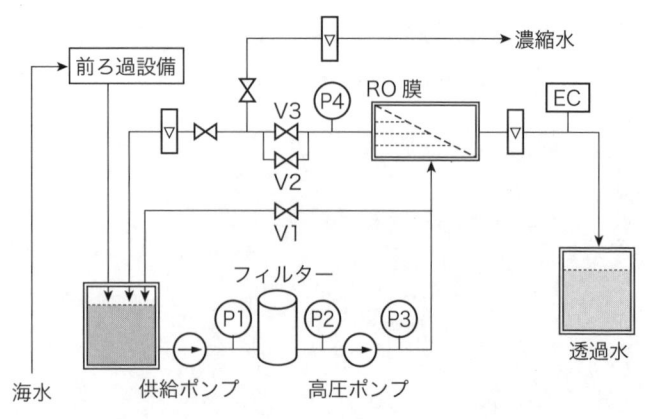

図 2.24　海水淡水化 RO 膜装置の基本フローシート

供給ポンプを設置すると高圧ポンプの NPSH が確保できる。
- 高圧ポンプ以降の圧力は 5.5 MPa 以上と高いので，図 2.24 のように V1（ミニマムフロー調整弁）や V2（微圧力調整弁）を設けておくと運転しやすい。

表 2.4 は海水の塩分濃度である。

図 2.25 は海水中の塩分の溶解度（20～25℃）例である。このなかでは硫酸カルシウム（$CaSO_4$）が溶解度 0.24 g/100 mL−水（2,400 mg/L）と一番低い数値である。

$CaSO_4$ 中の Ca 濃度は約 700 mg/L（2,400×0.29($Ca/CaSO_4$)=696）なので，この数値を超えるとカルシウムスケールの析出が懸念される。そこで RO 膜による脱塩水の回収率は経験的に最大 40％としている。

日本近海の海水中のカルシウムイオン（Ca^{2+}）濃度は約 400 mg/L である。回収率 40％における濃縮水側のカルシウム（Ca）濃度を試算すると 666 mg/L（400

表 2.4　海水の塩分濃度

成分	濃度〔g/100 mL 水〕
NaCl	27.2
$MgCl_2$	3.8
$MgSO_4$	1.7
$CaSO_4$	1.3
K_2SO_4	0.9

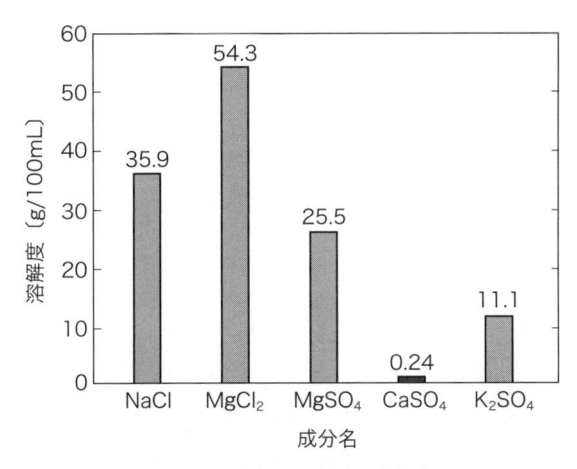

図 2.25 海水中の塩分の溶解度

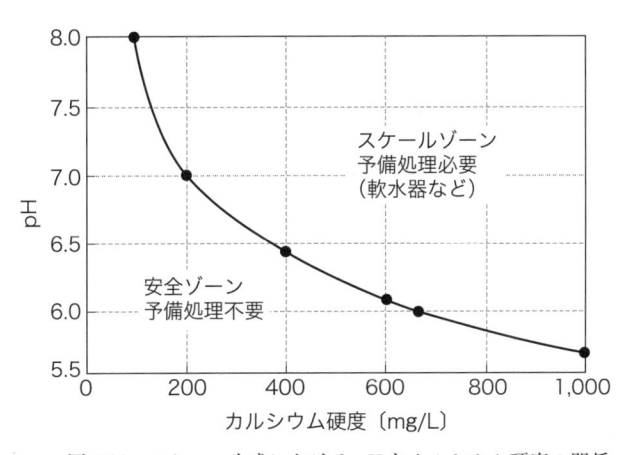

図 2.26 スケール生成における pH とカルシウム硬度の関係

$\times 100/(100-40) = 666$）となるので，海水淡水化でのカルシウム濃度は 700 mg/L 以下で管理するのが妥当と考えられる。

図 2.26 はスケール生成における pH とカルシウム硬度の関係である。pH 6.0 でカルシウム濃度 660 mg/L で管理すれば安全ゾーンである。これらのことから海水淡水化装置では回収率 40％以下で運転管理することを推奨する。

写真 2.7 は車載型海水淡水化 RO 膜装置の一例である。クレーンつきの 4 t 車

写真 2.7　車載型海水淡水化 RO 膜装置例

に積めばどこへでも運搬でき，海水があればすぐに飲料水がつくれるように設計されている。こうした車載式の装置は，実際の災害時や渇水期などの水不足現場で活躍する。

2.3.9　RO 膜によるホウ素（B）除去

　RO 膜は海水の淡水化をはじめ重金属イオンや有機物等，ほとんどの物質を分離できるが，分子量 60 以下の有機物（メチルアルコール，アセトンなど）は除去率が低い。同様に海水中に $4\sim7\,\mathrm{mg/L}$ 含まれるホウ酸（H_3BO_3：分子量 61.8）の除去率も低い。低濃度のホウ酸は pH によって形態が変わり，pH 7 以上のアルカリ域では式（2.2）のように $B(OH)_4^-$ になるといわれている。

$$H_3BO_3 + H_2O \rightarrow B(OH)_4^- + H^+ \tag{2.2}$$

　また，濃度が高くなるにつれて H_3BO_3 が環状や鎖状の多核化合物（いわゆるポリマー）になり，pH 6〜11 では $B_5O_6(OH)_4^-$，$B_4O_5(OH)_5^{2-}$ などのポリマーを形成するという報告があるが，よくわからない部分もある[4]。

4）和田祐司ほか：化学装置，Vol.54, No.2, pp.53-58（2012）

水中のホウ素は CH_3OH や NH_4OH と同様に OH 基を取り込んでいるので RO 膜ポリアミド基の C＝O に水素結合し，結果的にどうしても除去率が低下すると考えられる．ホウ素は動植物が生きていくための必須元素であるが，過剰に摂取すると有害である．哺乳動物やヒトに対する毒性は微弱で急性毒性は NaCl と同程度である．

ホウ酸塩（$NaBO_2$，$Na_2B_4O_7$ など）はゴキブリ等の下等動物が過剰に摂取すると代謝反応に関係する酵素と強固なキレート結合を形成する性質がある．このため，細胞内のホウ酸塩濃度が限界値を超えると，代謝が停止しゴキブリは死に至る．市販のゴキブリ駆除剤の多くは，ゴキブリの好きな餌にホウ酸塩を混入している．

通常の海水淡水化用 RO 膜のホウ素阻止率は 65％程度である．ホウ素 5 mg/L の海水をこのまま RO 膜処理して飲料水にしたとすれば基準の 1.0 mg/L（WHO は 0.5 mg/L）を超える（5〔mg/L〕×(100−65)/65＝2.7〔mg/L〕）．

従来の RO 膜 1 段処理ではホウ素濃度を 1〜3 mg/L にするのが限界であった．

図 2.27 はホウ素除去を考えた 2 段 RO 膜装置の膜配置例である．No.1 RO 膜を透過した水はホウ素濃度が低いので，低濃度ホウ素含有水として回収する．No.2 RO 膜を透過した水はホウ素濃度が高いので，低圧 RO 膜へ送りもう一度脱塩処理を行う．これにより，ホウ素含有量の少ない脱塩水が回収できる．

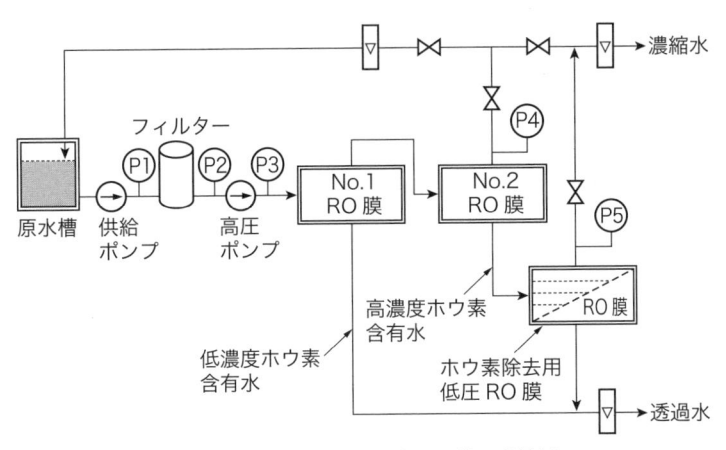

図 2.27　ホウ素除去用 2 段 RO 膜の配置例

第3章 イオン交換

3.1 イオン交換樹脂の種類

強酸性陽イオン交換樹脂の製造反応を図3.1に示す。イオン交換樹脂はスチレンとジビニルベンゼン（DVB）が基礎原料である。これらを水中で懸濁重合すると直鎖状高分子のポリスチレンがDVBで架橋され粒状ポリマーとなる。

この構造は平面的なものではなく，上下左右のポリスチレンの長鎖分子間にDVBの橋が架かった三次元的な網目構造をもつものであり，これが樹脂母体の骨格をなしている。

DVBの橋の数が多くなればなるほど，密度の高い網目状の立体構造になる。DVBのような役割を果たすものを架橋剤といい，架橋剤の混合割合，すなわち

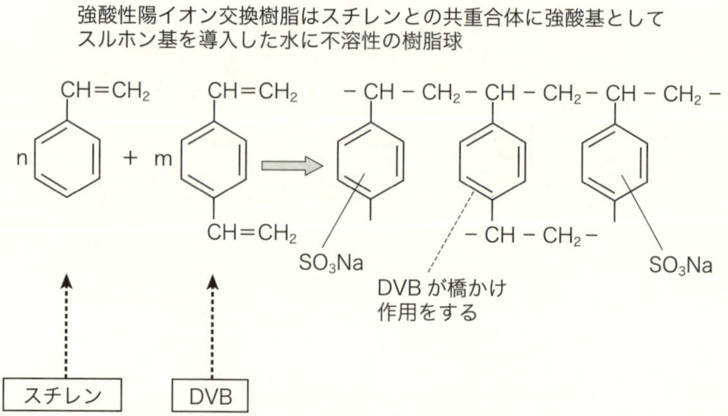

図3.1 強酸性陽イオン交換樹脂

橋のかかる割合を架橋度とよぶ。

架橋された粒状ポリマーに濃硫酸を作用させてスルフォン化することによりスチレン系陽イオン交換樹脂ができる。また，4級アンモニウム塩などを反応基として導入すると陰イオン交換樹脂ができる。

表3.1に各種のイオン交換樹脂を示す。

表3.2は各種のイオン交換樹脂の反応基である。

イオン交換樹脂は図3.2 (a) のように直径約0.5～1.0 mmの粒状であるが，そのほかにも繊維状や膜状の製品もある。膜状のものはとくにイオン交換膜とよばれる。

表3.1　イオン交換樹脂の種類

樹脂区分	化学性	母体	交換基	構造	総交換容量/[L]
陽イオン交換樹脂	強酸性	スチレン系	スルホン酸	ゲル	1.9～2.0
				マクロポーラス	1.7～1.8
	弱酸性	アクリル系	カルボン酸	ゲル	4.2
				マクロポーラス	3.9
陰イオン交換樹脂	強塩基	スチレン系	4級アンモニウムⅠ型	ゲル	1.3
				マクロポーラス	1.0
			4級アンモニウムⅡ型	ゲル	1.3
				マクロポーラス	1.0
	弱塩基	アクリル系	3級アミン	マクロポーラス	1.3～1.6
		ポリアミン系	3級アミン	ゲル	1.6

表3.2　イオン交換樹脂の反応基

区分	イオン交換樹脂の種類	化学式
陽イオン交換樹脂	強酸性陽イオン交換樹脂（SK-1B）	$R-SO_3H$
	弱酸性陽イオン交換樹脂（WK-10, WK-20）	$R-COOH$
陰イオン交換樹脂	強塩基性陰イオン交換樹脂（SA-10A）（Ⅰ型：化学的に安定，再生効率が低い）	$R-N(CH_3)_3 \cdot OH^-$
	強塩基性陰イオン交換樹脂（SA-20A）（Ⅱ型：安定性は弱い，再生効率が高い）	$R-N(CH_3)_2(C_2H_4OH) \cdot OH^-$
	弱塩基性陰イオン交換樹脂（WA-10）	$R-CONH(CH_2)_nN(CH_3)_2$
	弱塩基性陰イオン交換樹脂（WA-20）	$R-CH_2NH(CH_2CH_2NH)_nH$

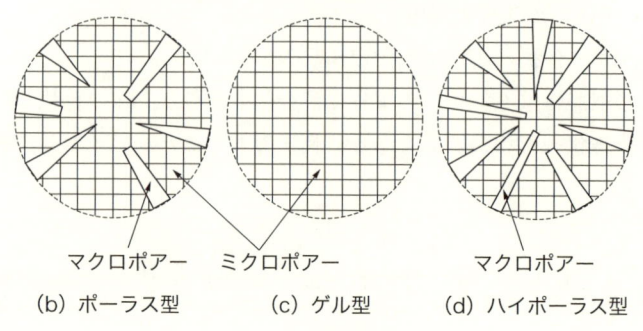

(a) イオン交換樹脂の外観

マクロポアー　ミクロポアー　　マクロポアー
(b) ポーラス型　　(c) ゲル型　　(d) ハイポーラス型

図3.2　イオン交換樹脂の形状

　イオン交換樹脂はもともときれいな水を脱塩してさらに清浄な水を得る目的に使用されていた。この場合は図3.2（c）に示すゲル型樹脂が使用される。
　排水処理には図3.2（b）のポーラス型樹脂が多く使用される。理由はポーラス型樹脂にはマクロポアー状の細孔が多いので，伸縮性に富み吸着するときに汚染された物質が浸透しても再生のときに容易に排出されやすいからである。
　イオン交換樹脂の形状は一見するとただの樹脂球であるが，さらに微細に内部をみると構造的には「毛糸の玉」とも解釈され，水を吸収したり吐き出したりもする。これらの性質から，排水処理には伸縮しやすいポーラス型樹脂が適している。

3.2　イオン交換樹脂による脱塩

　イオン交換樹脂処理の対象となる原水はイオン濃度が 1,000 mg/L 以下の水である。イオン濃度が 1,000 mg/L 以上の原水については処理コストの面から RO 膜法を検討したほうがよい。
　用排水処理におけるイオン交換処理は，はじめ数十〜数百 mg/L の塩類濃度

の原水をイオン交換樹脂で吸着処理し，塩類濃度数 mg/L 以下の純水を製造する。再生時にはイオン吸着樹脂からイオン濃度数万 mg/L（数%）の溶離液が排出される。したがって，イオン交換処理は水の脱塩とイオン濃縮を同時に行うプロセスということになる。一例として，電気伝導率（EC：Electric Conductivity）150 μS/cm の水道水を混床式イオン塔に通水するとイオン交換樹脂容量の 150～200 倍量の脱塩水の採水が可能で，この樹脂の再生には樹脂量の 20～25 倍の再生排液が発生する。

　イオン交換樹脂は再生して繰り返し利用する。再生には水酸化ナトリウム（NaOH），塩酸（HCl），食塩などの濃厚溶液（5～10%）が使用され，これらが前記のような再生排液となって排出されるため排液処理設備が必要になる。

　塩化ナトリウム（NaCl）溶液を H 型陽イオン交換樹脂（R-SO_3H）塔に通すと，式（3.1）のようにナトリウムイオン（Na^+）と水素イオン（H^+）が交換し酸性（HCl）の水に変わる。

　この酸性水を OH 型陰イオン交換樹脂（R-N・OH）塔に通水すると式（3.2）のように塩化物イオン（Cl^-）と水酸化物イオン（OH^-）が交換し，純水（H_2O）が得られる。

$$R\text{-}SO_3H + NaCl \rightarrow R\text{-}SO_3Na + HCl \tag{3.1}$$

$$R\text{-}N\cdot OH + HCl \rightarrow R\text{-}N\cdot Cl + H_2O \tag{3.2}$$

これがイオン交換樹脂による脱塩の原理である。

　イオン交換樹脂のもっている交換基には限りがあるので，前記の反応が平衡に達すると反応式は右へ進まなくなる。この場合，陽イオン交換樹脂には H^+ を，陰イオン交換樹脂には OH^- を補給してやれば式（3.1）(3.2) の反応は逆方向へ進むので，イオン交換樹脂は元の型に回復する。

$$R\text{-}SO_3Na + HCl \rightarrow R\text{-}SO_3H + NaCl \tag{3.3}$$

$$R\text{-}N\cdot Cl + NaOH \rightarrow R\text{-}N\cdot OH + NaCl \tag{3.4}$$

これがイオン交換樹脂再生の原理である。

　天然の水中にはカルシウムイオン（Ca^{2+}），マグネシウムイオン（Mg^{2+}），Na^+ などの陽イオンと Cl^-，硫酸イオン（SO_4^{2-}），炭酸水素イオン（HCO_3^-）などの陰イオン以外に，コロイド状シリカ（コロイド状 SiO_2）やイオン状シリカ（$HSiO_3^-$）などが混在している。これらは電気的に中和された状態で存在している。

図3.3は水中イオンの状態を表したものである。イオン交換樹脂を塔に充填し，原水をゆっくり流すとイオンは図3.4 (a) に示すようなイオン交換帯 $A \sim B$ を形成しながら流下する。

実際の装置では，イオン交換帯の先端 C が塔出口に達すると原水中のイオンが漏出しはじめるので，その時点でイオン交換処理を終了する。(a) に示す C 点が (b) に示す貫流点 P に相当する。

イオン交換樹脂がイオンを交換吸着する強さ（イオンの選択性）には，低濃度（一般の天然水や水道水程度の濃度），常温では次のような傾向がある[1]。

- 強酸性陽イオン交換樹脂：$Ca^{2+} > Cu^{2+} > Zn^{2+} > Mg^{2+} > K^+ > NH_4^+ > Na^+ > H^+$
- 弱酸性陽イオン交換樹脂：$H^+ > Ca^{2+} > Mg^{2+} > K^+ > Na^+$
- 強塩基性陰イオン交換樹脂：$SO_4^{2-} > I^- > NO_3^- > CrO_4^{2-} > Br^- > Cl^- > HCO_3^- > F^- > HSiO_3^- > OH^-$
- 弱塩基性陰イオン交換樹脂：$OH^- > SO_4^{2-} > Cl^- > F^- > CH_3COO^- > HCO_3^-$

強酸性陽イオン交換樹脂におけるイオンの選択性はイオンの原子価が高いものほど強く，同じ原子価なら原子番号が大きいものほど強くなる。

交換吸着する強さの順を逆転させるには，順位は低いが高濃度の溶液を使用する。濃度は通常5〜10％の溶液を使用する。一例として，銅イオン（Cu^{2+}）が吸

Ca^{2+} Mg^{2+} Cu^{2+}	HCO_3^-
Na^+ K^+	SO_4^{2-} Cl^-
SiO_2 ($HSiO_3^-$)	

↑
プラスかマイナスか見分けにくい

図3.3 水中イオンの状態

---

1) 和田洋六：造水の技術，p.132，地人書館（1996）

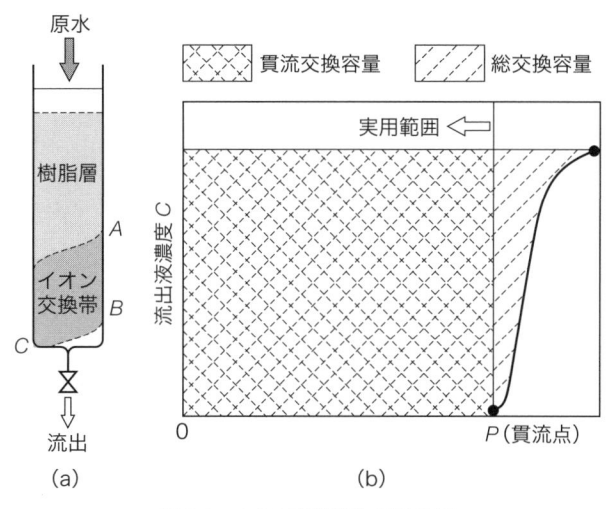

図 3.4　イオン交換帯と漏出曲線

着した陽イオン交換樹脂に 10% HCl 溶液を作用させると，Cu^{2+} が樹脂から追い出されて HCl の H^+ と置き換わる．

3.3　脱塩装置

3.3.1　2 塔式イオン交換装置

イオン交換樹脂塔は図 3.5 のように陽イオン交換樹脂塔と陰イオン交換樹脂塔の順に直列に接続する．処理水量が少ない場合は 2 床 2 塔式とする．

処理水量が多い場合は HCO_3^- を除去して陰イオン交換樹脂への負荷を軽減する目的で脱炭酸塔を設け 2 床 3 塔式とする．イオン交換樹脂による脱塩は EC 1,000 μS/cm 以下の水に適用されることが多い．

図 3.6 は 2 床 2 塔式イオン交換法による脱塩の模式図である．イオン交換樹脂法ではイオン交換樹脂に通水した水のすべてが脱塩水として使えるので，RO 膜処理と違って原水を無駄にすることがない．しかし，飽和に達したイオン交換樹脂は必然的に交換能力を失うので，HCl や NaOH などの化学薬品を使って再生

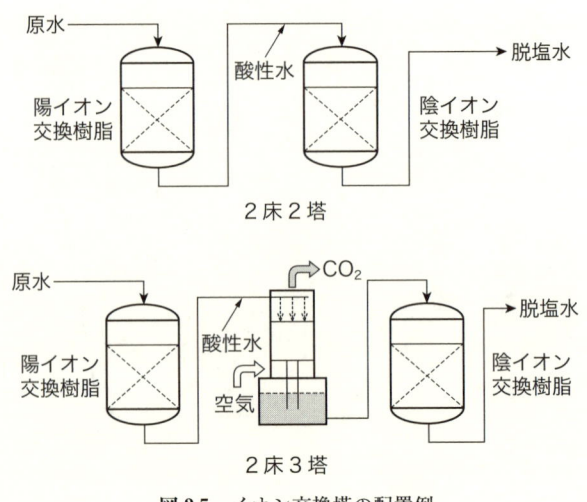

図3.5 イオン交換塔の配置例

しなければならない。

したがって，イオン交換樹脂法では排水処理設備が必要となる。これらの理由から，イオン交換樹脂法は希薄な塩分濃度の水を処理するのに適しているといえよう。RO膜法とイオン交換樹脂法を組み合わせて脱塩すると，RO膜で塩分を95％程度除いたあとイオン交換樹脂処理するので，樹脂にかかる負荷が大幅に軽減される。単純計算では樹脂の寿命は20倍延びる〔100/(100−95)=20〕と見込まれる。この方法はイオン交換樹脂の寿命を延長できるので経済的である。

図3.6に示す流れで原水を処理すると陽イオン交換樹脂塔を通過した水は必ず酸性を示す。酸性の処理水中には炭酸イオン（CO_3^{2-}），HCO_3^- が含まれる。これをそのまま陰イオン交換樹脂塔に通水すると樹脂に負担がかかるので，陽イオン交換樹脂塔を出た酸性の処理水と空気を接触させて CO_3^{2-} と HCO_3^- を取り除く工夫をしている。図3.6の方法は陰イオン交換樹脂に CO_3^{2-} と HCO_3^- の負荷が全部かかるので小型の装置に適用される。これに対して図3.7の2床3塔式イオン交換法は，陽イオン交換樹脂塔出口のあとで CO_3^{2-} と HCO_3^- を除いて陰イオン交換樹脂への負担を軽減するので大型装置に用いられることが多い。

図3.6および図3.7の方法は陽イオン交換樹脂と陰イオン交換樹脂による一段処理なので，水道水を脱塩した水のECはおよそ $10\,\mu S/cm$ 程度である。

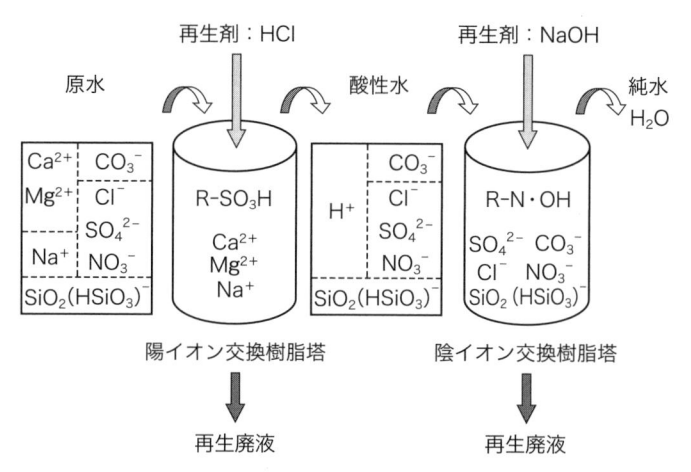

図3.6 2床2塔式イオン交換の概略図

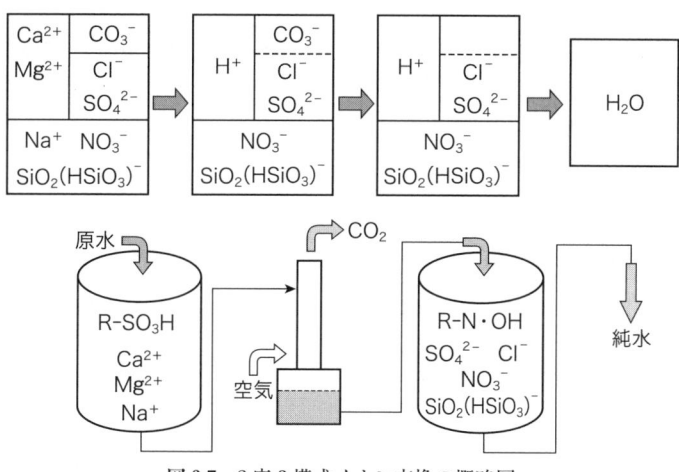

図3.7 2床3塔式イオン交換の概略図

3.3.2 陰イオン交換樹脂の分解

　陰イオン交換樹脂の交換基は4級アンモニウム基またはアミノ基で化学的に分解しやすい。交換基分解の原因は①熱分解と②酸化分解がある。

(1) 熱分解

　強塩基性陰イオン交換樹脂は，交換基の違いによりⅠ型とⅡ型がある。

　Ⅱ型樹脂は貫流交換容量が大きく多量の脱塩水が得られるが，アミン臭が強いという欠点がある。とくに，OH型の樹脂は分解しやすくC-N結合が容易に切断されやすい。これにより交換容量の低下や弱塩基化が起こり，Ⅰ型樹脂ではメタノール（CH_3OH），トリメチルアミン〔$(CH_3)_3N$〕等が副生する。

　Ⅱ型樹脂では$(CH_3)_3N$，CH_3OH，エチレングリコール（$HOCH_2CH_2OH$），ジオキサン（$C_4H_8O_2$），ジメチルエタノールアミン〔$(CH_3)_2NC_2H_4OH$〕などが副生する。

　図3.8は強塩基性陰イオン交換樹脂の分解生成物とその障害例である。2床2塔式イオン交換装置では純水が大量に得られるが，不快な臭気が水に残ることがある。これでは飲料水や食品製造用水として使用することができない。

　陰イオン交換樹脂の分解により全有機炭素（TOC）物質が副生すると，半導体や電子部品の水洗浄工程で「シミ」や「くもり」発生の原因となる。また，火力発電所の高圧ボイラでは水管内面に炭素スケールが生成することがある。

　陰イオン交換樹脂の分解で発生する不快臭のおもな原因物質は，$(CH_3)_3N$で

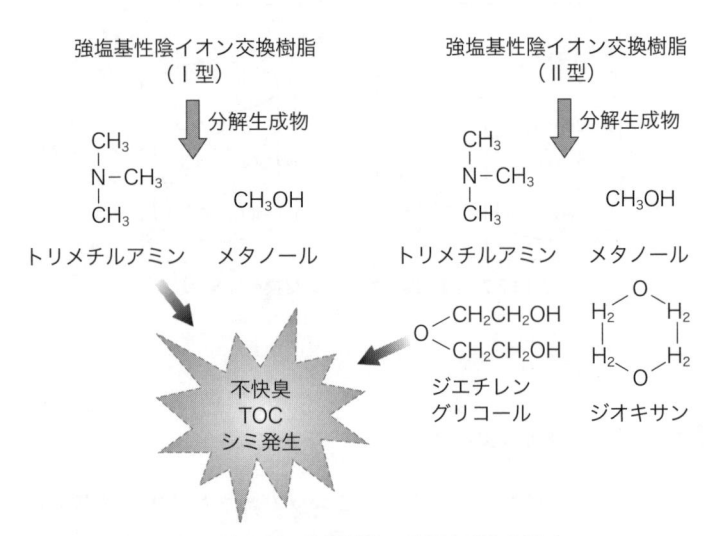

図3.8　陰イオン交換樹脂の分解生成物と障害

図3.9 陰イオン交換樹脂の分解経路

ある。実際，陽イオン交換樹脂と陰イオン交換樹脂を並べて，その臭気を比較してみると，陰イオン交換樹脂のほうが明らかに不快臭（古いスルメの臭い）を発しているのがわかる。

$(CH_3)_3N$ は魚介類にも含まれるので低濃度であれば毒性上の危険度は低いが，悪臭防止法における悪臭物質としてよく知られている。陰イオン交換樹脂からの $(CH_3)_3N$ 溶出量の低減化方法に下記の2方法がある。

- 有機溶媒による洗浄：有機溶媒として CH_3OH，エタノール（C_2H_5OH），アセトン〔$(CH_3)_2CO$〕などを用いて15分程度洗浄する方法。
- アルカリ溶液による洗浄：NaOH，炭酸ナトリウム（Na_2CO_3）などの水溶液を用いpH 10～12，温度80℃以上で1時間以上の加熱処理を行う方法。

(2) 酸化分解

図3.9は陰イオン交換樹脂の分解経路例である。強塩基性陰イオン交換樹脂の交換基は4級アンモニウム基やアミノ基で，処理水中の溶存酸素（DO：Dissolved Oxgen），塩素（Cl_2），酸化剤等によって酸化分解されやすい。この酸化により交換基の弱塩基化，脱落が生じる。また，樹脂母体も酸化によって結合が切断され，架橋度の低下が起こる。イオン交換樹脂を長時間使用した場合，交換容量が低下すると同時に樹脂に含まれる水分量が増加する。この原因は樹脂が酸化されたためである。

3.3.3 混床式イオン交換装置

これまで陽イオン交換樹脂と陰イオン交換樹脂を別々の塔に充填して脱イオンする方法を説明してきたが，陽イオン交換樹脂と陰イオン交換樹脂をひとつの塔の中で混合して脱イオンする混床式とよばれる方法がある。

原水
EC 100μS/cm

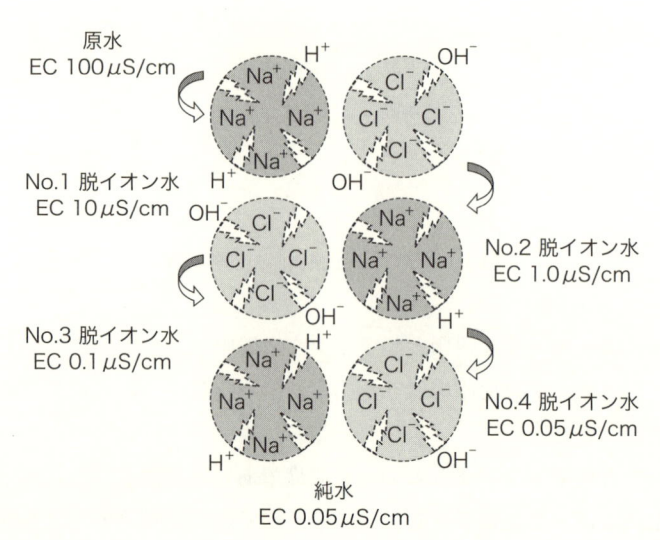

No.1 脱イオン水
EC 10μS/cm

No.3 脱イオン水
EC 0.1μS/cm

No.2 脱イオン水
EC 1.0μS/cm

No.4 脱イオン水
EC 0.05μS/cm

純水
EC 0.05μS/cm

図 3.10　混床式イオン交換の概略図

写真 3.1　混床式イオン交換塔

図 3.10 は混床塔内を流れる水が段階的に脱塩されていくようすを示したものである。

一例として，EC 100 μS/cm の水道水を一段目に相当するイオン交換樹脂で脱塩したとすれば，EC は約 10 μS/cm 程度となる。混床塔内には無限ともいうべき多段のイオン交換樹脂が存在するので処理水は中性で順次，脱塩されて最終的には EC 0.05 μS/cm 程度の高純度水になると推定される。

このように，イオン交換樹脂を混合して脱イオンに用いると単床塔に比べて容易に高純度の水が得られる。混床塔の再生では，ひとつの塔の中で陽イオン交換樹脂と陰イオン交換樹脂を比重差で分離したあとにそれぞれの樹脂層に HCl 溶液や NaOH 溶液を流したり，押し出し，水洗，混合などの工程が必要なので，取り扱いがやや複雑となる。

写真 3.1 は混床式イオン交換塔の事例である。混床式では脱炭酸塔を設けることができないので，大容量の脱塩水を処理するには不向きである。

3.4　イオン交換樹脂の再生

イオン交換樹脂の再生を完全に行うには，化学当量的に大過剰の再生剤を消費するので不経済である。したがって，工業的には樹脂のもつ総交換容量の 50〜80% 程度の再生率で再生するのが一般的である。

図 3.11 は再生率と再生レベルの関係例である。再生レベルとは樹脂を再生するのに使用する薬品の純量をいう。図 3.11 では再生レベル 100 g-HCl/L-R のときが再生率 80% である。実際のイオン交換処理では，工業的にいかに低い再生レベルで高い再生率を得るかがポイントである。

3.4.1　単床塔の並流再生と向流再生

図 3.12 は並流再生の流れを模式的に示したものである。塔上部から原水を流すと①の通水終了時点では Na^+ がリークしている。塔上部から HCl を流す②の再生開始では Ca^{2+}，Mg^{2+}，Na^+ などが追い出され廃液となって出ていく。③の再生終了時点では大部分が H^+ に置き換わっているが，塔の出口付近にはまだ Ca^{2+}，Mg^{2+}，Na^+ などが残留している。

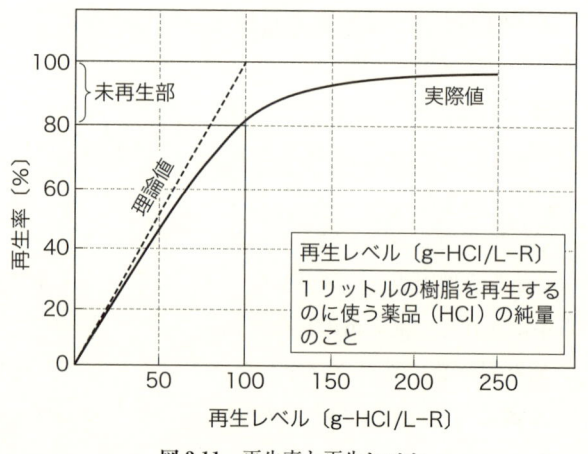

図 3.11 再生率と再生レベル

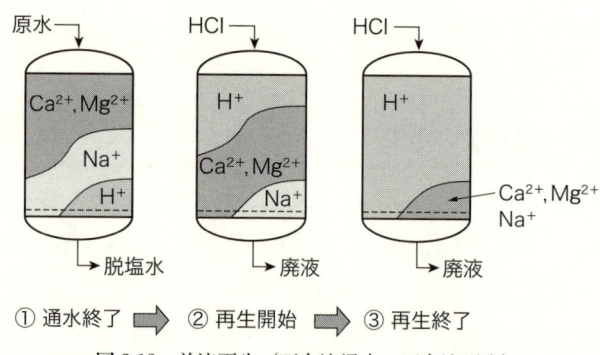

① 通水終了 ➡ ② 再生開始 ➡ ③ 再生終了

図 3.12 並流再生（下向流通水，下向流再生）

　並流再生では水洗したあと，採水工程に入り処理水を回収するが，残留イオンがあるため初期のうちは水質が良くない。

　これを改善するために図 3.13 の向流再生方式が考案された。向流再生方式では原水を塔下部から上部に向けて流す。①の通水終了時点ではイオン交換帯が並流再生と逆転している。

　③の再生終了時点では塔底部に Ca^{2+}，Mg^{2+}，Na^+ などが残留している点では並流再生と同じである。ところが，通水は塔下部から上部に向かって水を流すので不純物の少ない脱イオン水が回収できる。

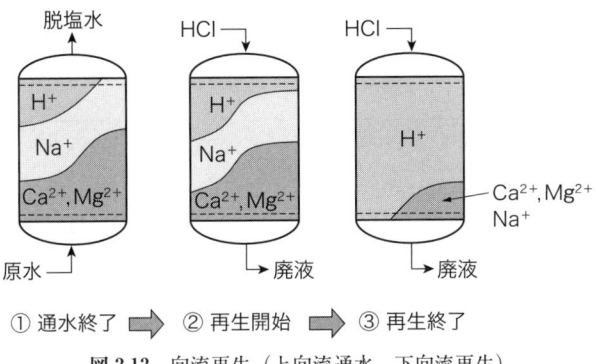

図 3.13　向流再生（上向流通水，下向流再生）

① 通水終了　② 再生開始　③ 再生終了

一例として，EC 150 μS/cm の水道水を並流再生で処理すると EC 10～20 μS/cm（SiO_2 0.1～0.2 mg/L），向流再生で処理すると EC 0.2～5.0 μS/cm（SiO_2 0.05 mg/L 以下）の脱イオン水が回収できる。

3.4.2　混床塔の再生

陽イオン交換樹脂と陰イオン交感樹脂を混合して使う混床塔は得られる水質が良いので，ボイラ水や精密機器洗浄用水などの脱塩に用いられている。

図 3.14 は混床塔の再生と脱塩工程の詳細である。混床塔の再生は図 3.14 のようにひとつの塔の中で HCl や NaOH 溶液を流す。どのメーカーの樹脂でもカチオン樹脂（比重・約 1.4）とアニオン樹脂（比重約 1.2）には比重差がある。そこで，混床塔では樹脂層の下から水を送ってアニオン樹脂を上層，カチオン樹脂を下層に分離する。次に，分離した上層には NaOH 溶液，下層に HCl 溶液をゆっくり送って再生する。再生廃液は塔の中間に設けた集水管（コレクター）を経て排出する。

当然のことながら，HCl 溶液と NaOH 溶液を同時に流し込むわけにはいかないので，上から NaOH 溶液を流すときは下から押さえ水として原水または脱イオン水を流す。これとは逆に下から HCl 溶液を流すときは上から押さえ水を流すように配管切り替えを行う。

図 3.14 に示すコレクター部分は酸，アルカリの交差する通り道になるため，発熱したり，水中の硬度成分などが析出してスケールを生成することがあるので，

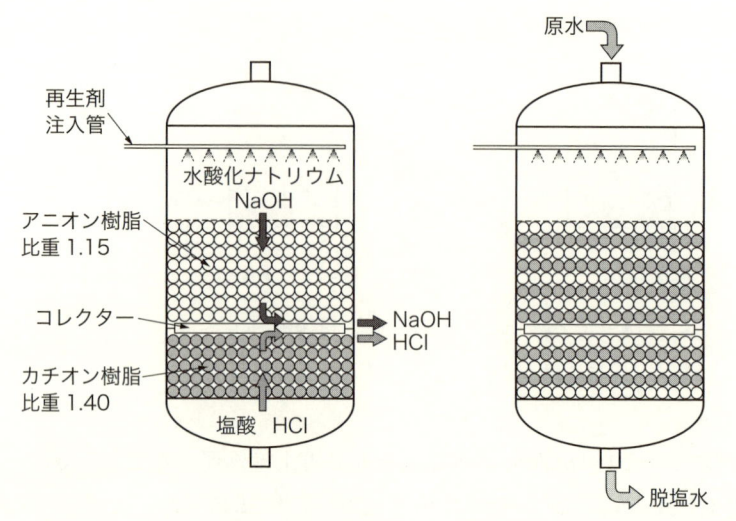

図3.14 混床塔の再生と脱塩工程の詳細

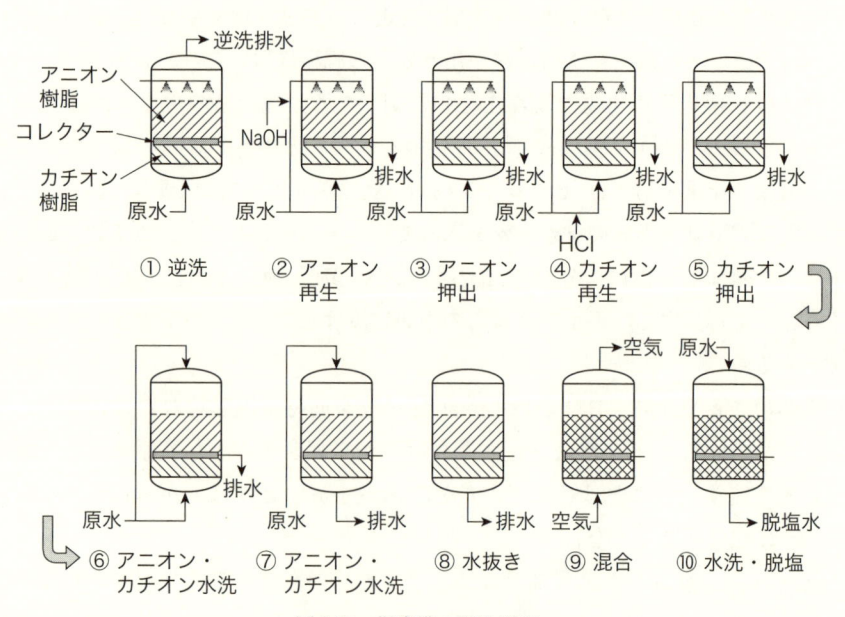

再生工程：カチオン樹脂とアニオン樹脂を比重で分離して再生する

脱塩工程：カチオン樹脂とアニオン樹脂を混合して脱塩する

① 逆洗
② アニオン再生
③ アニオン押出
④ カチオン再生
⑤ カチオン押出
⑥ アニオン・カチオン水洗
⑦ アニオン・カチオン水洗
⑧ 水抜き
⑨ 混合
⑩ 水洗・脱塩

図3.15 混床塔の再生順序

66　第3章　イオン交換

定期的な点検が重要である。

再生後はよく水洗後，樹脂を空気で混合する。混合した樹脂は再度水洗してから脱塩工程に入る。

図 3.15 は混床塔の再生手順である。これらの動きはすべて自動で行えるように設計してあるので，操作に人手はいらない。

混床塔でイオン交換樹脂を長いあいだ使っていると破砕したり磨耗して，カチオン樹脂とアニオン樹脂の分離面が不明確になって再生不良の一因となる。したがって，混床塔装置では定期的な樹脂の検査が重要である。

3.5 超純水

超純水とは純水からさらに微粒子・微生物・TOC・SiO_2・酸素（O）・金属イオンなどの不純物を極限まで除いた水で，理論的な水に限りなく近い高純度の水である。純水・超純水に関する公的な水質規格はないが，概念的には抵抗率が 18 MΩ・cm（EC 0.056 μS/cm）程度のものといえる[2]。

3.5.1 超純水発展の経緯

超純水は，半導体産業の発展に伴って出現した。初期の半導体産業の用水は，イオン交換樹脂に微粒子除去用の精密ろ過膜を組み合わせた程度のものであった。

1970 年代になって RO 膜や UF 膜などを用いた膜処理技術が導入されるようになり，微粒子・微生物・TOC・SiO_2・金属イオンなどの不純物除去が可能となり，現在では長期間安定して理論純水に近い超純水が得られるようになった。

表 3.3 に半導体工業用超純水の要求水質例を示す。LSI 製造プロセスにおけるウェハー加工・マスク作製・成膜・写真製版・エッチングなどの工程ではウェハー表面に残る薬品や微粒子を除去するために多量の超純水で洗浄する。洗浄水に金属イオン・微粒子・微生物・有機物などが含まれると，ウェハーに組み込まれる酸化膜・配線等に障害をもたらし，LSI の品質を低下させる。LSI の集積度が高まるにつれ，最小パターン寸法はより細かくなる。一例として，4 Mb で 0.8 μm,

---

2) 0.1〔μS/cm〕= 10〔MΩ・cm〕，0.056〔μS/cm〕= 18〔MΩ・cm〕

表3.3 半導体用超純水の要求水質例

集積度〔Mb〕		4～16	16～64	64～256	256～1 Gb
抵抗率〔MΩ・cm〕		>18	>18.1	>18.2	>18.2
微粒子〔個/mL〕	0.1 μm	<5			
	0.05 μm	<10	<5	<1	
	0.03 μm			<10	<5
	0.02 μm				<10
生菌〔個/mL〕		<10	<1	<0.1	<0.1
TOC〔ppb〕		<10	<2	<1	<0.5
SiO_2〔ppb〕		<1	<1	<0.5	<0.1
DO〔ppb〕		<50	<10	<5	<1

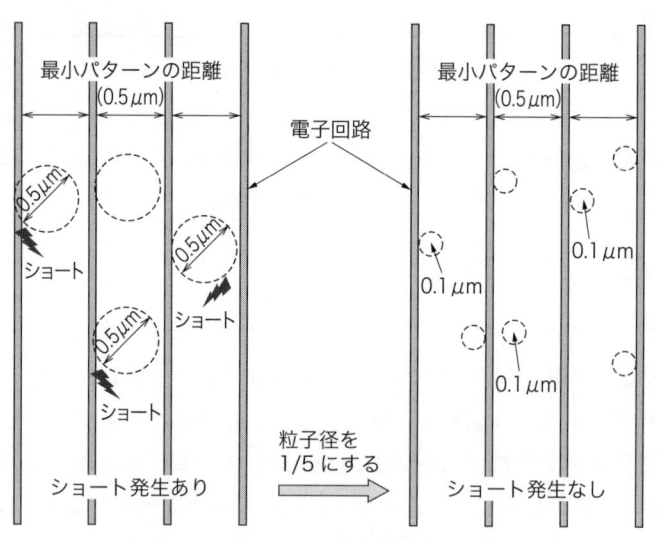

図3.16 最小パターンと微粒子の関係例

16 Mb で 0.5 μm とされているが,パターン間のショートを避けるために洗浄水に含まれる最大微粒子径をこの最小パターン寸法の 1/5 以下とするのが望ましいとされている。

図3.16 は最小パターンと微粒子の関係例である。最小パターン 0.5 μm のあいだに同じ大きさの微粒子が存在すれば,当然,ショートが起こる。これに対し,微粒子の大きさが 1/5 の 0.1 μm に縮小すればショートは避けられる。

3.5.2 超純水製造の基本

図3.17は超純水製造の基本フローシート例である。ここでは原水槽→RO膜装置→純水タンク→UV殺菌灯→イオン交換→UF膜装置→ユースポイントの流れで超純水を製造している。

水の脱塩にイオン交換樹脂の使用は避けられないが，イオン交換樹脂は化学的に不安定な成分があって，処理水中にイオン交換樹脂由来の分解成分（TOC：Total Organic Carbon），微粒子成分が分離して混入することがある。純度のあまり高くない純水を扱う場合は，このTOC，微粒子成分は障害とならないが超純水製造の場合は重要な管理項目となる。

イオン交換樹脂を用いて超純水レベルの水を製造しようとしたら表3.3に示す比抵抗（EC）以外にも微粒子，バクテリア，TOC，SiO_2，DOなどの項目を常に監視する必要がある。

超純水にみられるバクテリアの85％程度は，2～5μmの大きさのPseudomonas菌（桿菌）である。通常は，増殖によりコロニーを形成している。このPseudomonas菌の無機成分はリン（P）・カリウム（K）・ナトリウム（Na）・硫黄（S）・カルシウム（Ca）などであり，鉄（Fe）やアルミニウム（Al）などの

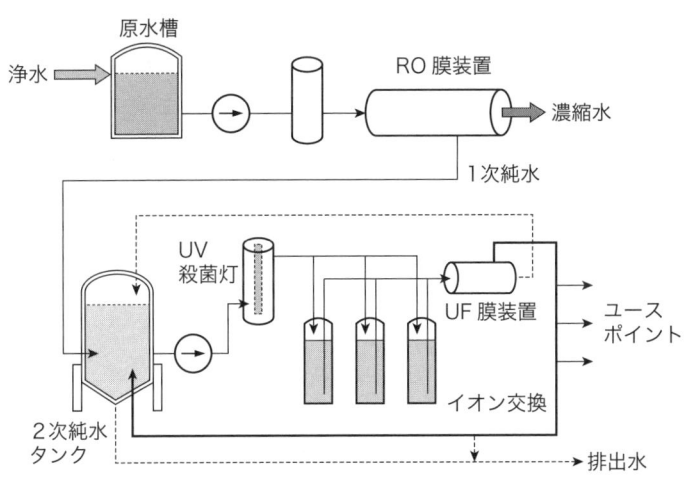

図3.17 超純水製造フローシート例

金属をも含んでおり，周辺に存在する不純物を取り込んで栄養源としている。この細菌は細胞分裂により増殖し数日で100万個レベルまで達する。一般には死滅して死骸化するが，すぐに次世代の増殖が始まるため，死骸菌・生菌とも異物として存在する。そのため，製品の大きな歩留り低下を引き起こす原因となる。

これらを除去するには過酸化水素（H_2O_2）を用いて配管系を殺菌するのが一般的である。酸素はppbオーダーまで除去するが，純水タンク内に空気があると酸素を容易に取り込んで水質が低下する。実装置では，これを防ぐ目的でチッ素（N）ガスを封入することが多い。

3.5.3 超純水系統内の微粒子の挙動

図3.18は超純水製造装置で水を処理したときの微粒子数の変化例である。これをみると，処理水が混床塔イオン交換装置を出て純水タンクに貯留されたとたんに微粒子数が急速に増加する。これは，イオン交換樹脂処理とタンク貯留の工程で多くの微粒子が発生していることを示している。しかし，いったん発生した微粒子はRO膜で除去されている。

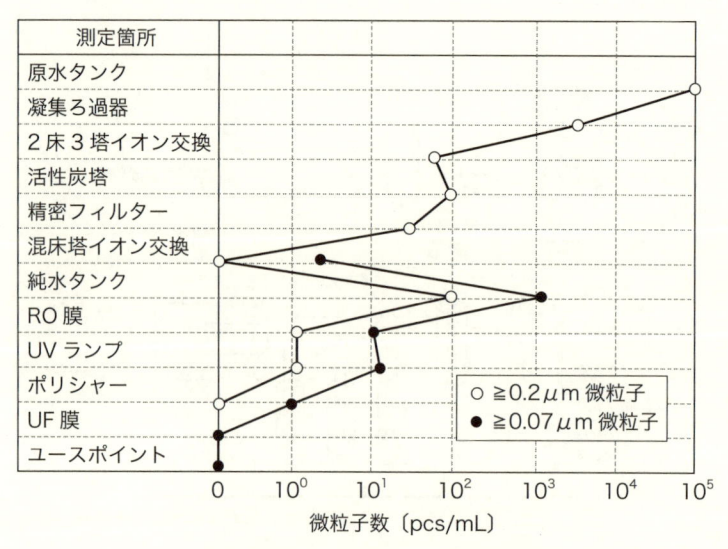

図3.18 超純水系統内の微粒子数の変化

3.5.4 水の EC と電気抵抗

表 3.4 は水の EC と電気抵抗値例である。電子産業や半導体産業では理論純水に限りなく近い高純度の水が超純水として使用されている。

EC は電気抵抗値の逆数として表す。ちなみに理論純水を計算すると $1/18.25 = 0.05479$ 〔μS/cm〕ということになる。純水中に電解質が $0.1\,\mu$g/L（＝

表 3.4 水の EC と電気抵抗例

EC〔μS/cm〕	電気抵抗〔$\Omega\cdot$cm〕	水の種類
1,000,000	1	化学薬品
100,000	10	産業廃棄物処理水
44,000	22.7	海水
10,000	100	産業排水
1,000	1 k	工程水洗水
100	10 k	水道水
10	100 k	雨水
1	1 M	純水
0.1	10 M	超純水
0.05479	18.25 M	理論純水

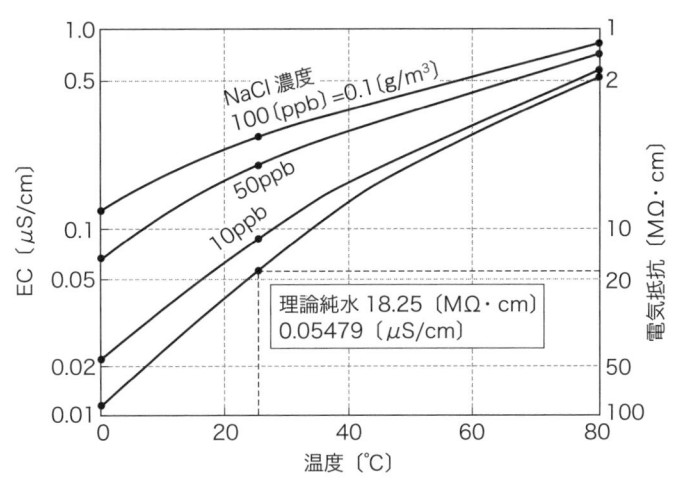

図 3.19 NaCl 溶液の EC と比抵抗の関係

ppb）増加すると，比抵抗は 0.1 MΩ·cm 変化する。また，純水の温度が 0.1℃ 変化すると，比抵抗は同様に 0.1 MΩ·cm 変化する。

超純水の明確な定義や国家・国際規格などはなく，使用目的に基づく個々の要求水準を満たすことが最大の条件となっている。ひとくちに超純水といっても一定のグレードは決まっていない。

図 3.19 は NaCl 溶液の EC，電気抵抗，温度の関係例である。EC は水温 25℃ を基準としており，これより温度が上がると数値も上昇する。

3.5.5 超純水の配管

超純水の配管では製造装置から端末のユースポイントまで，水の純度を低下させることなく供給することが要求される。

実際の超純水システムでは，配管距離がかなり長く数百 m 以上に及ぶこともある。したがって，配管方式・配管材料・施工方法等の選択は，超純水の純度を確保する観点から大きなポイントとなる。

表 3.5 は超純水の配水系統で純度低下を起こすおもな要因である。要因①～③は配管材料や資機材の選定によりある程度対応できるが，④の微生物の増殖はいったん発生すると解消するまで時間がかかるので対応が困難である。精製した超純水は空気に接触させたり，配管やタンクなどの中で停滞させることができない。理由は，超純水は清浄なるがゆえに空気に少しでも触れると，空気中のチッ素や酸素，二酸化炭素（CO_2）などが水に溶け込み，また流れが止まると配管がどんな材質であっても管壁から微量の不純物が溶け出すからである。

さらに，貧栄養状態でも生育可能な微生物が発生するおそれがある。したがっ

表3.5　配水系統の純度低下の要因例

	純度低下の要因
①	配管材料の不純物溶出
②	接着剤から有機物の溶出
③	配管材料の表面劣化による微粒子数の増加
④	配管内の微生物増殖による生菌数，微粒子数，TOC の増加

て，実験室内で使う程度の小規模のものを除き，産業用水としての超純水はループ状の配管内をつねに循環し続ける必要がある。ユースポイントで使用されずに通過した超純水は二次純水としてそのままタンクに戻し，途中で再びユースポイントへ行かないようにすることが重要である。

3.5.6 配管材料

純水・超純水の配管材料には下記の性質が求められる。
- 金属イオン，微粒子，TOC 等不純物の溶出が少ないこと。
- 生菌が増殖しないように管内面が平滑であること。
- H_2O_2，オゾン（O_3）等による殺菌洗浄や紫外線による殺菌を行うため耐食性にすぐれていること。
- 80℃ 以上の熱水による殺菌洗浄を行う場合もあるので，耐熱性にすぐれていること。

3.5.7 配管の洗浄

純水・超純水配管といえども，長期間使用しているとどうしても配管内に生菌が増殖したり，汚れが付着したりする。

この場合は下記の薬品洗浄が有効である。
- H_2O_2 による洗浄。
- ホルマリン溶液による洗浄。
- 次亜塩素酸ナトリウム（NaClO）溶液による洗浄。
- その他の薬品，純水（熱湯）による洗浄。

第4章 オゾン酸化

　オゾン（O_3）はその語源であるギリシャ語「におうもの」（Ozein）が示すように，空気中で 0.1 ppm 程度の極微量でもその「におい」を感じる。歴史的には 1785 年，オランダの化学者ヴァンマルムが電気火花が飛ぶときに妙な臭いが発生することに気づいたが，当時はあまり問題にされなかった。その後 1804 年，ドイツの化学者シェーンバインがこの臭いの物質をオゾンと命名した。オゾンはフッ素（F）に次ぐ強い酸化力をもつため，高濃度では猛毒である。吸い込むと内臓が酸化され糜爛状になる。

　オゾンは殺菌・ウイルスの不活化・脱臭・脱色・有機物の除去などに用いられる。海外では，水道水の殺菌に塩素（Cl_2）の代わりにオゾンが用いられることが多い。日本では塩素消毒が薬事法や食品衛生法で規定されているため，水道水への適用は脱臭に限定されてきた。現在では，産業排水の処理，半導体の精密洗浄，食品工場などの空気浄化，食品などの殺菌に使用されている。

　オゾンの分解性生物は酸素（O）なので，反応後の処理水の中に有機塩素化合物を副生しない。処理後の水にも残留せず，塩素に比べて水の味や匂いの変化が少ない。したがって，いくつかの純水配管では細菌増殖を防ぐために少量のオゾンを添加することがある。日本では近年，東京都水道局や大阪市水道局で水道水の殺菌の一環として用いられており，追随する自治体も増えてきている。

4.1 オゾンの発生方法

　オゾンの発生方法には，無声放電法・UV 法・化学生成法・電解法などがあるが，工業的に大量のオゾンを得る経済的な方法として，図 4.1 に示す無声放電法が普及している。

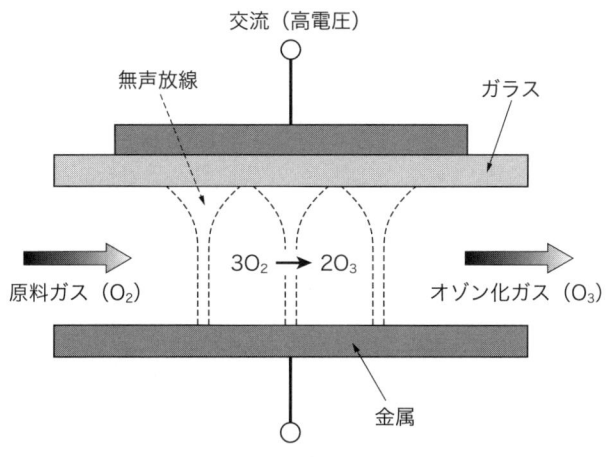

図4.1 無声放電式オゾン発生装置

　無声放電とは，誘電体を挟んだ2つの電極間に交流の高電圧を通電すると生じる放電現象のことである。この無声放電空間に空気または酸素を通過させ，放電プラズマ中のイオンのもつエネルギーによって酸素をオゾン化する。

　原料ガスに空気を使用すると大量にかつ安価にオゾンを発生できる。しかし，オゾンと同時に有害なチッ素酸化物（NO_X）を放出させてしまうなどの欠点がある。

　これを防止する手段としてPSA（Pressure Swing Adsorption）装置を搭載した機種が使用されている。

　図4.2はPSA方式オゾン発生装置のフローシート例である。PSA方式は，チッ素（N）を吸着するゼオライトを充填した2塔に交互に加圧空気を圧入する。すると，空気中のチッ素がゼオライトに吸着する。その状態で内部の気体を排出すると酸素濃度の高い空気ができる。

　高濃度酸素を含む気体を排出したあとでシリンダー内の圧力を減圧すると，ゼオライトに吸着したチッ素が離れるので，別途，排気する。酸素PSA方式を搭載したオゾン発生装置は，電源さえあればどこでも簡単に純度の高いオゾンを製造できるので，実験用の小型装置から産業用の大型装置まで広く実用化されている。大気中の酸素濃度は約21％である。この空気からPSA装置で酸素以外の成

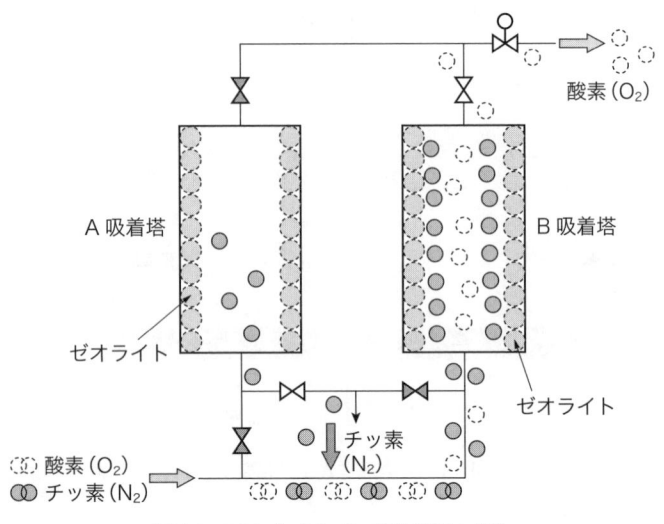

図 4.2　PSA 方式オゾン発生装置の流れ

分を取り除くと，酸素濃度約 92% 程度の空気を取り出すことができる。

4.2　オゾンの特性と利用例

オゾン酸化力の強さは次の順位で，過酸化水素（H_2O_2）や塩素より強い。

フッ素（F_2）＞オゾン（O_3）＞過酸化水素（H_2O_2）＞二酸化塩素（ClO_2）＞次亜塩素酸（$HClO$）＞塩素（Cl_2）＞酸素（O_2）

オゾン酸化の特長は，塩素と違って有害なトリハロメタンや有機塩素化合物を副生する懸念がないことである。この特長を活かして水処理では次の分野で広く実用化されている。

- 殺菌，消毒，殺藻
- 着色成分の脱色
- 脱臭，臭味除去
- 有機物，還元性物質の酸化
- 難分解性物質の生物易分解性化

図 4.3 に残留オゾンと pH の関係を示す。オゾンは中性付近の水中では残留時

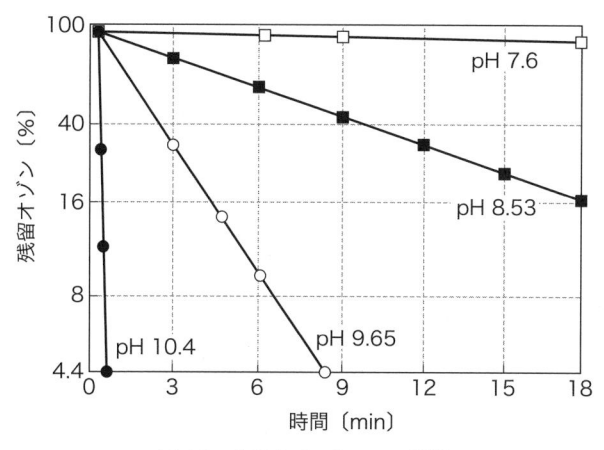

図 4.3 残留オゾンと pH の関係

間が長いが，pH が 10 以上になると短時間に消滅する。

4.2.1 オゾンによる上水中の全有機炭素（TOC：Total Organic Carbon）除去

精密洗浄が必要な電子工業や半導体産業では，用水の TOC を下げる必要がある。TOC 量が微量になるとオゾン処理が有利である。

図 4.4 はオゾン酸化による上水中の TOC 除去例である。TOC 2 mg/L 以上の場合は活性炭処理で対応し，TOC 2 mg/L 以下になった水にオゾン 1 mg/L 以上を常時作用させると，水中の TOC は 0.1 mg/L 以下を維持することができる。

4.2.2 化学的酸素要求量（COD：Chemical Oxygen Demand）除去に必要なオゾン量

下水二次処理水には多くの有機物が混在している。

図 4.5 は有機物の COD（クロム (Cr)）成分の除去と消失オゾン量の関係を測定したものである。オゾンの酸化反応で，オゾン中のひとつの酸素のみが反応に関与するとすれば，消失オゾン量/除去 COD の比は重量比で 1.0〜3.0 の範囲となる。

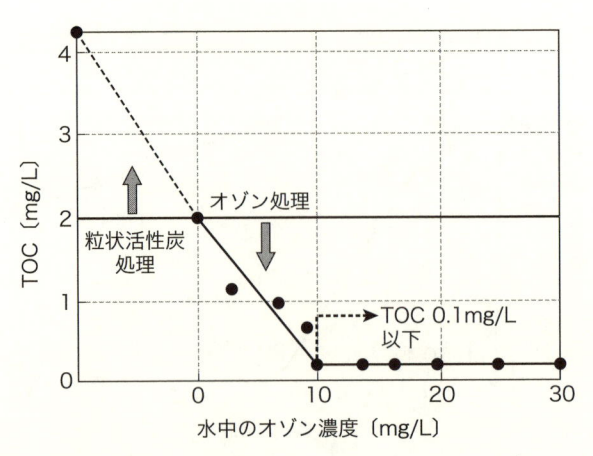

図 4.4　オゾン酸化による上水中の TOC 除去例[1]

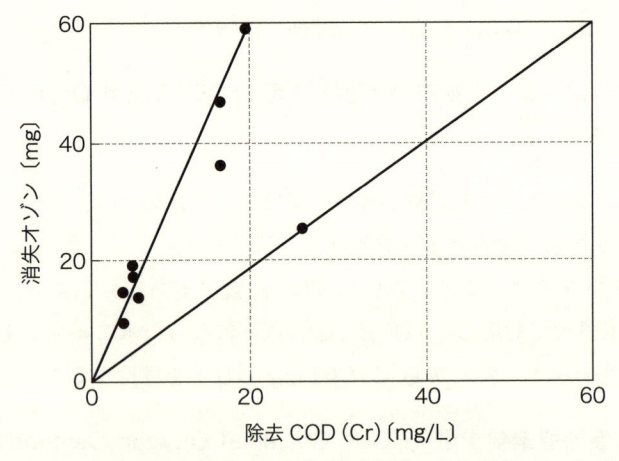

図 4.5　COD 除去量と消費オゾン量[2]（都市下水二次処理水のオゾン酸化）

1) Carl, Theresa Nebel：Pharmaceutical manufacturing/April（1984）一部筆者加筆
2) 宗宮　功：下水道協会誌，Vol. 10, No. 109, p. 9（1973）

一例として，除去CODが20 mg/Lあったとすれば，この酸化に消費されるオゾン量は，多い場合で20〔mg/L〕×3.0＝60〔mg/L〕，少ない場合で20〔mg/L〕×1.0＝20〔mg/L〕ということを示しており，COD除去におけるオゾン必要量算出の目安になる。

4.2.3 下水処理におけるオゾン酸化と活性炭吸着

オゾン処理と活性炭処理はそれぞれすぐれた処理効果があるが，欠点もある。強力な酸化力が売り物のオゾン処理も，単独で処理効果を挙げようとすれば，多量のオゾンを注入する必要があり，費用がかかる。また，微量物質の除去に効果を発揮する活性炭処理も，分子量1,500以上の物質では，極端に吸着力が低下することが知られている。最近の都市下水や産業排水のなかにはCODや生物学的酸素要求量（BOD：Biochemical Oxygen Demand）では表しがたい難分解性の有機物も多く含まれており，従来の生物処理法だけでは完全に除去しきれない場合が多い。排水中のCOD成分をオゾン酸化すると有機物の低分子化効果があり，活性炭吸着処理と組み合わせるとCOD除去効果が促進される。

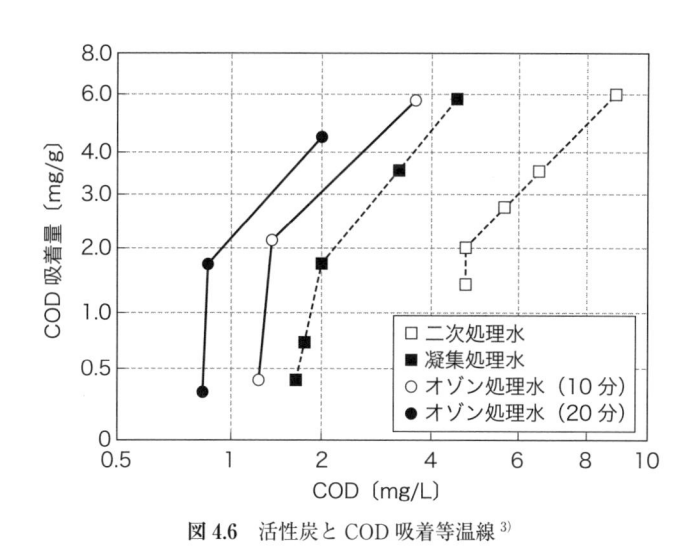

図4.6 活性炭とCOD吸着等温線[3]

---

3) 池畑 昭：オゾン利用の新技術，pp. 97-98，三琇書房（1986）

図4.6は都市下水の各種処理水の活性炭に対するCOD吸着等温線をフロイントリッヒ式のグラフで示したものである。

COD 10 mg/L以上の下水二次処理水に直接活性炭を作用させた場合はCOD 5 mg/L以下には処理できず，COD 5 mg/Lに相当する難分解成分が残っていることを示している。COD 4 mg/L程度まで処理した凝集処理水に活性炭を作用させると水質はかなり改善され，COD 2 mg/Lくらいまで処理できるようになる。オゾン処理でCOD 2 mg/L程度に酸化した下水処理水に活性炭を作用させるとCOD 1 mg/L以下にまで処理できるようになる。これは，高分子状のCOD成分はオゾン酸化によって低分子化し，活性炭の細孔内に拡散吸着されやすくなったものと思われる。

このように，オゾン＋活性炭併用処理は，2つの処理法を組み合わせることにより互いの欠点を補い合い，処理効果を高めようとするものである。

たとえば，従来の二次処理を行ったあと，前段にオゾン処理，後段に活性炭処理を行うと，オゾン処理の階段で難分解性の高分子が低分子化され，後段の活性炭処理の段階で吸着できる量が多くなり，汚濁物質の除去効率の増加が見込まれる。また，活性炭細孔内部に微生物が付着し，この働きにより活性炭の吸着機能が長く持続されるといった付加価値も期待できる。

図4.7はオゾン＋活性炭処理による下水2次処理水の高度処理例である。

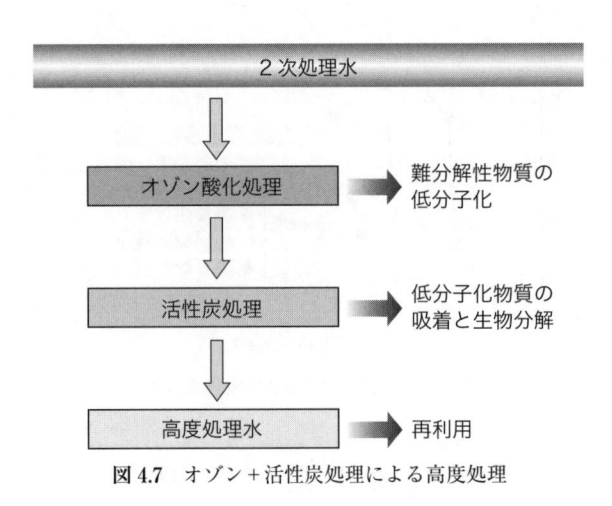

図4.7 オゾン＋活性炭処理による高度処理

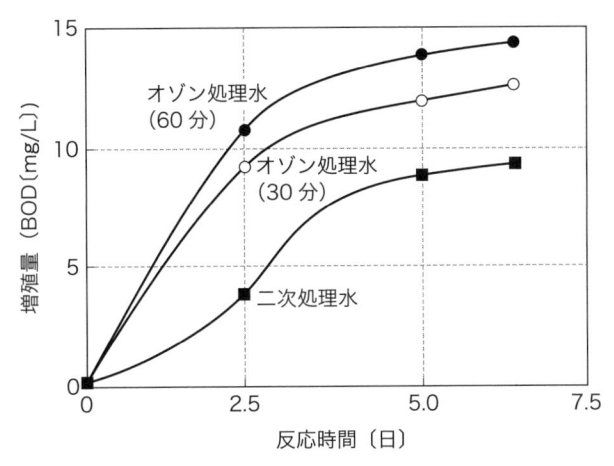

図4.8 オゾン処理水中の活性汚泥の増殖量（BODの増加）[3]

　図4.8はオゾン処理水中の活性汚泥の増殖量をBODで示したものである。図4.8は下水二次処理水およびそのオゾン処理水の一定量を培養ビンにとり，馴養した好気性微生物を加え，25℃で増殖させ，増殖の過程を酸素呼吸量の増加速度から推定したものである。

　オゾン処理水（60分と15分）の増殖量増加は，オゾン処理を行わない二次処理水よりも大きい。これは，オゾン処理により，低分子化された有機物が微生物に分解されやすくなったと考えられ，オゾン酸化と生物処理の組み合わせは有機物除去に有効な手段であることを示唆している。

　現在では，下水処理水の再利用や親水利用の要望が高まり，処理水質のさらなる向上が求められている。オゾン＋活性炭併用処理はこれらの要望に対応できる方法として実用化が期待されている。

4.2.4　上水処理におけるオゾン酸化と活性炭吸着

　オゾン活性炭処理は上水処理の分野でも実用化されている。東京都水道局は2013年度を目標として，利根川水系のすべての浄水場にオゾン-生物活性炭処理を導入するプロジェクトを進行中させている。大阪府営水道，大阪市水道局，阪神水道企業団では，すでに本方式による処理水の供給が行われている。

図4.9は水中オゾンと有機物の酸化反応の模式図である。浄水場では凝集沈澱処理して濁質を除去した水をオゾン処理する。オゾン処理では，色度成分，臭気成分，トリハロメタン前駆物質などを直接酸化分解するとともに，有機物の低分子化も進むので後段の生物活性炭（BAC：Biological Activated Carbon）処理による有機物の除去性能が向上する。

　水に溶けたオゾンはおもに，水中の有機物の分解などにより，自らは酸素になる。有機物の分解に利用されずに水中に残ったオゾンは，オゾン処理の次の工程のBAC吸着層で酸素に変わる。そのため，活性炭層から出る処理水中に残留オゾンはない。

　BACでは，活性炭の吸着機能と活性炭に付着した微生物の有機物分解機能の相乗作用により，活性炭が本来もっている物理的な吸着能力以上の有機物処理ができる。さらにBACでは，活性炭に付着繁殖した微生物による有機物の直接分解と活性炭に一度吸着した有機物の分解により，活性炭の吸着寿命を延長することができるため，処理コストの低減も可能となる。

　このようにオゾン酸化とBAC処理の組み合わせは，オゾンの酸化力とBACの吸着機能を効果的に組み合わせた処理方法である。

　ただし，原水が汚染され，水中の有機化合物が増えるとアルデヒドやケトンなどの副生成物が大量に生成される可能性がある。したがって，基本的には，生活排水，産業排水，農業排水などにより河川の汚染を低減することが重要である。

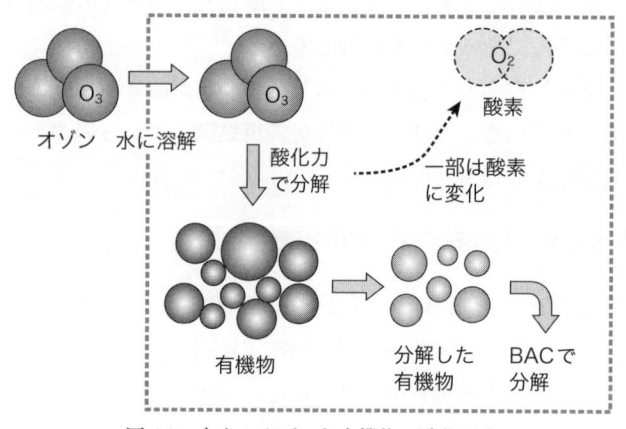

図4.9　水中のオゾンと有機物の酸化反応

4.3 オゾンの溶解方法

実際の装置に使われているオゾン溶解装置を図 4.10 と図 4.11 に示す。

図 4.10 は一般に広く使われているオゾン溶解装置である。左側の多孔性散気管はセラミック製である。右側のディスク型もセラミック製であるが，オゾンや酸素の溶解効率が高く閉塞しにくいので汚濁水向きで，排水処理の分野で使用されている。

図 4.11 は渦流ポンプを使った空気溶解装置例である。渦流ポンプ方式は高速に回転する渦流ポンプを用いて，この中にオゾン化空気を巻き込み，タービンの羽根により切断・粉砕してマイクロバブルを発生させる。図 4.11 の加圧ポンプ左側にある調整弁①を少し絞ると圧力計①が負圧になるので，自然にオゾン化空気を吸い込むようになる。このとき，あまり圧力を下げすぎるとポンプ故障の原因となるので，$-0.01 \sim 0.02$ MPa 程度で管理するとよい。

次に，調整弁②を調整して圧力計②を $0.2 \sim 0.4$ MPa にして加圧下でオゾン化ガスを水に溶解する。次いで，急激に減圧して反応槽の底部から気泡を放出する。こうすると図 4.10 の散気方式よりも細かいオゾン化空気が多く水に溶解する。この方式は小規模の反応装置に多く採用されている。

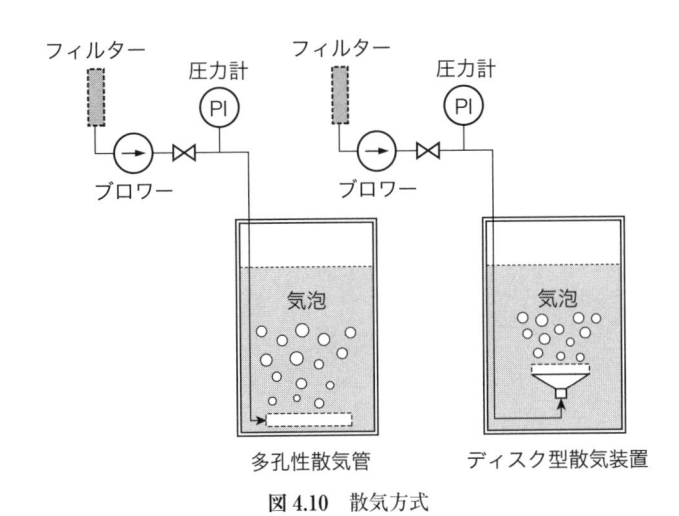

図 4.10 散気方式

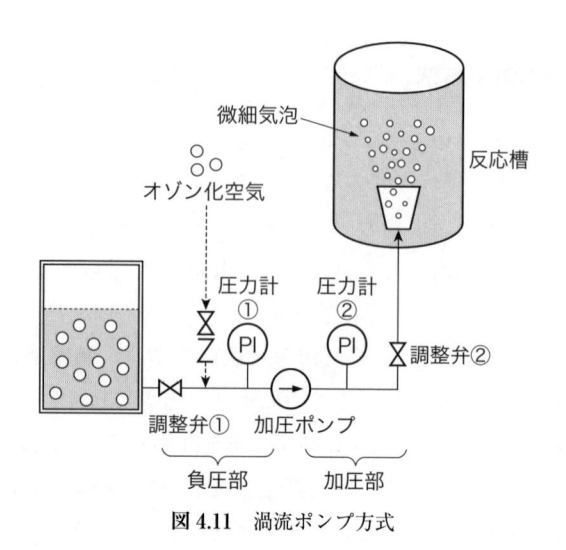

図 4.11　渦流ポンプ方式

第5章 促進酸化法（AOP）

　促進酸化法（AOP：Advanced Oxidation Process）は紫外線，オゾン（O_3），過酸化水素（H_2O_2）などを組み合わせ，オゾンや塩素（Cl_2）より酸化力の強いヒドロキシルラジカル（OHラジカル）を発生させ，水中の汚濁物質を分解する方法である。

　AOPは，凝集沈殿や活性汚泥などの1次処理を行って大半の汚濁物質を除いたあとに残留する有機物を分解するのに適している。また，ダイオキシン類や環境ホルモン，農薬などの水中に微量含まれる有機物質の分解除去に効果がある。

5.1 紫外線の特徴とUVランプ

　太陽光に殺菌効果があることは古来より知られている。洗濯物や布団を太陽光に当てて乾かすと嫌な臭いが消えたり，色があせることを体験する。これは太陽光のなかの紫外線の効果によるものである。

　図5.1は光の波長と殺菌効果である。紫外線はX線と可視光線のあいだにはさまれた100〜400 nmの波長域にある電磁波の総称である。紫外線は波長A，B，Cに分類されているが，そのなかでも波長Cに属する254 nm付近の光が最も殺菌効果が強い。

　254 nmの紫外線は細菌やウイルスなどのDNA（デオキシリボ核酸）に吸収されやすい。吸収された紫外線は生命維持と遺伝情報の伝達に必要なDNAを破壊，再生を妨害したり，細菌の活動を停止させて死滅させるので，強力な殺菌効果を発揮する。ただし，UV殺菌は細菌のDNAの活動を不活性にするだけなので，相手によってはしぶとく復活する細胞もある。したがって，UV殺菌では絶えず紫外線を照射し続ける必要がある。

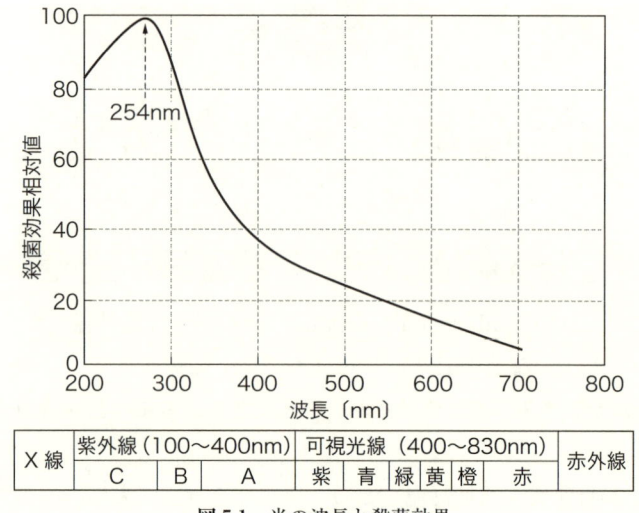

図 5.1　光の波長と殺菌効果

　用水・排水処理では処理水を殺菌する目的で 254 nm の波長を使った UV 照射を行う。紫外線による殺菌は塩素殺菌と違って化学薬品を使わないので後工程に障害が残らないという長所がある。

　図 5.2 は塩素の酸化効果と殺菌効果の概略図である。塩素は鉄（Fe），マンガン（Mn），アンモニア（NH_3），有機物などの酸化作用があり，殺菌作用も併せもっている。塩素の殺菌作用は細胞膜を破って細胞液を膜の外に出してしまうのでその効果は確実である。その反面，塩素はあらゆる有機物と作用してトリハロメタンなどの塩素化合物を生成するという副作用がある。

　塩素はオゾンや紫外線と違って酸化作用の持続性があるので用水，排水処理の分野では古くから使用されている。

　図 5.3 は紫外線の波長とエネルギー相対値である。紫外線を発生させるには低圧水銀ランプと高圧水銀ランプがあるが，実際の水処理では省エネルギーの観点から低圧水銀ランプを使用する。低圧水銀ランプの中にはおもに 254 nm の光と 185 nm の両方の光を発生するランプがある。紫外線は電波や可視光と同じ電磁波の一種であり，そのエネルギー E は次式（5.1）で与えられる。

$$E = hc/\lambda \tag{5.1}$$

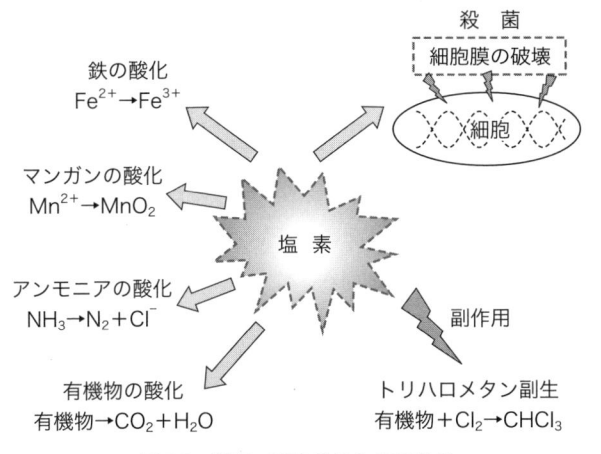

図5.2 塩素の酸化効果と殺菌効果

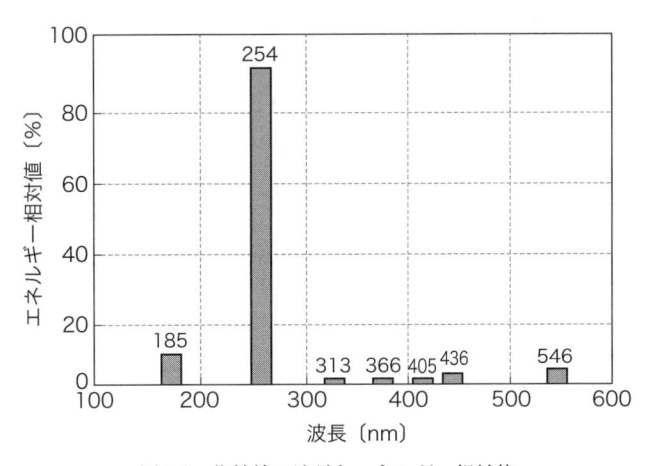

図5.3 紫外線の波長とエネルギー相対値

ここで，各パラメータは以下である。

h：プランク定数（6.626×10^{-34} J・s）

c：光速（2.998×10^8 m/s）

λ：光の波長（10^{-9} m）

式（5.1）でフォトンエネルギー（E）は波長（λ）に反比例することから，波

長が短いほどエネルギーが高いことがわかる。したがって 185 nm の紫外線は 254 nm の紫外線に比較して波長が短いぶんだけエネルギー効果が高い。

UV ランプは石英ガラス管の中に収納されている。UV ランプは石英ガラスの種類により，UV 透過特性が変わり，ランプ性能が変わる。水処理では目的に応じてランプの種類を使い分ける。

排水に含まれる難分解性の化学物質を分解するには価格は高いが，①合成石英ガラスのランプを使うと効果的である。

①合成石英：純度の高い石英ガラス。高い透過性をもつ高性能石英。価格が高い。
②天然石英：天然水晶を溶融してつくる。185 nm 付近の透過率が 50% 程度だがオゾンは発生する。
③溶融石英：溶融石英ガラスに重金属などを加え，240 nm 以下の紫外線が透過できないようにした石英ガラス。オゾンガスは人体に有害なので，室内で使う殺菌ランプに使われる。

図 5.4 は石英ガラスの種類と UV 透過率の目安である。

表 5.1 は化学結合と解離エネルギーの数値例である。185 nm の紫外線は 647 kJ/mol のエネルギーをもっているので数値上では表 5.1 に示すほとんどの化合物を分解できると考えられる。この数値は異なる化合物から求めた計算値なの

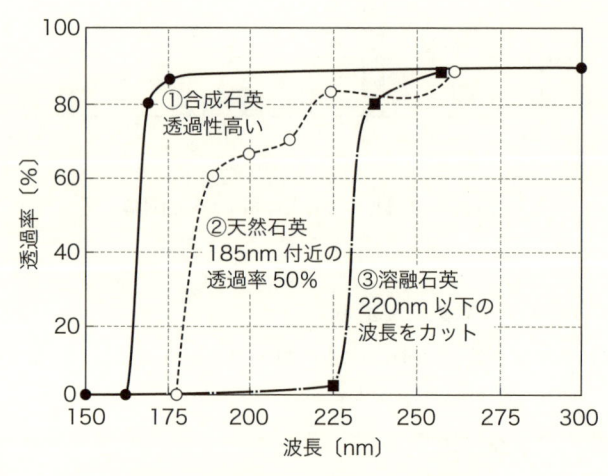

図 5.4 石英ガラスの種類と UV 透過率

表5.1 化学結合と解離エネルギー：D〔kJ/mol〕

結合	kJ/mol	結合	kJ/mol	結合	KJ/mol
(C-C)		(C-H)		H-H （H_2）	432
CH_3-CH_3	368	H-CH_3	434	H-F （HF）	567
CH_3-C_2H_5	357	H-CH_2	461	H-Cl （HCl）	428
CH_3-C （CH_3）$_3$	344	H-CH	427	H-Br （HBr）	363
CH_3-C_6H_5	417	H-C	339	H-I （HI）	295
CH_3-$CHCH_2$	466	H-C_2H_5	412	H-O （H_2O）	459
CH_3-CCH	465	H-C （CH_3）$_3$	387	H-S （H_2S）	364
CH_3-CH_2OH	350	H-C_6H_5	460	H-N （NH_3）	386
CH_3-COOH	403	(N-H)		H-H （H_2）	432
(O-H)		H-NH_2	432	O-O （H_2O_2）	138
H-OH	499	H-NH	388	O=O （O_2）	498
H-O	427	(S-H)		Cl-Cl （Cl_2）	239
H-O_2H	376	H-SH	383	Cl-Br （BrCl）	216
CH_3O-H	436	H-S （H_2S）	364	Br-Br （Br_2）	190

化学便覧 基礎編 改訂3版II（丸善（株））pp. 322-325（1984）より抜粋

で文献によって数値に差があるが，AOP処理における酸化分解反応の傾向を把握する資料として参考になる．

5.2 AOP処理の原理と特長

図5.5はOHラジカル発生の組み合わせ例と有機物の分解生成物である．OHラジカルは式（5.2）～（5.6）のようにオゾン，紫外線，H_2O_2を組み合わせて発生させる．

$$\text{オゾン} + \text{紫外線}：O_3 + UV \rightarrow [O] + O_2 \tag{5.2}$$

$$[O] + H_2O \rightarrow 2OH\cdot \tag{5.3}$$

$$\text{オゾン} + \text{過酸化水素}：H_2O_2 + H_2 \Leftrightarrow HO_2^- + H^+ \tag{5.4}$$

$$HO_2^- + O_3 \rightarrow OH\cdot + O_2^- + O_2 \tag{5.5}$$

$$\text{紫外線} + \text{過酸化水素}：UV + H_2O_2 \rightarrow 2OH\cdot \tag{5.6}$$

一例として，メチルアルコールはOHラジカルにより酸化されて，アルデヒド

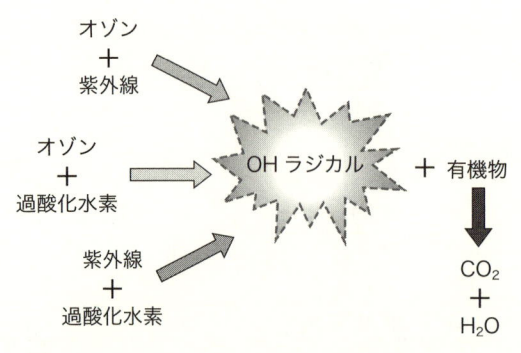

図 5.5　OH ラジカル発生の組み合わせ

（HCHO）や酸（HCOOH）となる。アルデヒド（HCHO）は最終的に二酸化炭素 CO_2 と H_2O に分解する。

$$CH_3OH + 2OH \cdot \rightarrow HCHO + 2H_2O \tag{5.7}$$

$$HCHO + 2OH \cdot \rightarrow HCOOH + H_2O \tag{5.8}$$

$$HCHO + [O] + H_2O \rightarrow HCOOH + [O] \rightarrow CO_2 + H_2O \tag{5.9}$$

OH ラジカルは糖質，タンパク質，脂質，核酸（DNA，RNA）などあらゆる有機物質と反応する強みがある。しかし，反応性が高いだけに長時間残留することができず，生成後すぐに消滅してしまうという弱みがある[1]。

実際の処理では，反応容器の中で絶え間なく OH ラジカルを発生させて供給する必要がある。AOP 処理の特長は以下のとおりである。

- 低い濃度まで高度に処理ができる：高度処理してわずかに残留している化学的酸素要求量（COD；Chemical Oxygen Demand）成分や難分解性物質の分解ができるので，水の再利用や循環処理に適している。
- 二次副生成物が発生しない：オゾン・紫外線・H_2O_2 は処理後には分解されて水・酸素(O)となるので，汚泥や処理水に有害な二次副生成物を生じない。
- 難分解性物質の分解：従来法の処理では難しかった難分解性物質の分解，COD，生物学的酸素要求量（BOD；Biochemical Oxygen Demand）の低減を効率的に行える。

---

1) OH ラジカルが生成して存在できるのはわずかに 100 万分の 1 秒間とされている。

- 効果が複合的：酸化分解が基本なので，有機物除去と同時に脱色・脱臭・殺菌効果も期待できる。
- ランニングコストの低減：オゾンと H_2O_2 を使った AOP では，オゾン濃度を適切に制御することでオゾンや H_2O_2 の消費量を低減できる。
- 安全な処理水：ウイルスや一般細菌などが不検出となる。環境ホルモンなどの微量汚染物質も大幅に低減された安全な処理水が得られる。

OH ラジカルは塩素に比べ，危険なプール熱や小児麻痺を起こすウイルス，AIDS ウイルス，レジオネラ菌を殺す力が強いので，塩素への依存を緩めることができる。しかし，日本の法令ではまだ塩素使用にこだわりがあり，残留塩素による規制を変えるわけにはいかないので，AOP 法のメリットを最大に活かすことができない。オリンピックのプールなどは，UV オゾン方式により塩素をまったく使用しない殺菌管理がすでに行われている。

5.3　AOP 処理のフローシート

AOP 処理は一見して万能のようにみえるが，実際にはそうでもなく，処理対象水の性状と処理手段がうまく合致しないと目的を達成できないこともある。

表 5.2 は水銀ランプの特性比較例である。初期のうちは高圧ランプが使われたが，現在は消費電力の少ない低圧ランプが多く採用される傾向にある。

図 5.6 はオゾン，UV，H_2O_2 を組み合わせた AOP 処理のフローシート例である。このように UV オゾン酸化に H_2O_2 を添加すると酸化効果がさらに増進することがある。

写真 5.1，5.2 は AOP 処理装置例である。実際の AOP 処理装置設計では次の

表 5.2　水銀ランプの特性比較

項目	低圧ランプ	高圧ランプ
スペクトル〔nm〕	185, 254	185〜400
UV-C〔%〕	20〜40	8〜15
単位長あたりの電力〔W/cm〕	0.8	80
管壁温度〔℃〕	60〜120	600〜900

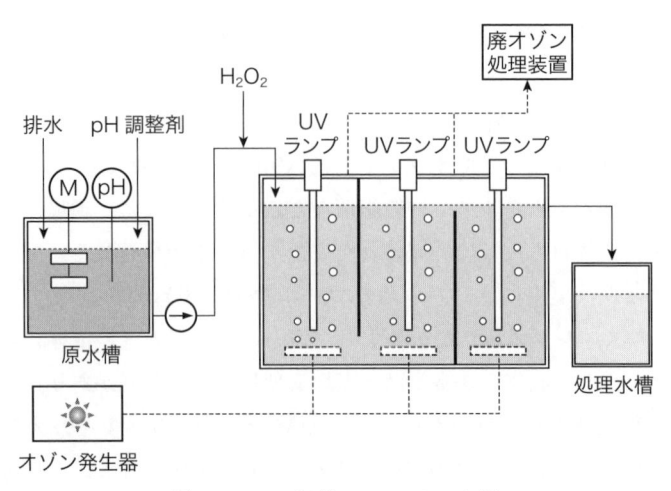

図 5.6　AOP 処理のフローシート例

ような注意が必要である。
- 処理液は透明であること。
- 紫外線を使った AOP ではランプ配置の最適化。
- H_2O_2 共存下の AOP では最適の pH が 7.0〜9.5 である。
- pH 制御だけでなく H_2O_2 の添加量や注入点を適切に選ぶ。
- OH ラジカルの無効消費物質の調査，対策立案。

AOP 処理では OH ラジカルの効果を無効にする物質の存在を調べておくことが実用上重要である。一例として，水中の炭酸イオン（CO_3^{2-}）と炭酸水素イオン（HCO_3^-）は pH に対応して式（5.10）（5.11）のように OH ラジカルを無効に消費する。

$$CO_3^{2-} + 4OH\cdot \rightarrow HCO_3^- + H_2O + O_2 + OH^- \tag{5.10}$$

$$HCO_3^- + OH\cdot \rightarrow CO_3^- + H_2O \tag{5.11}$$

これより，式（5.10）は式（5.11）よりも 4 倍の OH ラジカルを消費することがわかる。そのため，実際の処理では事前に pH 調整を行い，CO_3^{2-} の存在比率が少ない pH 8.0〜9.5 にするのが実用上有利である [2]。

---

2) 和田洋六ほか：化学工学論文集，Vol. 33, No. 1, pp. 65-71（2007）

写真 5.1　AOP 処理装置例

写真 5.2　AOP 処理装置例

5.4 光洗浄

　水を用いる湿式洗浄は「大きな汚れ」を除くことにはすぐれているが，精密洗浄の観点からみるとその効果に限界がある。半導体やプリント基板の精密洗浄では，わずかに表面に残った有機物や溶剤などが，汚染源として害を及ぼすことがある。

　光洗浄は大きな洗浄は苦手だが，とことんきれいに洗える技術で，UV オゾン洗浄ともよばれる。半導体などに付着するナノメーターオーダーの有機性汚れは目に見えないが，しっかりと表面に膜（軟接着層）をつくる。この膜がたとえば印刷の際にはパターンの鮮明度を悪くする。このような「微細な汚れ」への対策として光洗浄が役に立つ。

　紫外線は高い光エネルギーをもつことから，有機化合物を分解することはかなり古くから知られていたが，30 年ほど前にフォトレジスト高分子の分解に応用されたのが UV オゾンによる光洗浄の始まりといわれている。

　オゾンは，低圧水銀ランプの 185 nm と，キセノンエキシマランプの 172 nm の紫外線でもつくることができる。キセノンエキシマランプとは，放電による電子衝撃をキセノンなどの稀ガスに加えて電子励起を行うと，エキシマとよばれる励起状態でしか安定に存在しえない 2 量体分子種を生成する。このエキシマは生成後，数ナノ秒程度経つと電子基底状態に失活・解離し，その際に 172 nm の紫外線を発生する。

　図 5.7 は大気中における UV 波長 172 nm と 185 nm の減衰特性である。大気中の 172 nm の紫外線は酸素による吸収が大きいので，8 mm 程度の距離を進んだだけで約 10％の強度に減衰してしまう。したがって，大気中でキセノンエキシマランプ単体を用いた装置は実用化しにくい。実装置ではランプを収納した部屋に光が吸収されにくい気体（実用的にはチッ素（N））を流し，エキシマ UV は洗浄対象物近辺の窓から放射する。表面処理で扱う品物の形状は平坦で，光源と洗浄対象物までの距離は数 mm に近づける必要がある。

　これに対して 185 nm の紫外線は 50 mm の距離でも 65％の強度を維持しているので大気中でも使用でき，数十 mm の凹凸があっても対応できる。

　光洗浄は，172 nm または 185 nm の波長の紫外線を用いてオゾンを発生させ

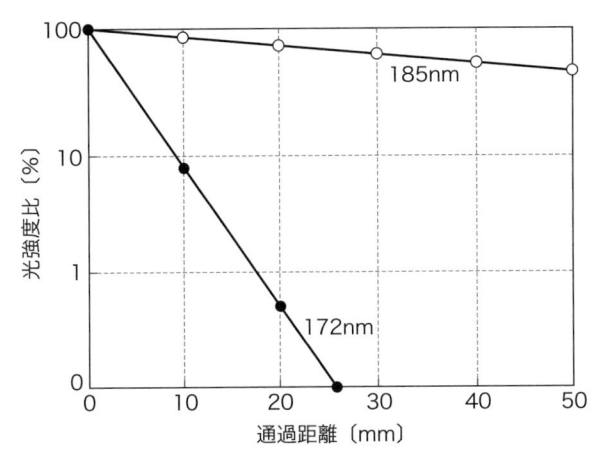

図 5.7 大気中における 172 nm と 185 nm の減衰特性

て，そのオゾンエネルギーが物質表面の汚れを分解して除く．

紫外線は以下に示す各式の反応を経て酸素からオゾンを生成する．また，254 nm 線は活性酸素の生成を促進する効果がある．

以下の式で $h\nu$ は光を，括弧内の数値は波長を表す．(3P) は基底状態の酸素原子，(1D) は励起状態の酸素原子を示す．

式 (5.12)〜(5.14) は 185 nm の低圧水銀ランプによるオゾンと活性酸素生成プロセス，式 (5.15)(5.16) はエキシマランプの反応プロセスである．

オゾンは工業的には空気または酸素ガスに数千 V 以上の高電圧を印加して，無声放電を起こしてつくるが，下式に示す低圧水銀ランプの 185 nm と，エキシマランプの 172 nm でもつくることができる．

- 低圧水銀ランプによるオゾン発生

$$O_2 + h\nu\ (185\ \text{nm}) \rightarrow O\ (3P) + O\ (3P) \tag{5.12}$$

$$O_2 + O\ (3P) \rightarrow O_3 \tag{5.13}$$

$$O_3 + h\nu\ (254\ \text{nm}) \rightarrow O_2 + O\ (1D) \tag{5.14}$$

- キセノンエキシマランプによるオゾン発生

$$O_2 + h\nu\ (172\ \text{nm}) \rightarrow O\ (1D) + O\ (3P) \tag{5.15}$$

$$O_2 + O\ (3P) \rightarrow O_3 \tag{5.16}$$

図5.8 基板洗浄方法の概略

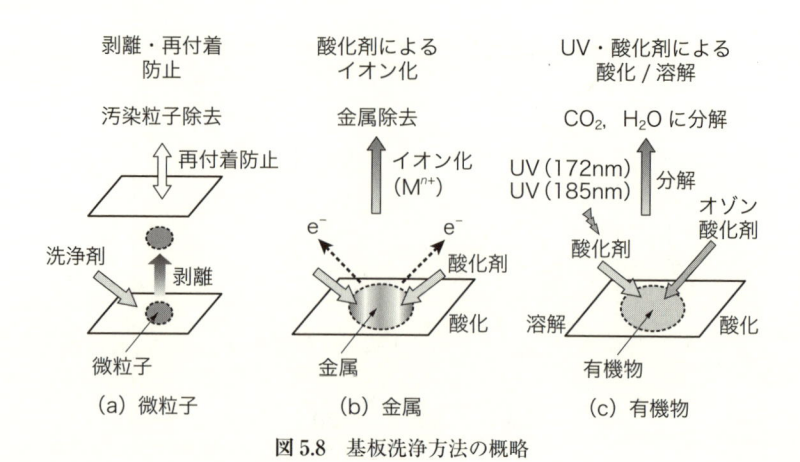

図5.8は基板洗浄方法の概略である。
(a) 微粒子：高温のアルカリ＋酸化性の薬品，少量のフッ酸＋超音波などを用いて微粒子を基板から引き離して除去する。
(b) 金属：金属汚染は酸化力の強い薬液で酸化洗浄する。基板上の金属汚染は電子を奪われることによってイオン化し，水側に溶け出して除去される。
(c) 有機物：UV照射で生成された酸素ラジカル（オゾンや原子状酸素など）が汚染物である有機化合物に作用して，CO_2，H_2O，O_2 などに分解し，これらが表面から揮発して除去（洗浄）される。

光洗浄は微量の有機物汚染に対しては有効なドライ洗浄法ではあるが，無機物汚染に対しては効果的でないため，基板洗浄では水を用いたウエット洗浄と組み合わせて使用されるのが一般的である。

第6章 活性炭吸着

活性炭は水中の有機成分（色，臭気，化学的酸素要求量（COD；Chemical Oxygen Demand），生物学的酸素要求量（BOD；Biochemical Oxygen Demand）など）を吸着したり遊離塩素（Cl_2）を分解するので，水処理プロセスでは広く用いられている。活性炭の粒子内部には小さな細孔が無数にあり1gの活性炭の表面積は800〜1,400 m^2/g もある。水中には分子量の大きいものから小さいものまで，さまざまな大きさの分子状物質が溶解して混在している。

6.1 活性炭の性質

図6.1はアルコールの吸着量と分子量の関係例である。
活性炭の吸着力には一般に以下の傾向がある。

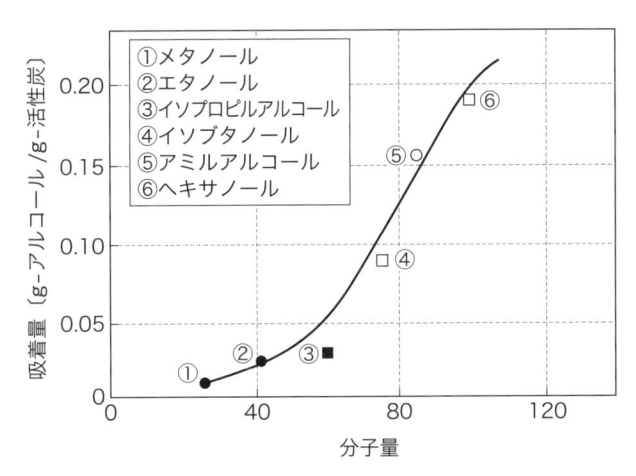

図6.1 アルコールの吸着量と分子量

- 分子量が大きい物質ほど吸着されやすい。
- 溶解度が低い物質ほど吸着されやすい。
- 脂肪族より芳香族化合物のほうが吸着されやすい。
- 表面張力を減少させる物質（界面活性剤の増加）ほど吸着されやすい。
- 排水の pH が低いと吸着量が増加する。

酢酸に酸を加えて pH 2 まで下げると式（6.1）のように解離状態（CH_3COO^-）よりも分子状態（CH_3COOH）の比率が高まり，その結果として吸着量が増す。

$$CH_3COO^- + H^+ \text{（酸添加）} \rightarrow CH_3COOH \tag{6.1}$$

- 吸着量や吸着速度は水温にあまり影響されない。

図 6.2 に活性炭の吸着等温線を示す。吸着等温線は一定温度のもとで排水に活性炭を加え，平衡に達したときの活性炭吸着量と排水中の有機物濃度の関係をプロットしたものである。

この関係式にはフロイントリッヒの式が用いられる。

$$q = K C^{1/n} \tag{6.2}$$

式（6.2）の記号は以下とする。

q：活性炭単位質量あたりの吸着量〔mg〕
C：処理水の濃度〔mg/L〕
K, n：定数

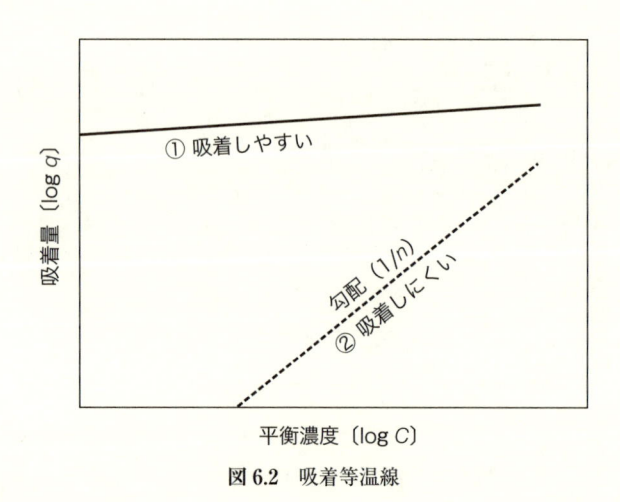

図 6.2 吸着等温線

式 (6.2) の両辺の対数をとると式 (6.3) となる。
$$\log q = \log K + (1/n) \log C \tag{6.3}$$
式 (6.3) について $\log q$ と $\log C$ をプロットすると図 6.2 に示す直線が得られる。$1/n$ は直線の勾配で吸着指数とよばれ，$\log K$ は切片である。

図 6.2 ①のように直線の勾配（$1/n$）がほぼ横ばいで小さいときは，低濃度から高濃度にわたってよく吸着する。②の直線は，高濃度では吸着量が大きいが，低濃度では吸着量が小さいことを示している。

一般に勾配（$1/n$）が 0.1～0.5 なら吸着は容易で，$1/n$ が 2 以上の物質は吸着性が良くない。すなわち，直線①のように $1/n$（勾配）が小さくて，K の値（切片）が大きいほうが良質の活性炭である。

6.2　活性炭の塩素分解

図 6.3 は飲料水の遊離塩素を活性炭で分解した曲線の一例である。

水中の遊離塩素は活性炭と接触すると式 (6.4) のように塩化物イオン（Cl^-）に変わる。この場合，活性炭は触媒として作用するので自らは変化しない。したがって，不純物の含まれない水の中の遊離塩素を除去しようとするとかなりの量の水を処理できる。

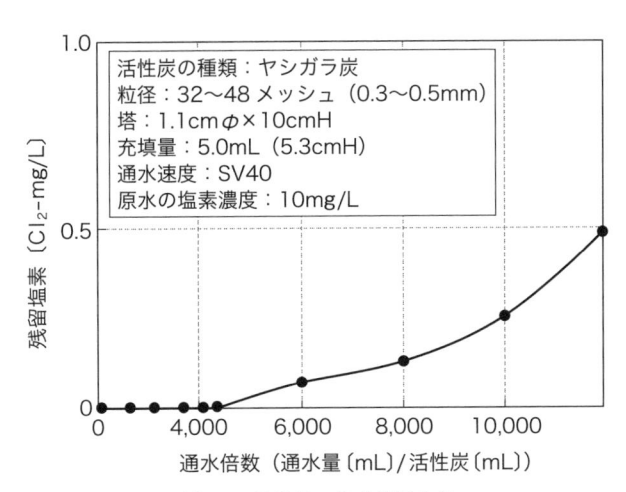

活性炭の種類：ヤシガラ炭
粒径：32～48 メッシュ（0.3～0.5mm）
塔：1.1cmϕ×10cmH
充填量：5.0mL（5.3cmH）
通水速度：SV40
原水の塩素濃度：10mg/L

図 6.3　活性炭の塩素分解曲線

$$Cl_2 + H_2O + C \rightarrow 2Cl^- + 2H^+ + O + C \tag{6.4}$$

図 6.3 の実験によれば，水中の遊離塩素が 10 mg/L の場合で塩素が 0.1 mg/L リークするまでの水量は活性炭の約 6,000 倍である。水道水の残留塩素濃度は多いときでも 0.4 mg/L 程度であるから，この場合は活性炭の 15 万容量倍も脱塩素できると試算される。

6.3　UV オゾン・活性炭処理

UV オゾン酸化はオゾン（O_3）単独酸化よりもヒドロキシルラジカル（OH ラジカル）が発生するので，酸化力が増大するうえに酸化速度も速い。このため UV オゾン酸化処理は難分解性有機物を含む排水の処理に適している。

活性炭処理では，粒状活性炭（0.5～2.0 mm）を槽に充填し，UV オゾン酸化処理水を通すと汚濁物質は，まず活性炭層に吸着する。その結果，活性炭の吸着機能は順次低下し，ついには破過する。しかし，水中に残留塩素がないので活性炭層内に好気性生物が繁殖しはじめる。

ここにオゾン分解により生じた酸素（O）があると，活性炭層内の微生物が活性化される。このため，活性炭の近傍に集まってきた有機物の分解やアンモニア（NH_3）成分の硝化反応がはじまる。

このように，活性炭の処理で塩素を注入せず，活性炭に生物学的な処理機能をもたせたものを生物活性炭（BAC：Biological Activated Carbon）とよぶ。この方法は，凝集沈殿処理などの処理でも除去しきれなかった COD 成分や難分解性物質除去の最終仕上げ処理として有効である。

図 6.4 は UV オゾン活性炭処理の実験フローシート例である。ここでは表面処理排水を塩化第二鉄（$FeCl_3$）と水酸化ナトリウム（NaOH）で中和凝集処理後，脱水機で全量をろ過し，これを原水とした。

原水槽に貯留した原水は，フィルターを通したあとに写真 6.1 の UV オゾン酸化反応槽（500 リットル）に 500 L/h の流量で送る。UV オゾン酸化反応槽には 200 W UV ランプ（254 nm と 185 nm の波長を発生する）が 5 本設置してある。槽下部からは PSA 装置を搭載したオゾン発生器からオゾンを 20 g/h で散気する。

約 1 時間の酸化反応を終えた処理水は，一定流量(100 L/h)で活性炭ろ過器(500

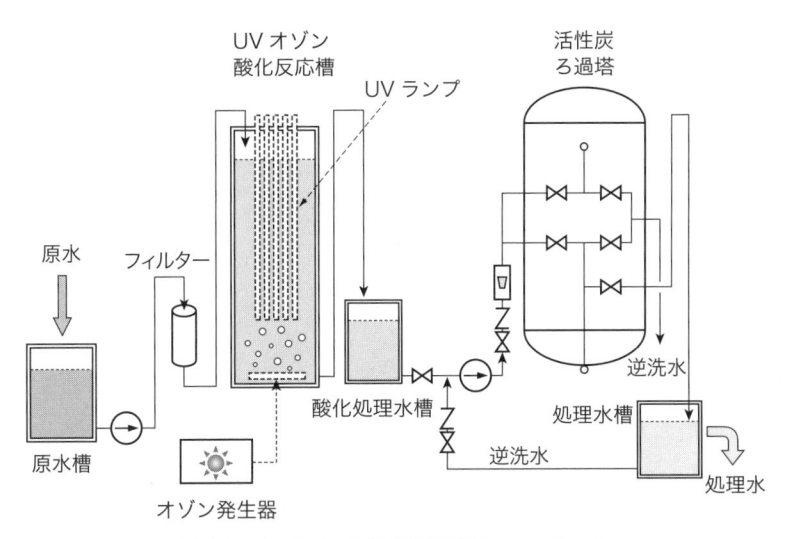

図 6.4　UV オゾン活性炭処理実験フローシート

写真 6.1　UV オゾン酸化反応槽

6.3　UV オゾン・活性炭処理

表 6.1　BAC 処理実験結果例

	原水	UV オゾン酸化処理水	BAC 処理水
pH	8.5	7.6	7.2
COD〔mg/L〕	8	3	0.3
SS〔mg/L〕	5	<1	<1
NH_4〔mg/L〕	3	<0.1	<0.1

リットル）に送る。

　表 6.1 は BAC 処理結果例である。この処理方式を使うと活性炭単独処理に比較して活性炭の寿命が当初計画の 5～10 倍長持ちした。UV オゾン酸化と BAC 処理とを組み合わせた UV オゾン活性炭処理は，粒状活性炭による有機物の物理吸着に加え，活性炭表面に定着した微生物が有機物をさらに分解するという相乗効果がある。活性炭表面の微生物はオゾン分解によって生成した酸素によって活性化され，生物分解を促進させる効果が期待される。

6.4　活性炭塔の材質と配管例

　活性炭吸着処理は活性炭を鉄製かステンレス製の塔に充填し，ここに水を通す「加圧式ろ過」方式を採用することが多い。

　産業排水には多くの場合，排水の中に硫酸イオン（SO_4^{2-}）または Cl^- が含まれる。これらの成分を含む排水を活性炭吸着処理すると式（6.5）のように，水中に含まれる硫酸ナトリウム（Na_2SO_4）の S が硫黄還元菌によって H_2S となり，次いで H_2S が硫黄酸化菌によって硫酸（H_2SO_4）となって鉄素材を侵食することがある。

$$Na_2SO_4 \rightarrow H_2S \rightarrow H_2SO_4 \tag{6.5}$$

　その結果ピンホールが発生したり，金属表面の激しい腐食が起こる。この腐食の程度は砂ろ過器内面の「さび腐食」といった軽度のものではなく，素材の「肉減り現象」にも似た大きなダメージを与える。したがって，活性炭塔はゴムライニングまたは FRP ライニングを施しておくのが普通である。

　図 6.5 は活性炭塔まわりの配管例である。小さな設備では手動弁で操作するこ

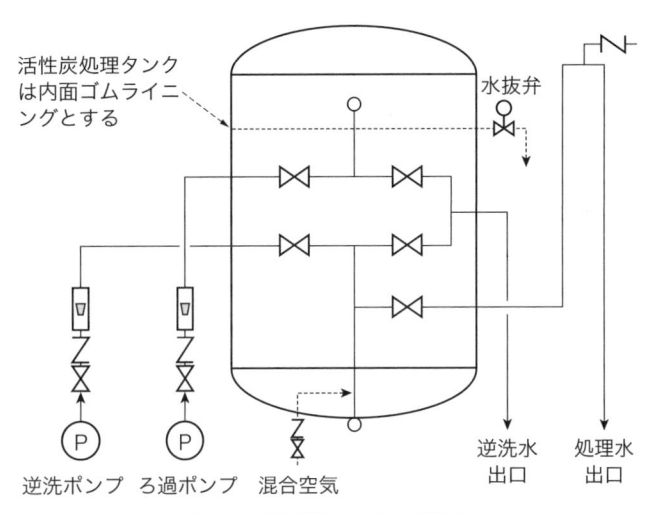

図 6.5　活性炭塔まわりの配管例

写真 6.2　砂ろ過・活性炭塔の外観

ともあるが，大きな塔では自動の開閉弁で自動運転を行う．活性炭処理では充填層が閉塞することはあまりないが，砂ろ過器と同様に逆洗できるように配管するとよい．

　写真 6.2 は実際の砂ろ過・活性炭塔まわりの配管例である．図の左側の 2 塔が活性炭ろ過塔，右奥の 2 塔が砂ろ過塔である．

第7章 生物学的処理

7.1 活性汚泥法

　活性汚泥法とは汚水中の有機質成分を餌として生息する生物体（活性汚泥）を水中に浮遊させ，ばっ気と撹拌を続けながら汚水中の有機物を分解し，二酸化炭素（CO_2），アンモニア（NH_3），亜硝酸塩（NO_2^-），硝酸塩（NO_3^-）などに変えて汚水を浄化する技術である。

　図7.1は活性汚泥と周辺の模式図である。活性汚泥は細菌群・原生動物・無生物群から成っている。

- 細菌群：$10^7 \sim 10^8$ 個/mL
- 原生動物：10^3 個/mL
- 無生物：ゼラチン状の有機物

　活性汚泥から検出されるおもな細菌にはズーグレア（Zooglea）やスフェロチルス（Sphaerotilus；糸状細菌，などがある。活性汚泥の状態が良いときにはズーグレアが出現し，フロック形成能をもっていて沈降性も良い。

　活性汚泥の異常時にはスフェロチルスが出現し，炭水化物やチッ素（N）化合物を分解する。スフェロチルスは糸状であって沈降性が悪く，バルキング（Bulking；膨化）の原因物質と考えられている。

　図7.1では細菌群とゼラチン状有機物がフロックを形成し，このフロックに原性動物や濁質の一部が付着または吸着して活性汚泥を構成している。

　わが国の活性汚泥中に検出される原生動物は244種類といわれている[1]。

---

1) 中塩真喜夫：廃水の活性汚泥処理，p.167，(株)恒星社厚生閣版（1990）

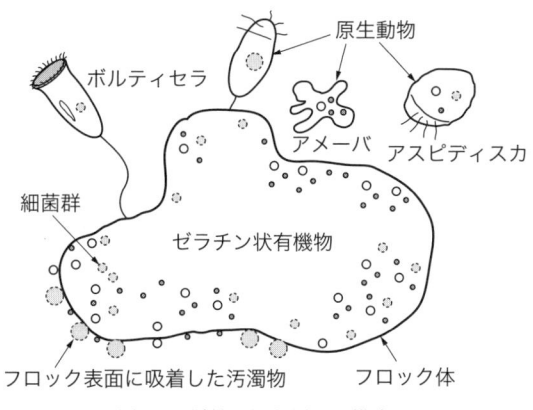

図7.1 活性汚泥と周辺の模式図

- 活性汚泥性生物（有柄固着型）
- 中間汚泥性生物（自由遊泳型，葡萄型）　　144種
- 非活性汚泥性生物（根足虫類，鞭毛虫類）　100種

合計244種

写真7.1は活性汚泥中に出現する代表的な微生物である。いずれの微生物も

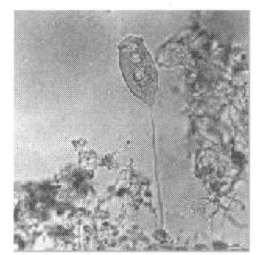

ボルティセラ 35～120μm

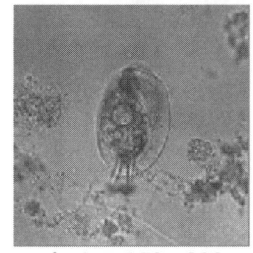

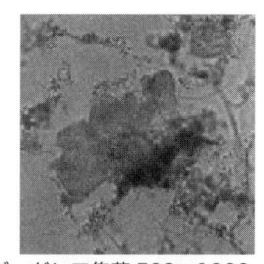

ズーグレア集落 500～1000μm

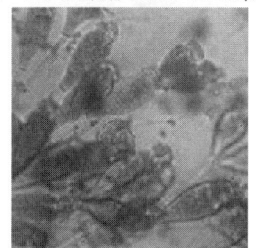

ユープロセス 100～200μm

エピスティルス 70～160μm

写真7.1 微生物の代表例

7.1 活性汚泥法

30〜200 μm 程度の大きさで，ズーグレア集落が 500〜1,000 μm 程度である。

7.1.1 活性汚泥法の原理

活性汚泥法は 1917 年にワシントンで 946 m^3/日の実際の処理がはじめられて以来，多くの都市に普及した。はじめは標準活性汚泥法が採用されていたが，次第にその変法が考案され，現在では生物を利用したさまざまな処理法が実際に使われている。

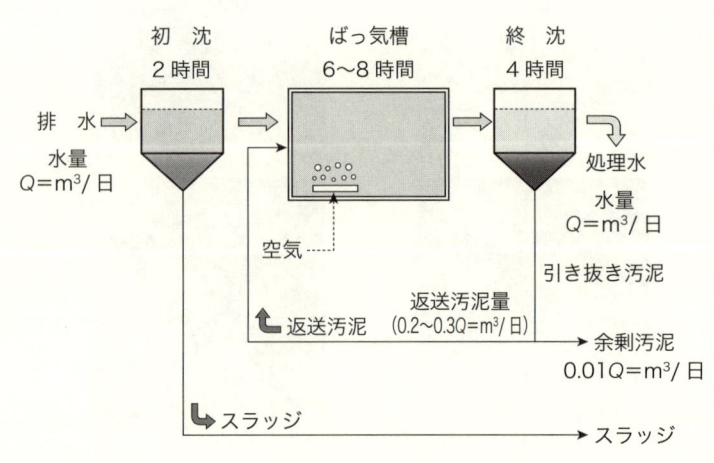

図 7.2 標準活性汚泥法のフローシートである。流入排水（Q）は初沈で粗大懸濁物質を除き，次にばっ気槽で 6〜8 時間ばっ気し，ここで生物学的酸素要求量（BOD；Biochemical Oxygen Demand）成分を吸着，分解して，続く終沈で活性汚泥と上澄水を分離し，上澄水は放流する。0.2〜0.3 Q に相当する活性汚泥はばっ気槽に返送して繰り返し利用し，0.01 Q 程度の活性汚泥は余剰汚泥として系外に引き抜いて処分するというものである。

ばっ気槽では，排水中の有機成分を餌とし好気性下で微生物（活性汚泥）を培養することによって，排水中の有機物を水やガス〔（CO_2），メタン（CH_4）など〕に変える。

ばっ気槽の中で良好な処理を行うには，微生物群が生息しやすいように下記の

図 7.2　標準活性汚泥法のフローシート

条件を整えることが必要である。

- 流量，濃度の定常化：活性汚泥法は水中のバクテリアの力を借りて汚水を処理する方法であるから，反応には一定のゆるやかな条件が必要であり，われわれ人間の食生活と同様に急激な水量，水質，濃度の変化を好まない。したがって，ばっ気槽へ流入する排水は調整槽を設けて 24 時間を通じて一定流量となるようにする。同時に，汚水中の有機成分濃度の均一化も図り，水量，水質とも定常状態でばっ気槽へ流入させるようにする。
- pH 条件：一般に pH 6～8 の範囲で良好な処理ができる。
- 温度条件：通常の生物と同様に 20～35℃ が最適温度である。10℃ 以下，40℃ 以上では一般に好気バクテリアの活動は低下し処理水質は悪化する。しかし，嫌気性処理では水温の高いほうが効率が良く，最適温度を 55℃ 付近とする高温メタン発酵も行われている。
- 栄養条件：ばっ気槽中のバクテリアが良好に生育するためには餌となる排水中の栄養のバランスがとれている必要がある。とくに大切なのはチッ素とリン（P）の含有量であり，一般的に BOD：N：P = 100：5：1 が最適とされているが，厳密なものではなく，少なくとも BOD：N：P = 100：3：0.6 の比率が保たれていれば良好な処理が期待できる。
- 毒性物質：銅（Cu），亜鉛（Zn），鉛（Pb），クロム（Cr）などの重金属や各種の農薬はバクテリアに対して毒性を示す。生産工程からこれらの重金属類が排出される場合は，あらかじめ毒物限界濃度を把握しておき，活性汚泥処理施設に流入する前に除去しておかなければならない。化学工場や食品工場の排水の中には生物の活動を阻害する物質が含まれていることがある。一例として，化学工場排水にはエチレングリコール，ホルムアルデヒド，有機酸（クエン酸，酒石酸など）などが含まれる。食品工場排水には抗菌剤，防腐剤，着色剤，調味液，日持ち向上剤などが含まれる。汚水を高度処理して再利用しようとする場合は，重金属以外に含有塩類濃度（塩化ナトリウム（NaCl），硫酸ナトリウム（Na_2SO_4），炭酸カルシウム（$CaCO_3$）など）についてもあらかじめ調査しておくとよい。
- 溶存酸素（DO：Dissolved Oxygen）濃度：ばっ気槽の原水流入付近は，DO の消費が盛んであるから DO 濃度はゼロに近いが，流出部付近では酸素

(O_2) 消費量が少ないので DO 濃度は上昇してくる。ばっ気槽内の望ましい DO 濃度としては少なくとも 0.1 mg/l 以上，好ましくは 1～3 mg/L に維持することが必要である。

7.1.2 活性汚泥処理装置の構成と機能

活性汚泥処理における反応の主役は微生物である。したがって，その適用範囲は微生物活動の及ぶ範囲に限定される。

図 7.3 は活性汚泥処理装置の基本構成である。処理フローの基本的考え方は，原水がばっ気槽へ流入する前に原水中の粗大固形物は可能なかぎり除去し，流量を定常化させることである。

(1) スクリーン

汚水中の粗大ゴミ・夾雑物を除き水の流れを円滑にすると同時に，ポンプ・配管などの損傷・閉塞を防ぐのが目的である。

スクリーンの目幅の大小でゴミのふるい分けが行われるので，通常 2～3 段に分けて徐々に目幅を小さくする。荒目スクリーンは 50 mm 幅，細目スクリーンは 15～25 mm 幅，微細目スクリーンは 5～15 mm 幅が一般的であり，自動かき取り装置つきのスリット型のものが多く使用されている。

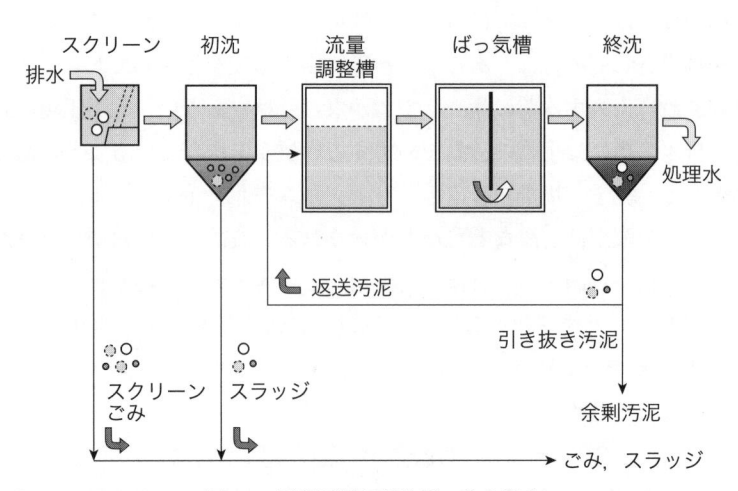

図 7.3 活性汚泥処理装置の基本構成

排水の種類によっては円筒型ロータリースクリーン,振動ふるい,ウエッジワイヤスクリーン,バケットスクリーンなどが用いられる。スクリーンの材質はステンレススチール製のものが多く,付属のモータ類は冠水型のものがよい。

(2) 初沈

汚水中のSS成分を沈殿除去する。SSの特性により多少異なるが,水面積負荷は$8 \sim 40 \ \mathrm{m^3/m^2 \cdot 日}$（$LV = 0.3 \sim 1.7 \ [\mathrm{m/h}]$）とする。

(3) 流量調整槽

活性汚泥処理設備に流入する汚水の濃度,流量はつねに一定であるとはかぎらない。生活排水は深夜にはほとんど排出されないし,日中でも朝と晩に排出のピークが現れる。工場排水でも操業の程度によって排水量や濃度に変動があり,夜間の排出がまったくないときもある。

図7.4は工場排水の排出時間帯例である。朝と夕方に排水量のピークがあり,深夜,早朝は排水が出ないという特徴がある。この流量変化を均一にするのが流量調整槽である。

図7.5は流量調整槽とばっ気槽水位の関係例である。ばっ気槽の水位はつねに一定である。これに対して流量調整槽の水位はつねに変動する。そこで,原水は計量槽を用いて一定流量でばっ気槽に送る方法がとられている。

このように排水量が変動する場合は流量調整槽を設け,ばっ気槽には24時間

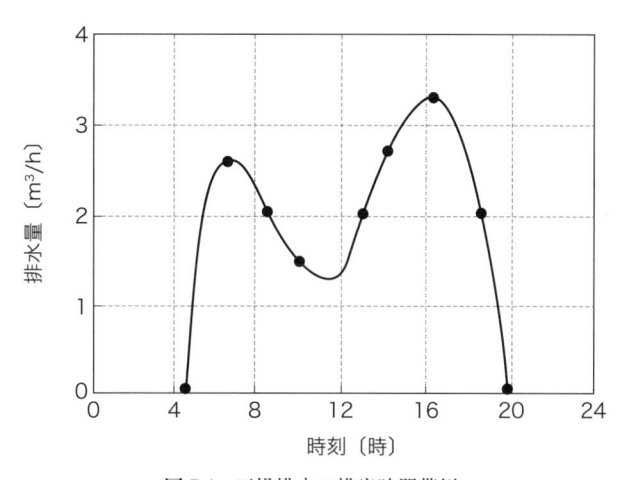

図7.4　工場排水の排出時間帯例

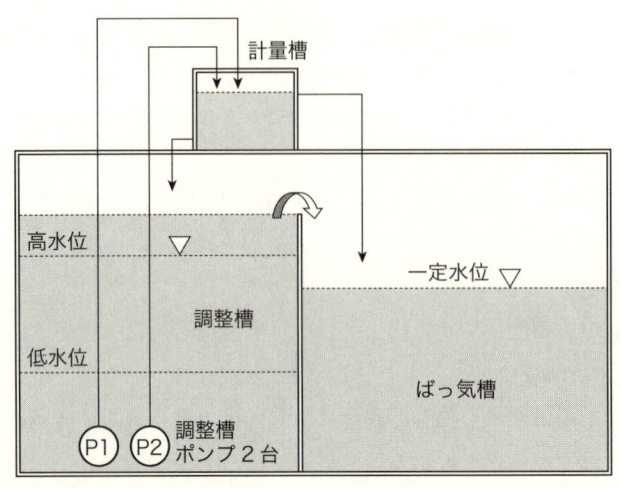

図 7.5　流量調整槽とばっ気槽水位の関係例

均等に汚水を流入させ水量，濃度，成分組成の均一化を図るのがよい。

通常，流量調整槽で調整された汚水流量は1時間あたりの流量が日平均汚水量の 1/24 となるように計画する。

一例として，250 m³/日の汚水が8時間かけて排出されているとき，流量調整槽以後を 250〔m³〕/24〔h〕= 10.4〔m³/h〕に均等に流すために必要な流量調整槽容量は，式（7.1）で算出する。

$$(250/8 - 250/24) \times 8 = (31.3 - 10.4) \times 8$$
$$= 167.2 \text{〔m}^3\text{〕} \tag{7.1}$$

流量調整槽に貯留された汚水は腐敗防止と撹拌を兼ねてゆるやかに空気撹拌する。撹拌の強さは，槽容量 1 m³ あたり 0.5〜1.0 m³/h の空気を圧送する。式(7.1)の 167.2 m³ の流量調整槽の場合であれば，式（7.2）の送気量となる。

$$167.2 \text{〔m}^3\text{〕} \times 0.5 \text{〔m}^3/\text{h〕} = 83.6 \text{〔m}^3/\text{h〕}$$
$$= 1.4 \text{〔m}^3\text{min〕} \tag{7.2}$$

(4) ばっ気槽

ばっ気槽は流入汚水と活性汚泥を混合，ばっ気して，ここで汚濁物質を酸化分解して吸着処理する。ばっ気槽の容量は，ばっ気時間，BOD 負荷（容積負荷ま

たは汚泥負荷）などから算出する。
- ばっ気時間による算出

$$V = tQ/24 \tag{7.3}$$

式 (7.3) の記号は以下のとおりとする。

V：ばっ気槽容量〔m^3〕，t：ばっ気時間〔h〕，Q：流入汚水量〔m^3/日〕

- BOD 容積負荷による算出

BOD = 300〔mg/L〕，排水量 = 250〔m^3/日〕の場合を試算する。

容積負荷 0.6 kg/m^3・日の場合，

$$0.3〔kg/m^3〕\times 250〔m^3/日〕\div 0.6〔kg/m^3〕\cdot 日 = 125〔m^3〕 \tag{7.4}$$

- BOD 汚泥負荷による算出

汚泥負荷 0.3 kg・BOD/kg-MLSS・日で，MLSS 2,000 mg/L の場合，処理に必要な汚泥（MLSS：Mixed Liquor Suspended Solid）の総量〔kg〕は，

$$0.3〔kg/m^3〕\times 250〔m^3/日〕/0.3〔kg\text{-}BOD/kg\text{-}MLSS\cdot 日〕= 250〔kg〕$$

これを MLSS 濃度（2,000〔mg/L〕= 2〔kg/m^3〕）で除して有効容積〔m^3〕を得る。

$$250〔kg〕\times 1/2〔kg/m^3〕= 125〔m^3〕 \tag{7.5}$$

図 7.6 は汚泥負荷と BOD 除去率の関係例である。排水の種類によって除去曲線に特有のパターンがある。汚泥負荷量が 0.3 kg-BOD/kg-MLSS・日以下であれば大方の成分は 90％除去可能なことを示しているが，フェノール，アルデヒド類はある汚泥負荷以上になると BOD 除去率が急速に減少する。ばっ気槽は汚水の短絡流を防ぐため 2 室以上に区分して直列に配列すれば水質の状態に対応したバクテリアを生息させることができる。しかし，多段化することは同時に，第 1 段目の槽に過大な負荷をかけることになるから単純に槽の数を増やせばよいというものではない。

中小規模の槽では 3 段程度にとどめるべきであろう。2 段の場合は第 1 室と第 2 室の容積比を 6：4 とし，第 1 室の容積を大きくとり原水中の濃度の高い部分の分解を第 1 段目に負わせる方法をとる。ばっ気槽における酸素の供給量は次式から算出する。

$$O_2 = a\cdot Lr + b\cdot Sa \tag{7.6}$$

式 (7.6) の記号は以下のとおりとする。

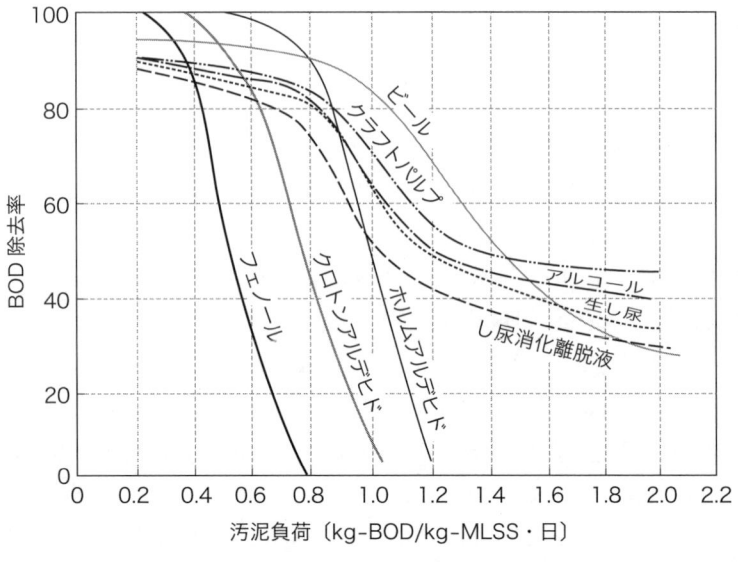

図 7.6 汚泥負荷と BOD 除去率の関係

O_2：酸素の必要量〔kg/日〕，Lr：除去された BOD 量〔kg/日〕，
Sa：ばっ気槽内 MLSS 量〔kg〕，a：BOD 酸化に要する酸素量率（0.35〜0.60），
b：内生呼吸による自己酸化率（0.06〜0.14）。

　式 (7.6) で必要酸素量が決まると，それから送気量が計算できる。空気吹き込み式を例にとれば，酸素 1 kg あたりの空気はおよそ 3.57 m³ で，これにばっ気槽における酸素利用率を乗じればよい。一例として，酸素が 25.0 kg/日必要なときの空気量は酸素利用効率を 5% と仮定すれば，

$$\text{送気量} = 3.57 \,[\text{m}^3] \times 25.0 \,[\text{kg/日}] \times 100/5$$
$$= 1{,}785 \,[\text{m}^3/\text{日}] \tag{7.7}$$

となる。酸素利用効率は，ばっ気装置の種類やばっ気槽の深さなどにより異なるが，3〜15％の範囲に入ることが多い。散気装置には気泡の大きさで微細気泡式と粗大気泡式がある。

　写真 7.2 は微細気泡式の散気装置例である。

　微細気泡式は多孔質の陶磁製散気材を管状，板状にしたものやプラスチック製のものなどがある。発生する気泡が小さいので同じ空気量でも酸素溶解効率が高

平板状　　　　　　　　　　　管　状

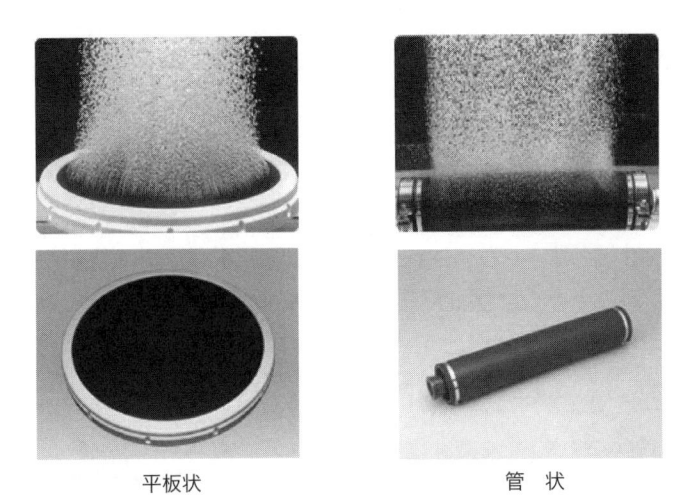

写真 7.2　散気装置例

く液の撹拌効果もよいが，目づまりしやすい欠点がある。

粗大気泡式にはノズル，ディスク，多孔パイプなどがあり，閉塞の心配がない代わりに酸素溶解効率が低いという難点がある。しかし，水温を下げずにばっ気できるという特長があり，寒冷地に向いた方法である。

(5) 終沈

排水と活性汚泥の混合した液を MLSS の部分と上澄水とに重力分離し，上澄水は再利用するか放流し，MLSS は返送汚泥として再びばっ気槽へ送り返して汚水浄化に利用する。余剰汚泥は汚泥処理施設に送る。

終沈での SS 分は初沈に比べて軽い場合が多く，この段階での SS 除去は重要な固液分離工程であるから，水面積負荷は $15 \text{ m}^3/\text{m}^2 \cdot$ 日（$LV = 0.6 \text{ [m/h]}$）を超えないことが望ましい。

終沈で沈降分離した活性汚泥は，ばっ気槽内の MLSS を一定に保つために大部分は常時ばっ気槽に返送し，返送汚泥として再使用される。返送汚泥の目安は流入水量（$Q\text{m}^3/$日）の $0.2 \sim 0.3 \text{ Qm}^3/$日，引き抜き汚泥は $0.01 \text{ Qm}^3/$日程度である。

7.1.3 活性汚泥法の処理方式

表7.1 におもな活性汚泥法の運転条件を示す。図7.7 に活性汚泥法のフローシート例を示す。

それぞれの方法の概要と処理方式の特徴は下記の (a)〜(d) である。

(a) 標準活性汚泥法，長時間ばっ気法：ばっ気槽入り口では酸素消費量が大きく，出口は小さいのでばっ気量の調整が必要。BOD 汚泥負荷に応じて返送

表7.1　おもな活性汚泥法の運転条件[2]

項目	BOD 負荷		MLSS 濃度〔mg/L〕	滞留時間〔h〕	BOD 除去率〔%〕
	容積負荷〔BOD-kg/m^3・日〕	汚泥負荷〔BOD-kg/kg-SS〕			
標準活性汚泥法	0.3〜0.8	0.2〜0.4	1,500〜2,000	6〜8	95
分注ばっ気法	0.4〜1.4	0.2〜0.4	2,000〜3,000	4〜6	95
汚泥再ばっ気法	0.8〜1.4	0.2〜0.4	2,000〜8,000	5 以上	90
長時間ばっ気法	0.15〜0.25	0.03〜0.05	3,000〜5,000	18〜24	75〜90
酸化溝法	0.1〜0.2	0.03〜0.05	3,000〜4,000	24〜48	95

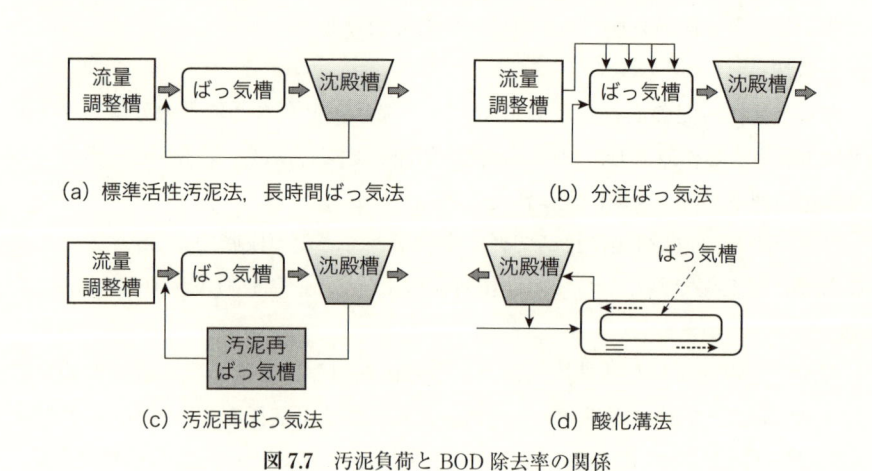

(a) 標準活性汚泥法，長時間ばっ気法

(b) 分注ばっ気法

(c) 汚泥再ばっ気法

(d) 酸化溝法

図7.7　汚泥負荷と BOD 除去率の関係

2) 日本下水道協会資料（1984）より一部抜粋

汚泥量の調整など，きめ細かな維持管理が要求される。標準活性汚泥法と長時間ばっ気法の流れは同じである。長時間ばっ気法は，ばっ気時間を18～24時間と長くとり，活性汚泥が自己消化により減量化することをねらっている。ばっ気槽における排水の滞留時間が長いので，排水量に対してばっ気槽容量が大きくなる。したがって，中小規模の浄化槽や生物処理設備に適している。

(b) 分注ばっ気法：ばっ気槽の全面に原水を分割注入する方法。濃厚排水や有害物を含む排水が流入してもばっ気槽全体に分散注入されるので汚泥への悪影響を防止できる。

(c) 汚泥再ばっ気法：通常，沈殿槽に沈んだ汚泥は酸欠状態になっている。これをそのままばっ気槽に返送して空気を送っても活力を回復するまでに時間がかかる。そこで，汚泥再ばっ気槽で汚水と高濃度の活性汚泥にばっ気して，吸着物質をあらかじめ分解して安定化したのち，ばっ気槽に流入させる。

(d) 酸化溝法：回転ブラシなどの機械ばっ気装置により，ばっ気と流動を同時に行う。構造が簡単で維持管理が容易であるが，大きな設置面積が必要。

7.1.4 長時間ばっ気法と汚泥再ばっ気法

活性汚泥法は，化学薬品を使わないで有機性排水の処理ができるので，省エネルギー，省資源の排水処理方法として多くの長所をもつが，欠点もいくつかある。おもな欠点は次の2つである。

- 余剰汚泥の発生量が多い。
- 汚泥の管理を含めた維持管理が難しい。

長時間ばっ気法や汚泥再ばっ気法は，これらの不都合に対応するために開発された手段である。

(1) 長時間ばっ気法

図7.8は標準活性汚泥法，長時間ばっ気法，汚泥再ばっ気法のフローシートである。

長時間ばっ気法のフローシートは，標準活性汚泥法と同じであるが，運転方法が異なる。

標準活性汚泥法はばっ気槽のBOD汚泥負荷を $0.2～0.4\,kg/kg-BOD\cdot 日$ に設

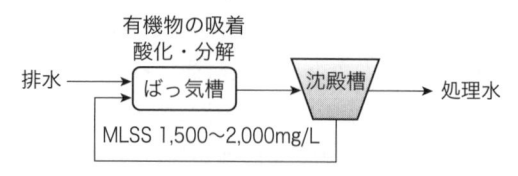

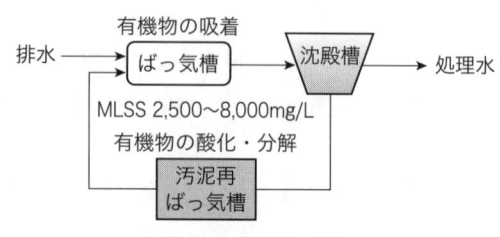

```
          有機物の吸着
          酸化・分解
   排水 ──→ ばっ気槽 ──→ 沈殿槽 ──→ 処理水
          ↑            │
          └ MLSS 1,500～2,000mg/L

        (a) 標準活性汚泥法，長時間ばっ気法

          有機物の吸着
   排水 ──→ ばっ気槽 ──→ 沈殿槽 ──→ 処理水
          MLSS 2,500～8,000mg/L
          有機物の酸化・分解
              汚泥再
              ばっ気槽

            (b) 汚泥再ばっ気法
```

図7.8 標準活性汚泥法，長時間ばっ気法，汚泥再ばっ気法のフローシート

定し，ばっ気時間が6～8時間なので，ばっ気槽の容量は比較的小さくてすむ。しかし，MLSS濃度の設定範囲が1,500～2,000 mg/Lと狭いので，返送汚泥量の管理が難しい。したがって，汚泥管理や送気量調節などを行うための常駐の管理技術者が必要である。

長時間ばっ気法は発生汚泥量を抑制するために次の手段をとる。

- 標準活性汚泥法に比べてMLSS量を増やし，BOD汚泥負荷を1/10程度に小さくする。
- 沈殿槽からの返送汚泥を流入水量の100%以上にして，ばっ気槽内のMLSS濃度を標準法より2～3倍多くする。
- ばっ気時間を標準法より2～4倍長くする。
- ばっ気槽のMLSS濃度が高くなるので，ばっ気空気量を多くする。

長時間ばっ気法では，送気量やばっ気槽容量が標準活性汚泥法よりも2～3倍大きくなる。それでも発生汚泥量が少ないので，小規模設備の場合は汚泥処理設備が不要か小さくて済み，建設費が安いというメリットがある。しかし，処理規模が大きくなるとブロワーに要する電力費が増大する。

このため，し尿浄化槽構造基準では処理対象人員が200～5,000人とされ，5,001

人以上は標準活性汚泥法となっている。

(2) 汚泥再ばっ気法

汚泥再ばっ気法は次の組み合わせを基本としている。
- 有機物の吸着はばっ気槽で行う。
- 酸化と分解は汚泥再ばっ気槽で行う。

活性汚泥は有機性汚濁水と混合すると初期段階で有機成分を吸着し，次に，酸化・分解という2段階の反応を経てBOD成分を除去する。そこで，ばっ気槽では吸着作用により有機物を除き，次いで汚泥再ばっ気槽では沈殿槽からの返送汚泥に空気を送り，汚泥に吸着している物質をあらかじめ酸化分解して安定化したあとに，ばっ気槽に流入させる。

これを受けて，ばっ気槽ではMLSS濃度を2,000～8,000 mg/Lと多く設定して汚泥の吸着量を高めているので，全体として効率のよい処理ができる。

(3) 有機物の分解と微生物の増殖

図7.9はばっ気槽における有機物の分解と微生物の増殖の関係である。ばっ気槽に汚濁水と活性汚泥を混合して連続的に流し込むと，有機物濃度はばっ気時間の経過とともに初期のうちは急速に低下し，その後，ゆっくり減少する。

汚泥（微生物）量は初期のうちは急増するが，途中から減少に転ずる。長時間

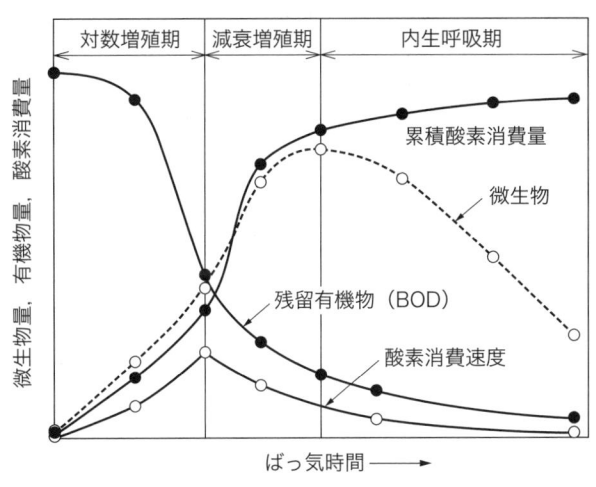

図7.9　有機物の分解と微生物の増殖

ばっ気法はこの点に着目し，ばっ気時間を長くして，多くの有機物を分解して処理水を安定化させるとともに，余剰汚泥の発生量を抑えるために考案された方法である。汚泥再ばっ気法は，酸欠状態にある濃縮汚泥を集めて，集中的に空気補給することにより有機物の酸化分解をねらった方法である。

7.1.5 バルキングの原因と対策

活性汚泥処理のバルキングは，汚泥がかさばって沈降しなくなり，上澄水と分離しにくくなる現象のことである。

バルキングが起こると汚泥が沈殿槽で分離できずキャリーオーバーしてしまい，結果的に処理水質の悪化となる。MLSS濃度は同じでもSVI（Sludge Volume Index：汚泥容量指標）200以上になると活性汚泥の沈降速度が遅くなり，清澄な上澄水が得られなくなる。

食品排水や畜産排水などの有機物負荷が高い場合は，ほとんどといってよいほどバルキング現象が起こる。バルキングの原因には，糸状細菌[3]の異常増殖によるものと，糸状性細菌が関与しない場合がある。

(1) 糸状性細菌の異常増殖

一般に糸状菌は有機質の多い水域に増殖する。糸状菌や桿状菌が異常に増殖すると，外見上SSが増え処理水が白濁したようにみえる。糸状菌が繁殖すると，沈殿槽で沈降せず圧密もしないので，上澄水との分離ができない。

糸状バルキング発生のおもな原因として次のとおり。

- 水質や流量の急激な変動。
- 有機物負荷が急に高くなり，長時間つづいた場合。
- 硫化水素が発生する場合。
- 生物活動を阻害する物質や毒物が混入した場合。
- BOD，チッ素，リンのバランスがくずれた場合。
- 沈殿槽の汚泥を長期間引き抜かず嫌気状態に放置した場合。
- 塩類濃度（NaClなど）が急に変動した場合。

---

[3] 糸状細菌：視覚的に糸状を呈する微生物群の総称。排水処理では水中で糸状の群落をつくるか水中に分散してバルキングを引き起こす。原因微生物として，スフェロチルスがよく知られている。

- 殺菌力のある消毒薬の混入。
- 季節の変わり目などの急激な水温変化。

バルキングは，活性汚泥生物が弱って増殖速度が衰えている時期に発生する。

図 7.10 に活性汚泥生物と糸状性細菌の概略図を示す。糸状菌は細菌類とは構造が異なり，菌が鞘の中に入っているので外的影響に耐えることができる。活性汚泥生物は死滅しても鞘の中に保護されている糸状菌はしぶとく生き残ることができるというわけである。

(2) 糸状性細菌の異常増殖の対策

表 7.2 はバルキング発生の原因と対策例である。バルキングが発生した現場では，返送汚泥量の調整，ばっ気時間・空気量の調整，流入汚水量と濃度の調整，汚泥の入れ換えなど，多くの対策を試みているが，いまだ決め手となる解決策は見つかっていない。

表 7.2 の対策に加えて，当面の対応策として次の手段がある。

- ばっ気槽内の MLSS 濃度を適正に保ち，汚泥負荷を 0.4 以下にする。

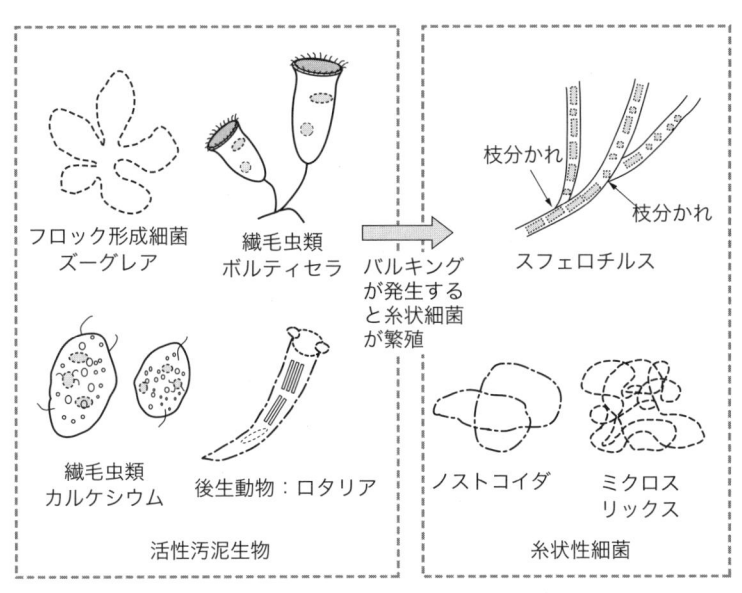

図 7.10 活性汚泥生物と糸状性細菌の概略図

表7.2 バルキング発生の原因と対策例

原因	対策
水質，流量の急激な変動	流量調整槽の見直し。生産工程の検討
有機物負荷が急に高くなる	汚濁負荷の均一化を図る
硫化水素の発生	嫌気状態を改善。ばっ気空気の増加
生物活動を阻害する物質や毒物が混入	化学物質の実態を突き止め原料を変更する
BOD，チッ素，リンのバランスがくずれた場合	BOD：N：P＝100：5：1の原則を守る
沈殿汚泥を引き抜かず嫌気状態に放置した場合	沈殿槽，汚泥貯留槽，脱水機などのチェック
塩類濃度（NaClなど）が急に変わった場合	流量の均一化と原料の変化をチェック
殺菌性の消毒薬（Cl_2など）の混入	緊急時は還元剤（$NaHSO_3$など）を添加

- ばっ気槽内のDO濃度を上げる。
- ばっ気槽の滞留時間を長くする。
- 返送汚泥比率をやや多めにする。
- 無機質が少ないとバルキングの原因となるので，$CaCO_3$を加える。
- 流入原水のBOD濃度の均一化を図る。

(3) 粘性バルキング

粘性バルキングとは，フロック細菌が生物的に極端な過負荷状態や酸素不足になったり，毒物にさらされたときに，自己防衛としてフロックの細胞外にタンパク質や高分子多糖類を形成し沈降性が悪化することである。糸状細菌が発生していなくても粘性バルキング現象を起こすことがある。

7.1.6 汚泥負荷と容積負荷

活性汚泥処理でBOD負荷を評価する手段には，汚泥負荷と，容積負荷がある。汚泥負荷と容積負荷の特徴を図7.11にまとめる。

(a) 汚泥負荷：1日あたり，ばっ気槽内のMLSS 1 kgあたりのBOD負荷量で，式 (7.1) で表す。

$$\text{汚泥負荷}\,[\text{BOD-kg/MLSS-kg}\cdot\text{日}] = L_0\,[\text{kg/m}^3] \times Q\,[\text{m}^3/\text{日}] / C_A\,[\text{kg/m}^3] \times V\,[\text{m}^3] \qquad (7.1)$$

式 (7.1) を変形すれば式 (7.2) となり，汚泥負荷の式からばっ気槽容量 $V\,[\text{m}^3]$ が計算できる。

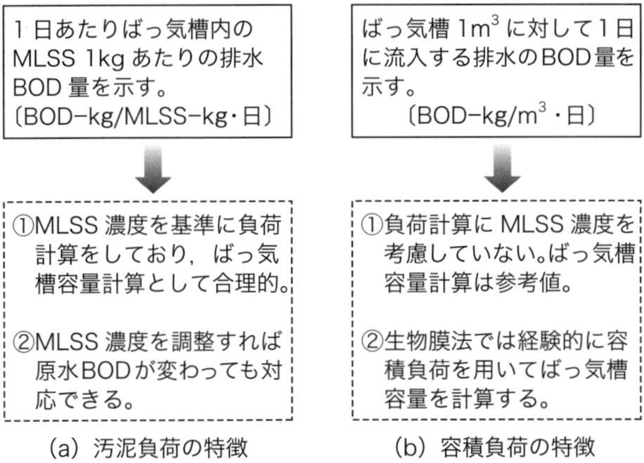

```
┌─────────────────────┐          ┌─────────────────────┐
│ 1日あたりばっ気槽内の │          │ ばっ気槽1m³ に対して1日│
│ MLSS 1kg あたりの排水 │          │ に流入する排水のBOD量を│
│ BOD 量を示す。       │          │ 示す。              │
│ 〔BOD-kg/MLSS-kg・日〕│          │ 〔BOD-kg/m³・日〕    │
└─────────────────────┘          └─────────────────────┘
           ↓                                ↓
```

┌─────────────────────┐   ┌─────────────────────┐
│ ①MLSS 濃度を基準に負荷│   │ ①負荷計算に MLSS 濃度を│
│ 計算をしており，ばっ気│   │ 考慮していない。ばっ気│
│ 槽容量計算として合理的。│   │ 槽容量計算は参考値。 │
│ ②MLSS 濃度を調整すれば│   │ ②生物膜法では経験的に容│
│ 原水 BOD が変わっても対│   │ 積負荷を用いてばっ気槽│
│ 応できる。   │   │ 容量を計算する。   │
└─────────────────────┘   └─────────────────────┘
   (a) 汚泥負荷の特徴   (b) 容積負荷の特徴

図 7.11　汚泥負荷と容積負荷の特徴

$$V \ [\mathrm{m^3}] = L_0 \ [\mathrm{kg/m^3}] \times Q \ [\mathrm{m^3/日}] \times 1/C_A \ [\mathrm{kg/m^3}]$$
$$\times 1/[\mathrm{BOD-kg/MLSS-kg・日}] \quad (7.2)$$

(b) 容積負荷：ばっ気槽 1 m³ に対して 1 日に流入する排水の BOD 量を重量で示したもので，式 (7.3) で表す。

$$容積負荷 \ [\mathrm{BOD-kg/m^3・日}]$$
$$= L_0 \ [\mathrm{kg/m^3}] \times Q \ [\mathrm{m^3/日}] / V \ [\mathrm{m^3}] \quad (7.3)$$

式 (7.3) を変形すれば式 (7.4) となり，ここでも容積負荷の式からばっ気槽の容量 V 〔m³〕が計算できる。

$$V \ [\mathrm{m^3}] = L_0 \ [\mathrm{kg/m^3}] \times Q \ [\mathrm{m^3/日}] \times 1/[\mathrm{BOD-kg/m^3・日}] \quad (7.4)$$

式 (7.1)～(7.4) における記号は以下のとおりとする。

L_0：排水の BOD 濃度〔kg/m³〕
Q：ばっ気槽に流入する 1 日の排水量〔m³/日〕
C_A：ばっ気槽内混合液の MLSS 濃度〔kg/m³〕
V：ばっ気槽容量〔m³〕

また，汚泥負荷と容積負荷には次の関係がある。

$$容積負荷 \ [\mathrm{BOD-kg/m^3・日}]$$
$$= 汚泥負荷 \ [\mathrm{BOD-kg/MLSS-kg・日}] \times \mathrm{MLSS}\ 濃度 \ [\mathrm{kg/m^3}]$$
$$(7.5)$$

7.1 活性汚泥法

式（7.5）からもわかるように，容積負荷は汚泥負荷と MLSS 濃度が決まれば二次的に導き出される値である。

(1) 活性汚泥法における汚泥負荷と容積負荷の意味

活性汚泥処理でばっ気槽の容量を決定するのに，汚泥負荷と容積負荷を用いる方法がある。活性汚泥処理ではどちらの方法でばっ気槽容量を計算すれば現実的か考えてみよう。そこで式（7.2）と式（7.4）を見比べてみる。

式（7.2）では，ばっ気槽容量の計算に C_A（ばっ気槽内混合液の MLSS 濃度〔kg/m³〕）が条件として使われている。これに対して，式（7.4）ではばっ気槽容量の計算に C_A が条件として使われていない。活性汚泥処理プロセスで汚濁水浄化の主役を担うのはばっ気槽内の C_A（MLSS）である。したがって，活性汚泥法におけるばっ気槽の容量計算は，汚泥負荷による方式が合理的といえる。

(2) 汚泥負荷と容積負荷のたとえ話

水槽（ばっ気槽）の中に金魚（MLSS）が 10 匹いて，ここに金魚の数に見合ったえさ（原水 BOD）を 10 粒入れたとする。金魚はえさを 1 粒ずつ食べるものとすれば全部食べつくして元気に活動を続けることができる。この場合，えさは余らないので残渣（余剰汚泥）は発生せず，水槽中の水も汚れない。つまり，原水の BOD 成分は浄化されたことになる。これが MLSS 濃度を基準にした汚泥負荷

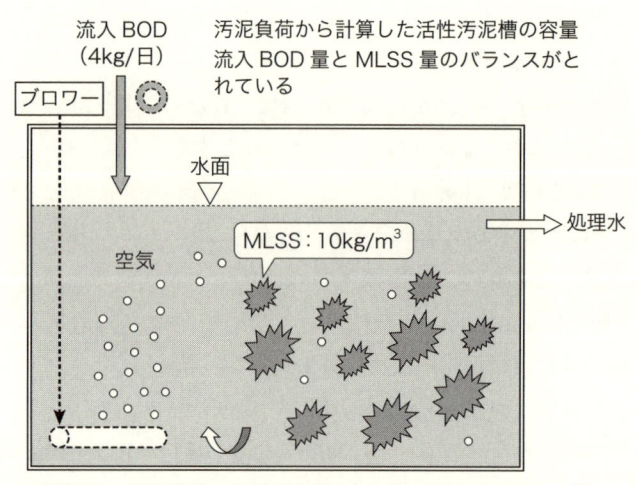

図 7.12 汚泥負荷における流入 BOD と MLSS のバランス例

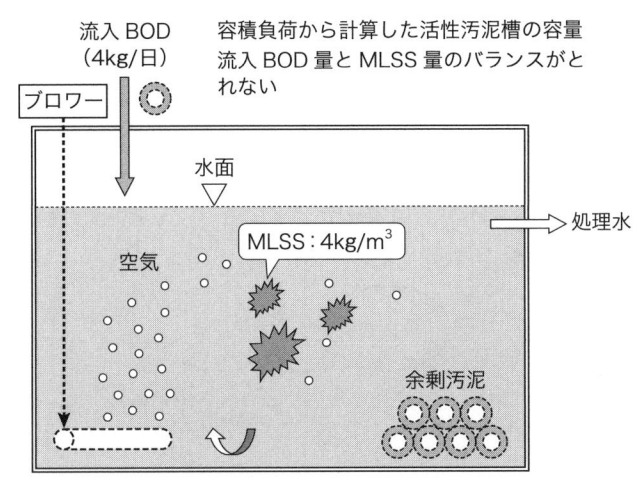

図7.13 容積負荷における流入BODとMLSSのバランス例

図中ラベル: 流入BOD（4kg/日）／容積負荷から計算した活性汚泥槽の容量　流入BOD量とMLSS量のバランスがとれない／ブロワー／水面／空気／MLSS：4kg/m^3／処理水／余剰汚泥

の考え方である（図7.12）。

これに対して，水槽中の金魚の数を確認しないで3匹しかいないのにえさを10粒入れてしまったら7粒も余ってしまう。つまり，余剰汚泥が増えるうえに原水のBOD成分も十分に浄化されない。これが容積負荷の考え方である（図7.13）。したがって，活性汚泥処理では原水のBOD量に対応してMLSS濃度を調整することのできる汚泥負荷方式のほうが合理的といえる。

7.1.7 毒性物質と阻害物質

人や生物の生命維持に好ましくない影響を与える物質を「毒性物質」という。代表的なものにシアンや6価クロム（Cr^{6+}）などがある。

われわれの生活のなかで障害となる微生物の活動を抑制する物質を，抗菌剤とよぶ。図7.14に抗菌剤の種類を示す。

これらの物質は，食品中で発生する有害な菌類の活動を抑制するので，われわれの食の安全に貢献している。ところが，食品工場の活性汚泥処理設備に大量に排出されると，それまでBOD成分を分解していた微生物の働きを妨害する役割に転ずるので，生物の「増殖阻害物質」となる。

図7.14の抗菌剤のなかで殺菌作用のある薬剤を殺菌剤，そのうち消毒が目的

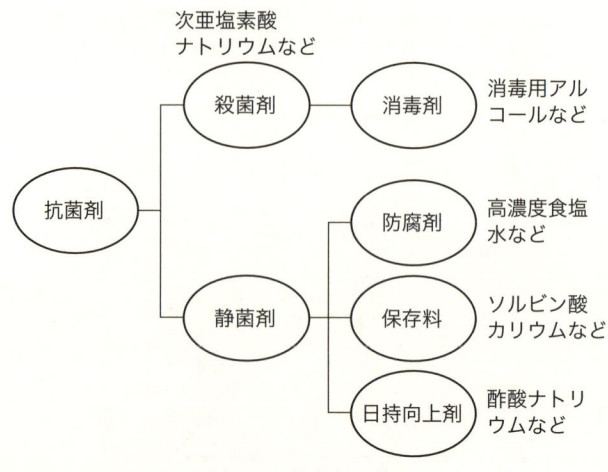

図 7.14 抗菌剤の種類

のものを消毒剤という。

　静菌作用のある薬剤は静菌剤とよばれ，そのうち防腐を目的とするものは防腐剤（高濃度の食塩等）または保存料（ソルビン酸カリウム等）という。日持ち向上剤（酢酸ナトリウム等）は大腸菌群，カビ，酵母などの増殖に抑制効果がある。

(1) 増殖阻害物質と生物処理

　表 7.3 は保存料・着色剤・調味液等の成分と用途の一例である。

　ハム，ソーセージ，漬物，梅干などの保存食品にはいくつかの保存料，着色剤，調味液などが使われている。シャンプー，リンス，化粧品などには静菌剤，防腐剤が添加されている。

　これらの物質が活性汚泥処理設備に一時に多量に流入すると，汚泥中の細菌類の活動を妨害するので，バルキングを起こしたり処理水質を悪化させる。

(2) 有機薬品の生物酸化

　実際の工場排水には多くの有機物が混合状態で含まれる。この場合，どんな物質が生物酸化反応を阻害するのか不明確である。

　そこで，いくつかの有機物について，その生物化学的な傾向を知ることができれば問題点がいくぶん単純化される。通常 BOD といえば 5 日間の数値を使用するが，時間の経過に伴い物質固有の傾向を示す。いくつかの有機物に含まれる炭

表7.3 保存料，着色剤，調味液などの成分と用途の一例

名称	成分	用途
保存料	ソルビン酸カリウム	漬物の保存料
	イソペクチンL	辛子明太子などの保存料
着色剤	食用赤色3号 2-(2,4,5,7-テトラヨード-6-オキシド-3-オキソ-3-キサンテン-9-イル）安息香酸2ナトリウム1水和物	漬物，たらこ，ハムなど
	食用黄色4号 5-ヒドロキシ-1-(4-スルホナトフェニル)-4-[(4-スルホナトフェニル)ジアゼニル]-1-ピラゾール-3-カルボン酸3ナトリウム	漬物，おにぎり，スジコなど
調味液	アミノ酸液，調味料，糖類など	漬物，梅干，佃煮などの味つけ
防腐剤 殺菌剤	安息香酸ナトリウム	シャンプー，リンスに配合
静菌剤 防腐剤	パラオキシ安息香酸エステル類	化粧品や食品に添加

素(C)，水素(H)，チッ素成分を完全に酸化すると炭素は CO_2，水素は H_2O，チッ素は NO_3 となる。完全に酸化するまでに要する理論的酸素量を TOD とし，10日間までの BOD を求め，BOD と TOD (Theoretieal Oxygen Demand) との比率をプロットしたのが図7.15である。

① エチルアルコール：このグループは5日あれば生物に容易に酸化される。通常の成分はこれに属するものが多い。酢酸，クエン酸，アセトアルデヒド，グルコース，デンプンなどがこれに属する。

② アセトニトリル：このグループは1～5日の停滞を示し，生物学的に無害ではあるが酸化されにくいうえに「増殖阻害性」があるために，微生物の働きが抑制される。酒石酸，シュウ酸，アセトンなどがこれに属する。

③ エチルエーテル：このグループは生物酸化が緩慢で処理に長時間を要す。n-ブタノール，エチレングリコール，エチルエーテルなどがある。

④ ピリジン：微生物に対して「毒性物質」なので生物化学的反応が進まない。シアン化カリウム，トリクロロエチレン，アクリルニトリルなどがある。

表7.4は有機物 (50 mg/L 溶液) の TOD，BOD，化学的酸素要求量 (COD；

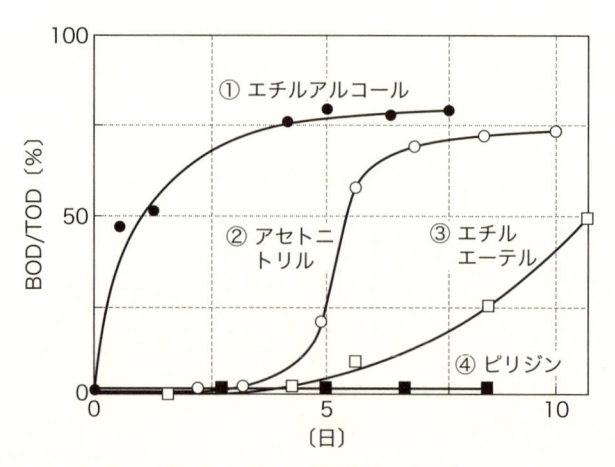

図 7.15 BOD-時間曲線の事例 [4]

表 7.4 有機物 (50 mg/L 溶液) の BOD, COD [5]

薬品名	理論値 TOD	実測値		酸化百分率 [%]	
		COD	BOD	COD/TOD	BOD/TOD
メチルアルコール	75.0	7.6	51.2	10.1	68.3
エチルアルコール	104.3	11.0	66.8	10.5	64.0
エチレングリコール	64.5	50.0	12.8	77.5	19.8
ホルムアルデヒド	53.3	12.6	6.3	23.6	11.8
グルコース	53.3	6.2	38.0	11.6	71.3
ショ糖	56.1	25.4	27.9	45.3	49.7
デンプン	59.3	3.9	25.4	6.6	42.8
安息香酸	98.4	12.0	42.5	12.2	43.2
クエン酸	34.3	27.2	13.6	79.3	39.7
フェノール	119.1	29.4	79.8	24.7	67.0
ギ酸	17.4	3.2	0.94	18.4	5.4
酢酸	53.3	12.5	23.1	23.5	43.3
リンゴ酸	35.8	27.6	4.0	77.1	11.2
酒石酸	26.7	25.0	8.0	93.6	30.0
L-グルタミン酸	55.8	31.2	43.9	55.9	78.7

4) 左合正雄, 山口博子:下水道協会誌, Vol. 2, No. 11, pp. 20-33 (1965)
5) 東京都公害研究所年報 (1972) より一部抜粋

Chemical Oxygen Demand）である．以下の BOD/TOD 比率の数値によって生物処理が可能かどうかの目安となる．

- BOD/TOD 40％以上：生物処理に適している．
- BOD/TOD 10-40％：生物に分解されにくい有機物が存在している．
- BOD/TOD 10％以下：生物処理が困難である．

7.1.8 エアリフトポンプ

中小規模の設備における返送汚泥の汲み上げには，ほとんどの場合図 7.16 に示すエアリフトポンプが用いられる．

エアリフトポンプの作動原理は，液中に垂直に浸した管の底部に空気を吹き込み，管内外の比重差をつくって水とともに沈殿スラッジを汲み上げるというものである．このポンプは構造が簡単で駆動部品をもたないので故障が少ない．

必要空気量の目安は「$1\,m^3$ の汚泥に対して $1.5\,m^3$ 以上の送気量」と考えればよい．家庭用の合併浄化槽では，この原理を用いたエアリフトポンプが組み込まれている．

図 7.17 は同様の原理を利用したスカムスキーマーである．内径 10 cm の樹脂

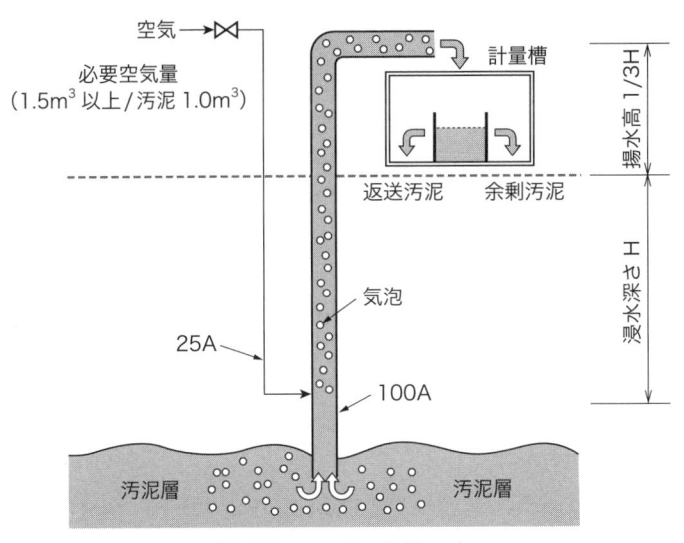

図 7.16 エアリフトポンプ

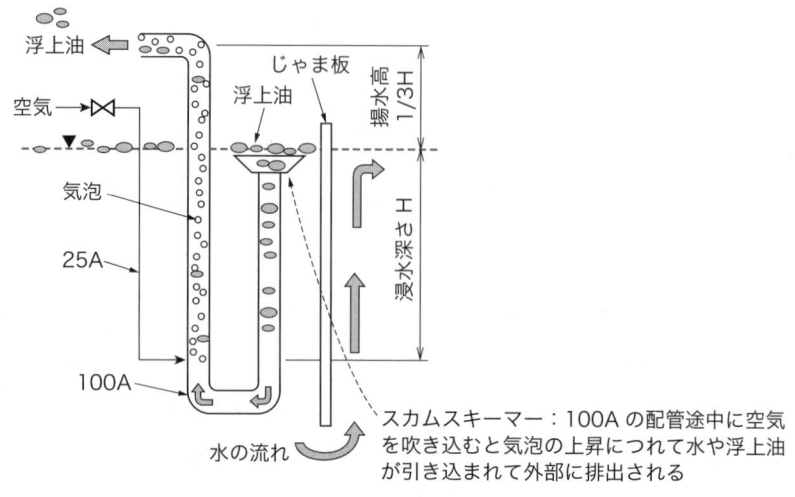

図 7.17　スカムスキーマー

製パイプの中に空気を吹き込むと気泡の上昇につれて水面に浮上している油やスカムが吸い込まれる。

7.2　生物膜法

　生物膜法は，いろいろな媒体の表面に生物膜を生成，付着させ，その生物膜を利用して汚水を生物化学的に浄化する方式の総称である。そのなかで実際に多く採用されているのが接触ばっ気法，回転円板法，流動床法である。

7.2.1　接触ばっ気法

　接触ばっ気法は，ばっ気槽内にプラスチックなどの材質から成る接触材を固定床として浸漬し，この固定床の表面に生物膜を付着生成させる。槽内の汚水はばっ気した空気流によって撹拌され，充分な酸素供給を受けて循環しつつ固定床の生物膜と接触して分解される。

　活性汚泥法では，水中に浮遊する生物が汚水と混合され，水流に伴って浮遊生物も流動する。接触ばっ気法の場合は，生物が接触材に固着しており，汚水側が

流動して接触材表面の生物群と接触して浄化されるという点で活性汚泥法と異なる。

図7.18は接触ばっ気法のBOD除去と硝化・脱チッ素モデルである。
この方法の長所は次のとおり。
- MLSSの調整および活性汚泥の返送が不要なので管理が容易。
- BOD負荷変動に対して処理水質が安定している。
- 余剰汚泥の発生量が少なく，汚泥処理に手間がかからない。
- 汚泥のバルキング現象がない。
- 好気性生物層の下に嫌気性生物層が形成され，汚水中のチッ素成分の除去も期待できる。

しかし以下の短所もある。
- 接触材に付着生成する汚泥の量は運転条件で決まってしまい，維持管理面でのコントロールができない。
- 接触材に付着生成する汚泥量は負荷条件に比例して増加するので，あまり負荷を高くすると接触材閉塞のおそれがある。

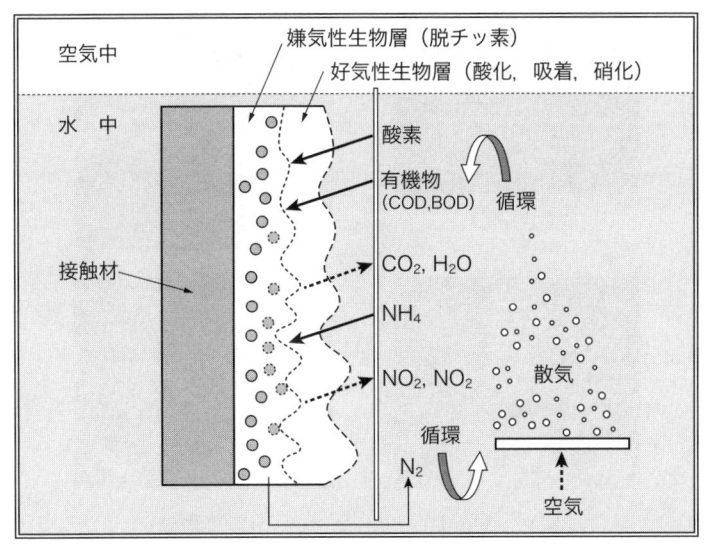

図7.18 接触ばっ気法のBOD除去と硝化・脱チッ素モデル

- ばっ気槽内に接触材を組み込んで固定するので，ばっ気槽内・接触材内を均等に撹拌・ばっ気するための設計条件設定がむずかしい。

(1) 接触材の種類と形状

接触材の形状には次のようなものがある。
- 波板・平板：プラスチック波板，平板など。
- ひも状：多環ひも，リボン状ひも。
- 有孔体：多孔性円筒，プラスチック発泡体，セラミック有孔体。
- 成形品：ラシヒリング，パイプ片，テラレット。
- ハニカムチューブ：ハチの巣状チューブ，横穴付ハニカムチューブ。
- 粒状品：砂利，プラスチック片，石炭ガラ，活性炭，セラミック粒。

写真7.3は接触ばっ気法でよく用いられる固定床の接触材例である。これら接触材の選定にあたっては次の項目に気をつける。
- 材質が安定していて耐久性があること。
- 長期の使用に耐え，変形しないこと。
- 有害物質の溶出がないこと。

ひも状接触材

テラレット接触材

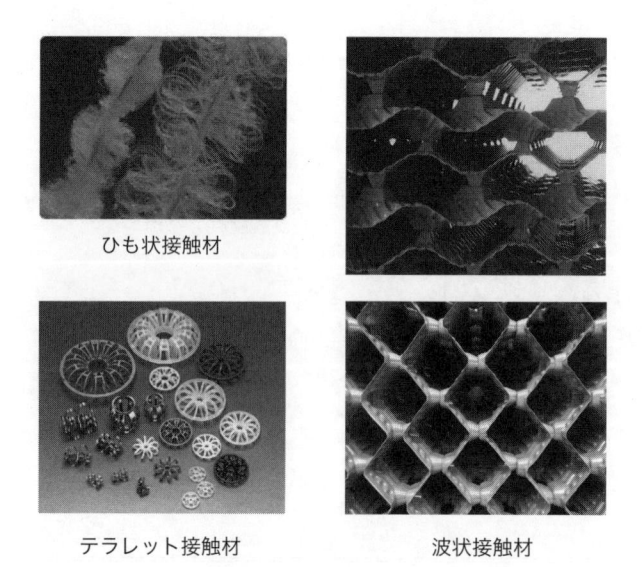

波状接触材

写真7.3　接触材の形状例

- 生物膜が生成・付着しやすく，閉塞しにくいこと。
- 保守点検・清掃が容易であること。
- 単位体積あたりの表面積が大きく，かつ閉塞しにくいものであること。

(2) ばっ気の方式

図 7.19 はばっ気の方式例である。

(a) は槽の片面をばっ気して旋回流を生じさせる片面ばっ気方式，(b) は槽の中心部をばっ気して両側に旋回流を発生させる中心ばっ気方式，(c) は槽底部全面をばっ気する全面ばっ気方式，(d) は水面付近を機械的にばっ気する機械ばっ気方式である。これらのうちどの方法を採用しても，ばっ気槽内および接触材内部を汚水と空気が均等に旋回するのであれば，処理効率・維持管理上の差は認められない。しかし，槽底部全面からばっ気する全面ばっ気方式は，適用にあたって充分な検討をしないと，接触材表面に付着生成した微生物膜を剥離させてしまったり，接触材を破損・変形させ，ときには接触材を浮上させたりすることがあるから注意を要する。

(a) 片面ばっ気方式　　(b) 中心ばっ気方式

(c) 全面ばっ気方式　　(d) 機械ばっ気方式

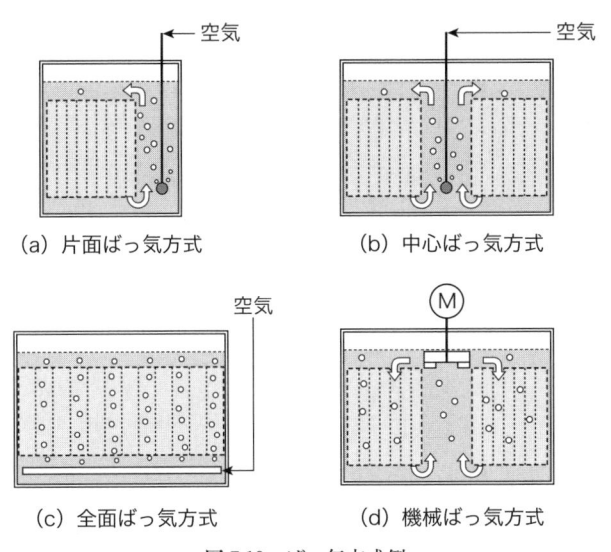

図 7.19　ばっ気方式例

(3) 接触材の充填方法と槽の構造

接触ばっ気法における接触材の充填方法とばっ気槽の構造は，槽内の水と空気の循環に大きな影響を与える。

図 7.20 は片面ばっ気と中心ばっ気におけるばっ気槽の形状と接触材の充填方法例である。接触材メーカーでつくる基本寸法は，

高さ(H)×幅(W)×厚さ(T) = 1000(H)×1000(W)×1000(T) 〔mm〕

高さ(H)×幅(W)×厚さ(T) = 1000(H)×1000(W)×500(T) 〔mm〕

の 2 通りの製品が多いので，これらの基材寸法をもとに接触材の充填方法とばっ気槽の寸法を決めることが多い。

(4) 接触ばっ気槽における容積負荷

接触ばっ気槽における容積負荷は流入水の濃度，接触材の形状などによって設計者が経験と実績に基づいて決める。一般的には BOD 容積負荷が $1\,kg/m^3\cdot$日を超えると接触材の閉塞が懸念されるから，長期間安定した性能を維持するには BOD 容積負荷は $0.4\,kg/m^3\cdot$日以下に制限すべきであろう。

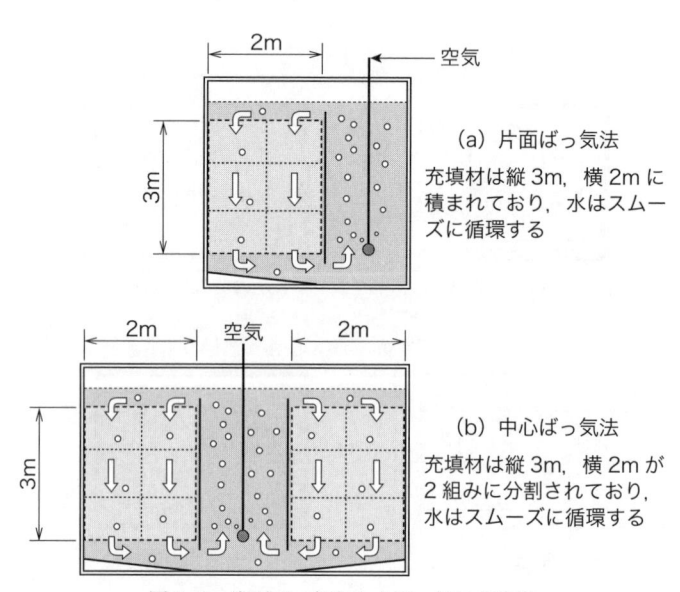

(a) 片面ばっ気法
充填材は縦 3m，横 2m に積まれており，水はスムーズに循環する

(b) 中心ばっ気法
充填材は縦 3m，横 2m が 2 組みに分割されており，水はスムーズに循環する

図 7.20　片面ばっ気と中心ばっ気の方法例

表7.5 排水別の水質,BOD容積負荷,接触材汚泥付着量の関係例[6]

排水の種類	水質濃度〔g/m³〕		BOD負荷〔kgBOD/m³・日〕	接触材汚泥付着量		接触材の隙間〔mm〕
	原水	処理水		汚泥量〔kg/m³〕	含水率〔%〕	
製あん排水	2,500	<50	1.25	300	98	40
製菓排水	2,000	<20	0.90	230	98	40
染色排水	1,000	<30	0.80	138	96	40
乳業排水	1,000	<20	1.00	135	97	33
生活排水	600	<20	1.25	135	97	33
生活排水	500	<20	0.95	135	97	33
生活排水	250	<20	0.60	120	96	33
生活排水	200	<20	0.50	100	96	33
生活排水	150	<20	0.50	100	96	33
生活排水	100	<20	0.40	100	95	33
生活排水	30	<10	0.30	50	95	27

表7.5は各種の排水水質と運転時のBOD容積負荷,接触材への付着汚泥量などについてまとめたものである。

生活系排水の流入BOD 200 g/m³を例にとれば,1 m³あたりの接触材に付着する湿汚泥(含水率96%)は100 kg/m³程度となるから付着MLSSは4.0 kg/m³である。ばっ気槽の容量を仮りに100 (m³)とし,接触材の充填率を55%とすれば,ばっ気槽内付着MLSS濃度は,

$$4.0 \text{〔kg/m}^3\text{〕} \times 55 \text{〔m}^3\text{〕}/100 \text{〔m}^3\text{〕} \times 10^3 = 2,200 \text{〔kg-MLSS/m}^3\text{〕}$$

となり,標準的な活性汚泥法のMLSS濃度とほぼ一致する。

表7.5の接触材付着汚泥量は最大で300 kg/m³にも達するが,水分を除いた付着MLSS量を計算すると,いずれの場合も4.0〜6.0〔kg-MLSS/m³〕の範囲に入る。

接触材は閉塞すると汚水の浄化機能を失うので,汚泥発生の多い高負荷運転の前段には,標準活性汚泥法または長時間ばっ気法などの浮遊活性汚泥法を採用し,

[6] 中川正雄:平板状接触材の性質と応用,用水と廃水,Vol. 23, No. 4, pp. 43-49 (1981) より抜粋

後段の低負荷域に接触ばっ気法を用いるのが一般的である。

波形接触材のピッチ間隔（p）と原水 BOD のあいだに厳密な決まりはないが，経験的に閉塞しにくい組み合せは次のとおり。

- BOD 500 mg/L 以上　$p=100$〔mm〕
- BOD 500〜250 mg/L　$p=80$〔mm〕
- BOD 250〜100 mg/L　$p=50$〔mm〕
- BOD 100 mg/L 以下　$p=30$〔mm〕

汚水の再利用プラントでは，高度処理の分野で接触ばっ気法を多く採用しているが，それでも長期間使用していると接触材の付着汚泥が肥厚し閉塞する恐れが生じるので，空気逆洗装置を必ず設ける。

図7.21は接触材の充填方法例である。充填材の積み方は充填材の幅（W）と高さ（H）の比をW：H＝1：1〜3程度にする。

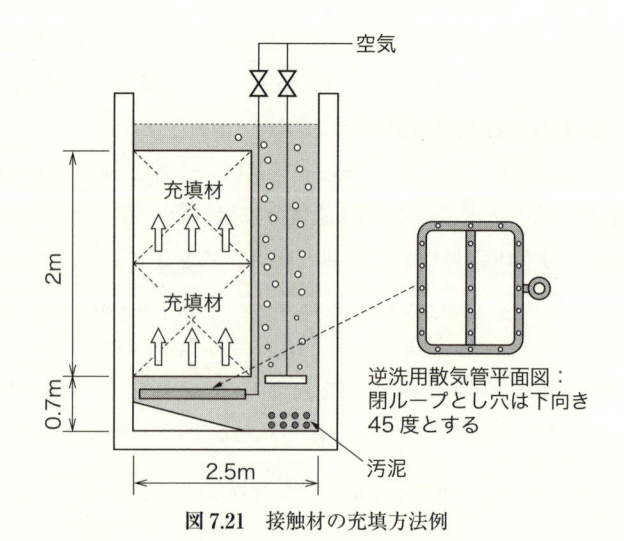

図7.22は接触材の充填方法改善例である。改善前は横幅が広すぎて（W：H＝3：4）水が循環しない。改善後は縦横の比率が適切（W：H＝2：3）なので，水循環が良好である。

充填材の下端と槽底部は，無理なく汚水が循環するための空間と汚泥の一時貯留の目的で500〜700 mmあけ，槽底部には傾斜をつけるのがよい。散気装置か

図7.21　接触材の充填方法例

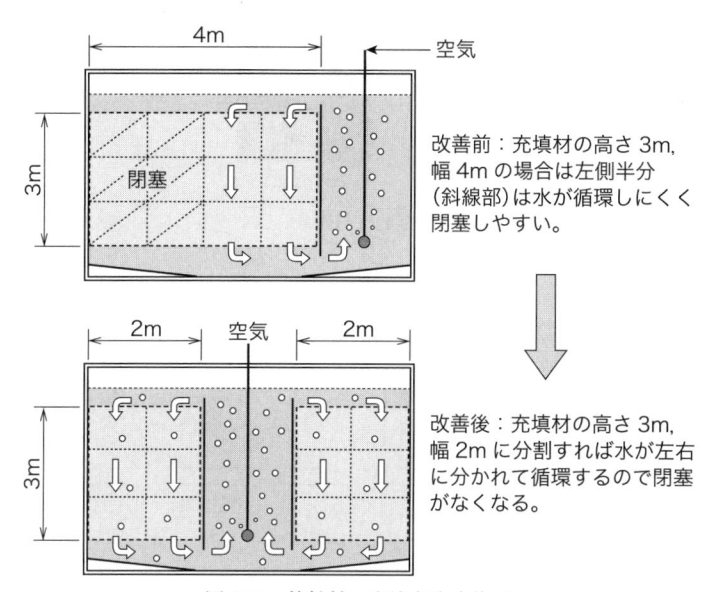

図 7.22　接触材の充填方法改善例

ら出た気泡が上昇するスペースは，取り付け時および維持管理，点検時のことを考慮して 500〜750 mm の幅が必要である。気泡の上昇する道と充填材のあいだには，合成樹脂性のじゃま板を張り，気泡が充填材の隙間を短絡して流れないようにするとよい。空気逆洗は気泡が均一に分散するように閉ループの散気管とし，ばっ気ブロワーの空気を利用して手動で必要なときに間欠的に行う。

7.2.2　回転円板法

図 7.23 は回転円板の概略図である。プラスチック製の円板を汚水に 40% 程度浸漬し，低速でこれを回転させると円板表面に微生物群が膜状に生成し付着するようになる。回転円板法はこの微生物膜の力を利用して汚水を浄化する。

円板上の微生物群は円板の回転によって大気中からは酸素を，汚水中からは汚濁有機物を吸収し，好気性酸化を行って汚水を浄化する。微生物群の膜の厚さは 0.5〜2.0 mm 程度であり，活性の衰えた生物膜は円板の回転のせん断力によって円板上から離脱し沈殿槽に流下して固−液分離され余剰汚泥となって系外に排出される。

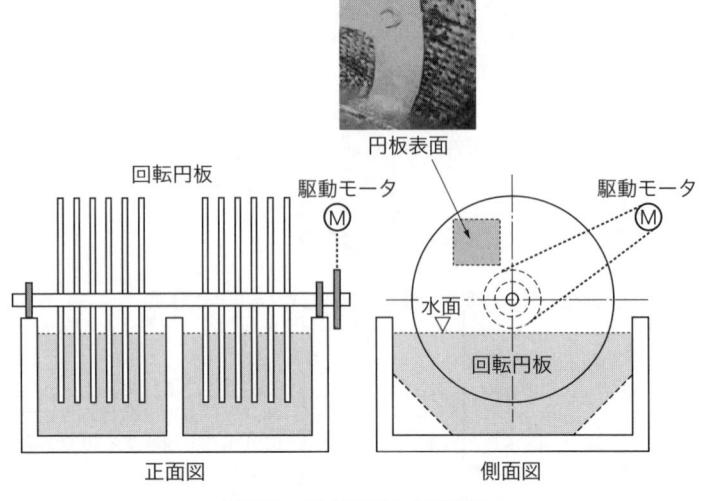

図 7.23　回転円板法の概略図

回転円板法が活性汚泥法と大きく異なる点は次のとおり。
- 強制的なばっ気ではなく円板の回転のみで酸素が供給されるから，ばっ気のためのエネルギー消費がきわめて少なく，ランニスグコストが低い。
- 接触ばっ気と同様に返送汚泥の必要がなく，汚泥の発生量も少ないから維持管理が容易である。
- 好気性生物槽の下層に嫌気性生物層が形成され，汚水中のチッ素分の除去が期待できる。
- ブロワーを使わないので騒音が少ない。

これらは長所でもあるが，一方，以下のような短所がある。
- 大容量の汚水を処理するには建設費，構造面，材質面で課題が残る。
- 高濃度の汚水処理には向かない。

このような特徴から，回転円板法は中小規模の汚水の再利用プラントや高度処理に適しているといえよう。

7.2.3　流動床法

生物膜法の特徴は，活性汚泥法と違って担体に付着した微生物を処理槽内に保

持し続けることができることで，増殖速度が遅い微生物でも高濃度に維持することができる。

　図7.24は流動床法の概略図，図7.25は担体の形状と細孔内部例である。

　流動床法は，ばっ気槽の中に流動性のある多孔質担体を入れてその表面に微生

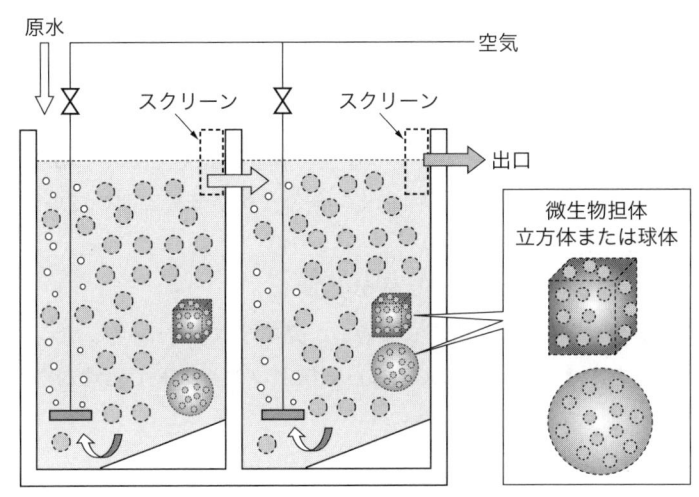

図7.24　流動床法の概略図

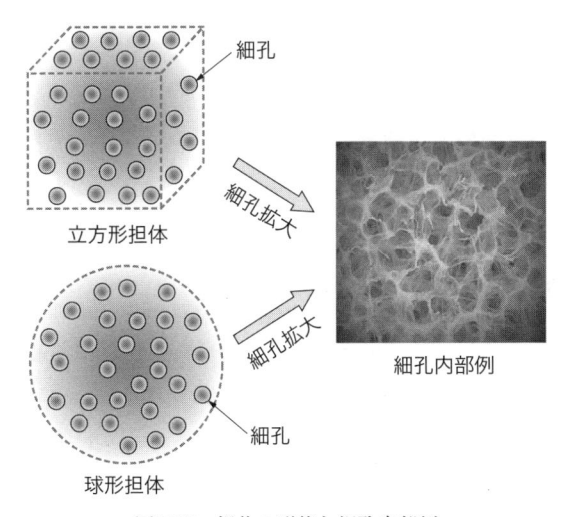

図7.25　担体の形状と細孔内部例

7.2　生物膜法

物膜を形成させ，高い処理効率が得る。

一例として，5 mm 程度の大きさのポリビニルアルコール粒は，見かけの比重が 1.02 程度なので，ばっ気によって浮遊して流動床を形成する。この方式を採用すると，BOD 容積負荷を通常の 10 倍も大きくできる。

流動床法は，図 7.24 に示すように，ばっ気による担体の流動現象によって余剰生物膜の剥離も行われ，排水中に懸濁性物質が混在していても閉塞することはない。また剥離生物膜が担体間に浮遊していることから，活性汚泥のような挙動を示す。

多孔質担体の形状は，図 7.25 のような立方体または球形のものが発売されてる。いずれも内部に微生物を包括固定化できる空洞が無数に開いている。

流動床法の特徴は次のとおり。
- 返送汚泥は不要で，汚泥の発生量が少ない。
- ろ材の充填を密にすると閉塞するので，充填率は 50〜70% とする。
- BOD 負荷を大きくとれるので，ばっ気槽がコンパクトで処理効率が高い。
- 担体の流動性，撹拌効率が高い。
- BOD 除去能力が高く，高負荷に対応できる。
- 担体負荷：最大 $50 \text{ kg}-\text{BOD}/\text{m}^3$（BOD 除去）。
- 改造の場合は，既設槽に担体を投入することにより，処理能力を向上させることができる。

生物膜法は一般に活性汚泥法に比べて余剰汚泥の発生量が少ないが，それでも後段に沈殿槽を設ける必要がある。流動床法ではスクリーンが目詰まりを起こすことがあるので，洗浄装置を設けておくと維持管理に都合がよい。

7.3 膜分離活性汚泥法（MBR）

膜分離活性汚泥法（MBR：Membrane Bio Reactor）は微生物を用いた排水処理方式で，活性汚泥と処理水の分離に沈殿槽の代わりに膜を用いる方法である。

従来の沈殿方式による活性汚泥法は，汚泥の分離効率が活性汚泥の性状に大きく左右されるので，汚泥の沈降性をつねに良好な状態に維持することに多くの経験と労力を要していた。これを改善するために，膜ろ過で汚泥と処理水を分離す

る MBR が開発された。

　MBR が活性汚泥法と異なる点は，MBR では反応槽内に分離膜を露出させて浸漬し，下から強くばっ気することで，空気の泡とこれに伴う上昇流を発生させながら処理水をポンプで少しずつ吸引するというとろである。

　図 7.26 は標準活性汚泥法と MBR の比較である。MBR は分離膜をばっ気槽の中に置き，膜表面に大量の汚泥を循環させながら処理水を少しずつ吸引する。膜分離には，一般に MF（Micro Filtration）膜（細孔径 0.02〜150 μm）または UF（Ultra Filtration）膜（分画分子量 1,000〜300,000）が用いられる。

　MBR の長所は次のとおり。
- 従来法（標準活性汚泥法＋沈殿法）に比べて設備が小型になる。
- 活性汚泥が処理水側へ流出（キャリオーバー）する懸念がない。
- 処理水が MF 膜や UF 膜を通るため水質がよく，後段に砂などによるろ過設備が不要。
- ろ過水質が良いので再利用も可能。

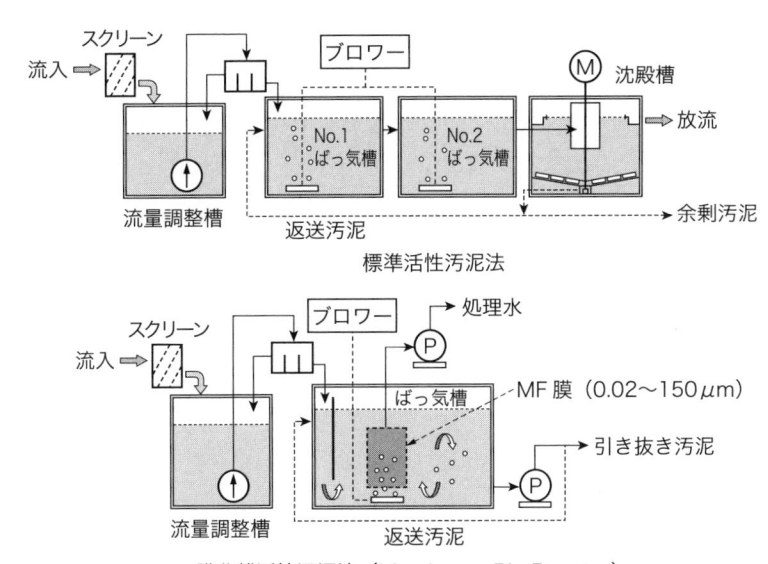

図 7.26　標準活性汚泥法と MBR の比較

- 大腸菌などの大きな微生物も除去できるので，通常河川などに放流する場合は処理水の消毒も不要。

MBRの短所は次のとおり。

- 膜の汚染防止には次亜塩素酸ナトリウム（NaClO），アルカリ，クエン酸などの薬品洗浄が必要。
- 膜の寿命は膜素材や使用状況で異なるが，1〜5年程度で定期的な交換が必要。
- 膜表面のばっ気，汚泥の循環，処理水の吸引のため，必要な電力などのエネルギーが従来法より増加する。

図7.27は液中膜モジュールの種類である。

液中膜には（a）平膜式モジュール，（b）横式中空糸膜モジュール，（c）縦式中空糸膜モジュールがある。いずれの膜分離でもろ過水は自吸式ポンプで吸い上げる。

膜の材質は，（a）はセラミック，塩素化ポリエチレン，ポリフッ化ビニリデン（PVDF）など，（b）（c）はフッ素（F）系中空糸膜（PVDF製，PTFE製）などがあるが，機械的強度の点から（a）（b）（c）ともPVDF，PTFEが主流になっ

(a) 平膜式モジュール　(b) 横式中空糸膜モジュール　(c) 縦式中空糸膜モジュール

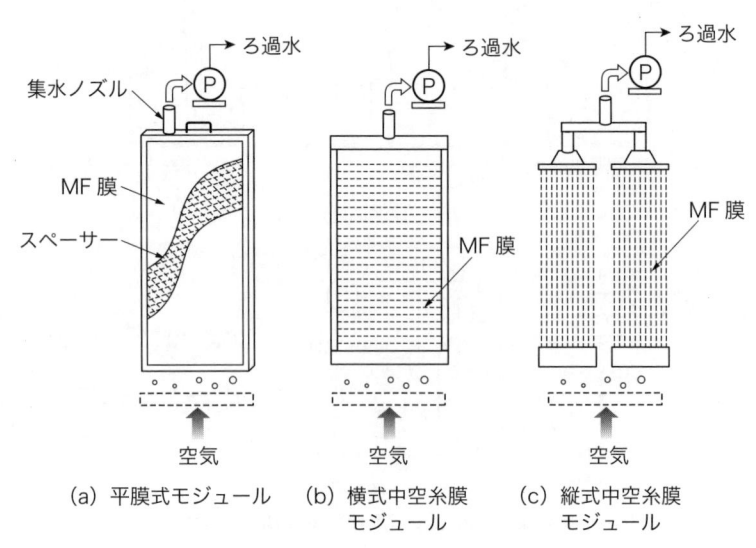

図7.27　液中膜モジュールの種類

ている。膜の細孔径は 0.1〜0.4 μm 程度の MF 膜が多く使用されている。図 7.28 は平膜式モジュールユニットの概略である。ユニットは膜カートリッジを複数重ねて組み立てる。膜の枚数を調整することによって必要な膜面積を確保する。

表 7.6 は排水量と膜面積の関係例である。膜面積は排水量が増えればそれに応じて増やせばよいが，透過流束〔m/日〕は 0.4〜0.7 m/日程度が適切である。

この透過流束値は通常の UF 膜ろ過の場合に比べておよそ 1/5〜1/10 であり，膜にかかる負荷が低く設定されている。

図 7.29 は MBR フローシート例である。流量調整槽の原水は計量槽を経由して

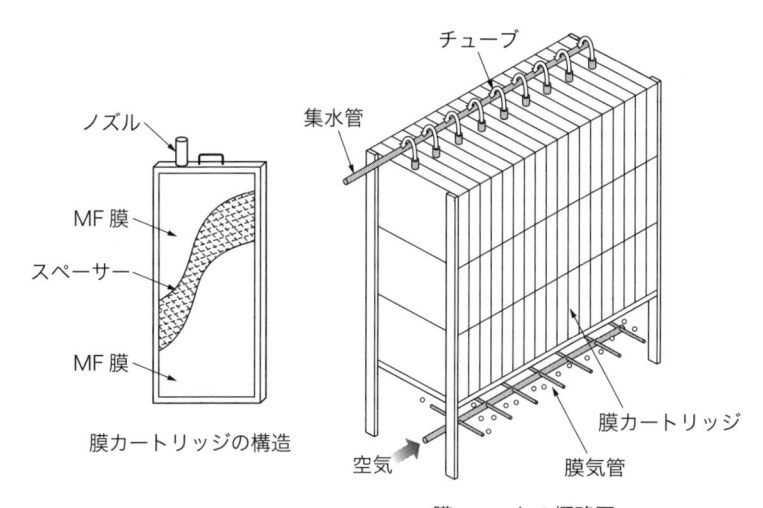

図 7.28 平膜式モジュールユニットの概略

表 7.6 排水量と膜面積の関係例

排水例	排水量〔m³/日〕	膜面積〔m²〕	透過流束〔m/日〕
生活排水	120	240	0.5
工場雑排水	250	400	0.6
食堂排水	100	240	0.4

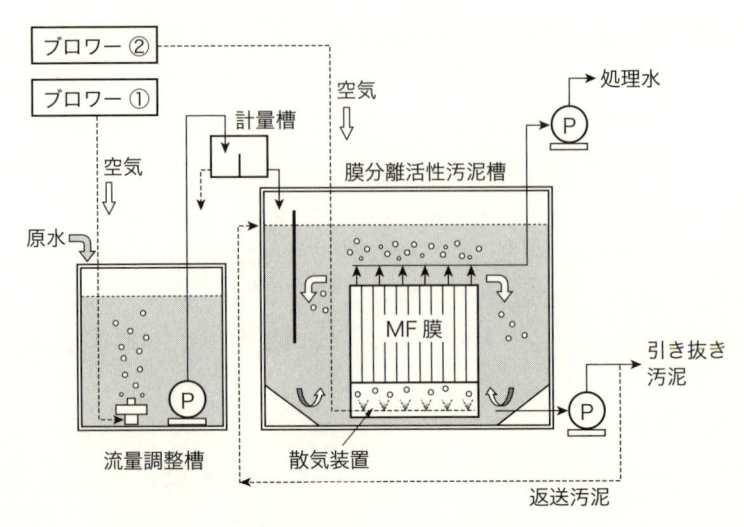

図 7.29 MBR フローシート例

表 7.7 原水と処理水の水質例

測定項目	原水	処理水
pH	7.5	6.8
SS〔mg/L〕	80	<1
FI 値	6.7（最大）	2.5
BOD〔mg/L〕	150	2.5
COD〔mg/L〕	90	5.8
T-N〔mg/L〕	9.5	4.6

一定流量で活性汚泥槽に移流する。活性汚泥槽では MLSS 8,000～10,000 mg/L 程度で 6～10 時間処理をする。処理水は自吸式ポンプで汲み上げる。余剰汚泥は汚泥引き抜きポンプで引き抜き，一部は活性汚泥処理槽に返送する。発泡が激しいときは汚泥濃度の管理を厳密にし，排水を定常的に反応槽に流入させることがポイントである。

表 7.7 は生活排水の原水と処理水の関係例である。MBR 処理水は懸濁質を含まないので，この程度の水質ならば散水やトイレの洗浄水として再利用できる。

第 8 章

チッ素処理

8.1 チッ素・リンによる富栄養化

　チッ素（N）・リン（P）などの化合物が，大量に閉鎖水域に流入し停滞すると，富栄養化が進む。富栄養化の結果，藻類や植物プランクトンが過度に増殖して汚濁し，多くの水質汚濁を引き起こす。

　図8.1は富栄養化現象の概念図である。藻類や植物プランクトンは，有機物がなくても太陽光のもとでチッ素とリンさえあれば，炭酸同化作用によって有機物を光合成する。生物細胞の組成は $C_{60}H_{87}O_{29}N_{12}P$ などからわかるように，細胞の中にリンが約1％含まれている。したがって，富栄養化の原因となるチッ素はリンとともに除去する必要がある。

　有機物や栄養塩類の増加自体は光合成による植物プランクトン，それに続く動物プランクトンの増殖を促し，これが「えさ」となって魚介類が増えるのであるから，「人間の素朴な営み」の範囲内であれば本来は歓迎すべき現象である。

　しかし，それが文明の大仕掛けで極地的にしかも過度に発生するから生態系に悪影響を及ぼすのである。富栄養化の原因には次のことが考えられる。

(1) 化学肥料の普及

　農業の近代化，省力化に伴い，チッ素，リン，生物学的酸素要求量（BOD；Biochemical Oxygen Demand）成分のかたまりともいうべき化学肥料が大量に使用されるようになり，使用したうちの一部分が有効に土壌や作物に吸収されぬまま河川，湖沼に流出し富栄養化の一因となる。

(2) 食生活の向上による肉食の増加

　日本人の食生活の変化にともなって肉食の比率が増加し，タンパク質の摂取量

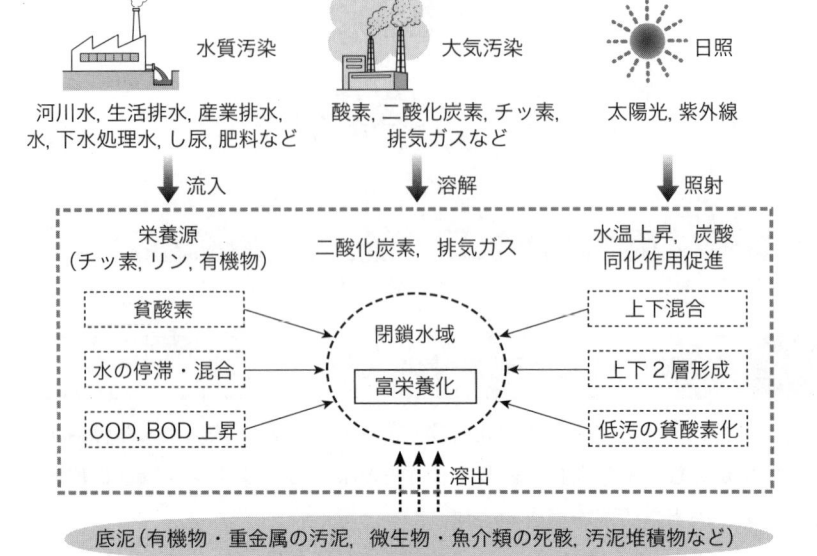

図8.1 富栄養化現象の概念図

が増えた。タンパク質の中には他の食品に比べてチッ素，リンが多く含まれているため排泄物中にもその含有量が増えてきた。

(3) 下水道の普及

　近年の下水道の普及は環境保護と衛生対策上望ましいことである。しかし見方を変えると，農地還元・海洋投棄していたし尿が，下水処理場でBOD処理だけされて大部分のチッ素，リンを残したまま再び河川などの公共水域に排出されている。下水処理場の処理水がこれらの栄養塩類を含んだ状態で公共水域に排出されると植物プランクトンの異常増殖を促し，BOD成分が除去されたとしてもチッ素，リン成分が残っているから再び有機物が合成され，下水を処理した意義が薄くなる。

　したがって，チッ素，リンも除去しないかぎり下水道の普及は極地的な富栄養化を生む原因のひとつなのである。これは中小規模の合併浄化槽や工場排水処理施設にも共通している。BOD除去と同時にチッ素，リンまで除去すれば処理水は再利用可能なレベルまで水質改善される。

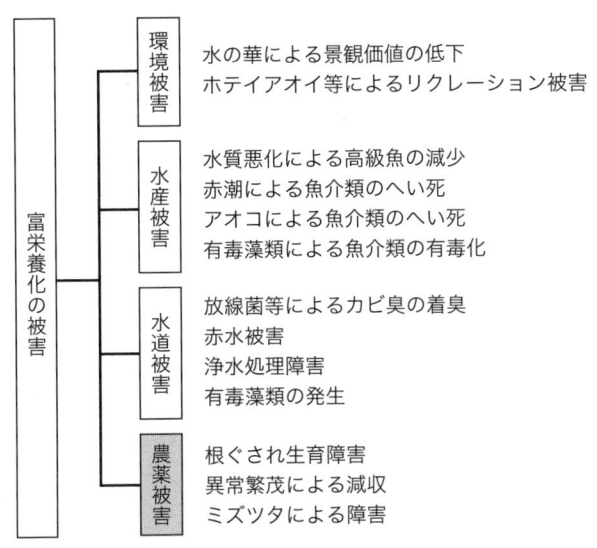

```
富栄養化の被害 ─┬─ 環境被害 ─── 水の華による景観価値の低下
              │              ホテイアオイ等によるリクレーション被害
              │
              ├─ 水産被害 ─── 水質悪化による高級魚の減少
              │              赤潮による魚介類のへい死
              │              アオコによる魚介類のへい死
              │              有毒藻類による魚介類の有毒化
              │
              ├─ 水道被害 ─── 放線菌等によるカビ臭の着臭
              │              赤水被害
              │              浄水処理障害
              │              有毒藻類の発生
              │
              └─ 農薬被害 ─── 根ぐされ生育障害
                             異常繁茂による減収
                             ミズツタによる障害
```

図 8.2 富栄養化にともなう被害例

(4) リン含有薬剤の普及

家庭用合成洗剤でのリン成分の使用は制限されているが，リン含有薬剤を採用している工場・事業所は今日でも多く，これが富栄養化の原因のひとつとなっている。

図 8.2 は富栄養化にともなう被害例である。富栄養化を防止するには栄養塩のなかのチッ素，リンを除去するのが最も適切である。富栄養化を起こさないための水域環境基準はチッ素 0.1 mg/L，リン 0.015 mg/L とされているが，汚水中からこのようなレベルまでチッ素，リンを除くのは技術的には可能でも経済的観点からは困難である。

8.2 チッ素除去

チッ素の除去方法の概要と特徴を表 8.1 に示す。

8.2.1 アンモニアストリッピング法

塩化アンモニウム（NH_4Cl）や硫酸アンモニウム〔$(NH_4)_2SO_4$〕などのアンモ

ニウムイオン（NH_4^+）を含む水に，水酸化ナトリウム（NaOH）などのアルカリを加えて pH 11 以上に調整すると式 (8.1) のように NH_4^+ がアンモニア（NH_3）に変化する（図 8.3 参照）。

$$NH_4^+ + OH^- \longrightarrow NH_3 + H_2O \tag{8.1}$$

アルカリ性に調整した水にスチームまたは空気を吹き込んで，NH_3 を気相に放散させる。放散した NH_3 は触媒反応塔を通して酸化分解し，無害なチッ素（N_2）

表 8.1　チッ素の除去方法

方　法	概　　要	特　　徴
アンモニアストリッピング法	・pH を 11 以上に上げ NH_3 を大気放散 ・NH_3 を触媒反応塔に通して酸化分解	・処理システムが単純 ・NH_3 による二次公害発生に注意
不連続点塩素処理法	・NH_3 に塩素を作用させて酸化分解する	・水道の NH_3 除去に使われる ・後工程によっては残留塩素の除去が必要
生物学的処理法	・硝酸性チッ素（NO_3-N）を嫌気性菌の作用でチッ素ガスに変換する	・あらゆるチッ素に対応可能 ・NH_3 は NO_3 に酸化してから脱チッ素処理する
イオン交換法	・イオン交換樹脂 ・ゼオライトなどで NH_3 を吸着	・除去率が高い ・再生廃液が出る ・希薄溶液に有利

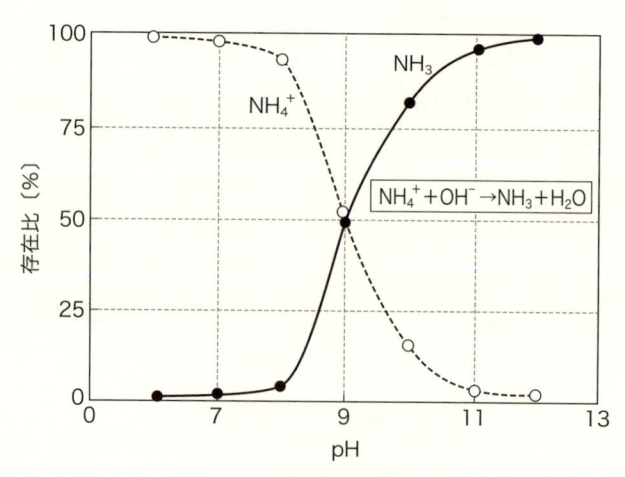

図 8.3　NH_3 の pH と存在比

として大気に放散する。

$$4NH_3 + 3O_2 \longrightarrow 2N_2 + 6H_2O \tag{8.2}$$

　NH_3 含有排水の処理は多量の空気と接触させるスクラバー方式を採用することが多い。触媒充填塔を使わないで NH_3 水として回収, 再利用することもできる。

8.2.2　不連続点塩素処理法

　図 8.4 に示すように NH_3 や有機成分を含んだ排水に塩素(Cl_2)を加えていくと, はじめは有機物や還元性物質などが先に塩素を消費するので, NH_3 濃度は変化しない。さらに塩素添加を続けると, 残留塩素は増加しながら NH_3 濃度は徐々に低下しはじめ, $Cl_2/NH_4-N=8$ 倍くらいでほとんどゼロとなる。このとき, 塩素濃度は極小値を示す。この極小値を不連続点とよぶ。

　引き続き塩素添加をすると再び残留塩素濃度が上昇しはじめる。実際の不連続点塩素処理では NH_3 以外の成分が共存しているので, NH_3 の 10～20 倍の塩素を添加することが多い。

8.2.3　生物学的処理法

　生物学的チッ素除去は次の工程で行われる。

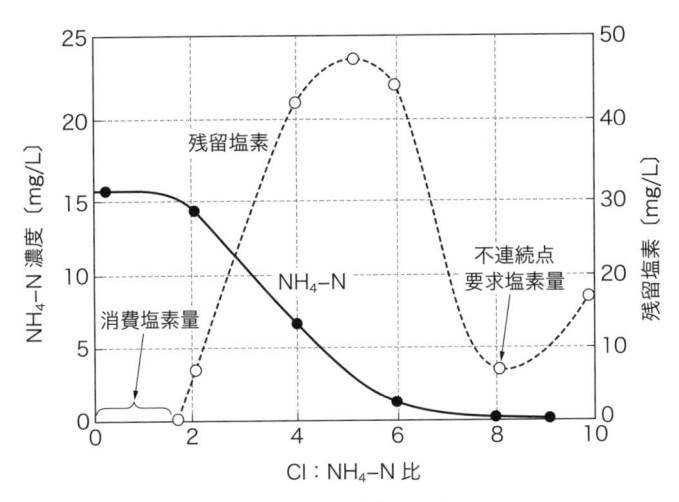

図 8.4　不連続点塩素処理例

①水中の NH_4^+ は，生物酸化によって NO_2 を経て硝酸イオン（NO_3^-）に変わる。

$$NH_4^+ + 1/2O_2 \rightarrow NO_2 + H_2O + 2H^+ \tag{8.3}$$

$$NO_2 + 1/2O_2 \rightarrow NO_3^- \tag{8.4}$$

このとき，NH_3 以外に有機物や BOB 成分が共存すると，硝化菌はこれらの成分の酸化を優先するので，NH_3 の酸化は後回しとなる。

一例として，図8.5のように排水中に NH_3 と BOD 成分が共存すると，BOD30 mg/L くらいまでは BOD 成分が先に酸素（O_2）を消費する。そして BOD 30 mg/L 以下になると NH_3 の硝酸化が加速され BOD 10 mg/L 以下で90％以上が硝化（NO_3^-）される。

②硝化菌の作用で生成した NO_3^- は，嫌気性条件下で脱チッ素菌によってチッ素に還元されて大気中に放散される。この脱チッ素反応は還元反応なので，NO_2，NO_3 の酸素受容体と脱チッ素菌の増殖源としての有機炭素源（栄養源）が必要である。

有機炭素源としては一般にメタノール（CH_3OH）やイソプロピルアルコールが用いられる。CH_3OH を用いた場合の脱チッ素反応例を式（8.5）に示す。

$$5CH_3OH + 6NO_3^- + 6H^+ \rightarrow 5CO_2 + 3N_2 + 13H_2O \tag{8.5}$$

式（8.5）より，脱チッ素におけるチッ素と CH_3OH の比を計算すると，

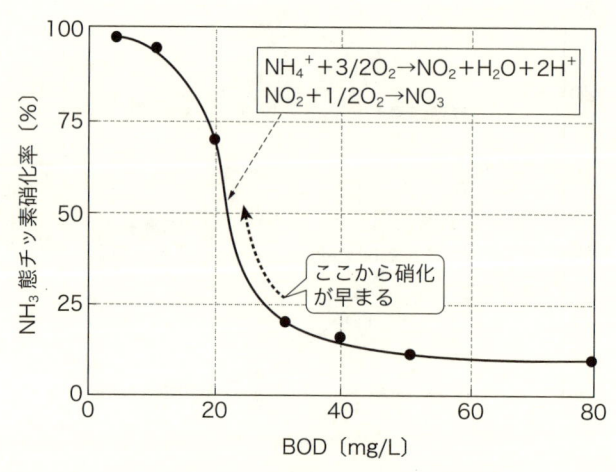

図8.5 BOD の低下と NH_3 硝化率の関係

$5CH_3OH/6N = 160/84 = 1.90$ となり，約 2 倍の CH_3OH が必要となる。

8.2.4 イオン交換法

(1) イオン交換樹脂による硝酸性チッ素の吸着

チッ素汚染した地下水中には，チッ素が数十 mg/L 程度含まれることがある。これを強塩基性陰イオン交換樹脂で処理すれば，チッ素を含まない飲料水や生産用水にすることができる。強塩基性陰イオン交換樹脂の交換基は Cl 型でも OH 型でも構わないが，Cl 型のほうが樹脂性能が安定しているうえに処理水の pH 変化がないので Cl 型が実用的である。

再生は 7% 程度の塩化ナトリウム（NaCl）溶液を使う。廃液には高濃度のチッ素成分（NO_3^-）が含まれるので，別途処理が必要である。

NO_3 の吸着
$$R\text{-}N \cdot Cl + NO_3^- \to R\text{-}N \cdot NO_3 + Cl^- \tag{8.6}$$

再生
$$R\text{-}N \cdot NO_3 + NaCl$$
$$\to R\text{-}N \cdot Cl + NO_3^- + Na^+ \tag{8.7}$$

飲料水をつくるために用いる陰イオン交換樹脂は，産業用の樹脂と違って処理水に不快臭が残らないように，飲料水用の樹脂がよい。

イオン交換樹脂法は用水・排水処理を問わず，一般にイオン濃度の低い原水を処理するのに適している。

(2) ゼオライトによる NH_3 吸着

ゼオライトは陽イオン交換能，触媒能，吸着能などの性質を有することが知られており，私たちの身近でもよく使われている。一例として，ゼオライトによる硬水の軟水化がある。湖沼や海の汚染の原因として問題となったリン化合物を添加した洗濯洗剤に代わって，ゼオライトを用いた洗剤が使用されるようになった。洗剤の成分表に記載されているアルミノケイ酸塩というのがゼオライトである。

人の汗が洗濯物の衣類に付着していると，その中のカルシウムイオン（Ca^{2+}）のために軟水が硬水に近い状態となり，洗剤の性能を低下させる。そこで，ナトリウムイオン（Na^+）型ゼオライトを洗浄助剤（ビルダー）として洗剤に加えると Na^+ と Ca^{2+} のイオン交換が起こり，硬水が軟水となり，洗剤の能力低下を防

ぐことができる。

図8.6はゼオライトの構造とNa$^+$, Ca^{2+}, NH$_4^+$が吸着する模式図である。

ゼオライトはケイ素（Si）とアルミニウム（Al）が酸素を介してSi-O-Al-O-Siの三次元構造を構成している。骨格中では，アルミニウム（プラス3価）とケイ素（プラス4価）が酸素（マイナス2価）を互いに共有するため，ケイ素の周りは電気的に中性となり，アルミニウムの周りはマイナス1価となる。このマイナス1価の負電荷を補うために骨格中に陽イオン（たとえばNa$^+$, Ca^{2+}, NH$_4^+$）が入り込もうとする。この場合，イオン交換樹脂と違って1価イオンのほうが2価イオンより吸着効果が高くなる。

ゼオライトは三次元的な組み合せによってさまざまな形態の骨格ができるので百種類以上が存在する。骨格中には分子レベルの穴（細孔）が開き，水や有機分子などいろいろな分子を骨格中に取り込む（吸着）ことができる。ゼオライトによるNH$_3$吸着はこの原理を利用したものである。

ゼオライトの代表的なモルデナイトのNH$_4^+$吸着量は約10 mg/g程度である。水中にNa$^+$やCa^{2+}が共存するとNH$_4^+$の吸着量は低下する。ゼオライトの再生にはゼオライト100 gあたりNaCl 6 gが必要である。

図8.6 ゼオライトのイオン吸着例

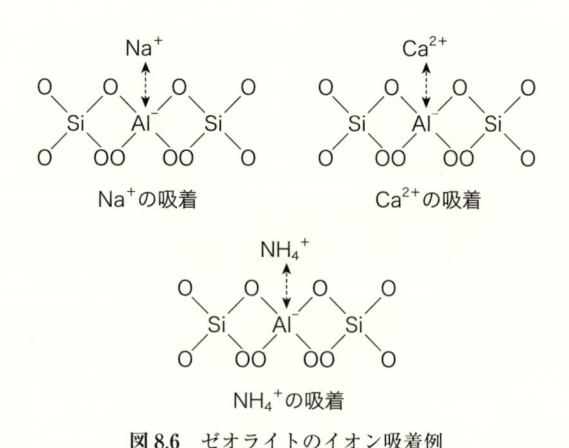

第9章 リン処理

　藻類や植物プランクトンは，太陽光のもとで水と二酸化炭素（CO_2）があれば炭酸同化作用を行い，無機物から有機物を光合成する。

　図9.1は炭酸同化作用による藻類の糖合成経路の概略である。ここでは炭酸同化作用にATP〔アデノシン3リン酸（$C_{10}H_{16}N_5O_{13}P$）〕が関与している。ATPを構成する元素にはチッ素（N）とリン（P）が含まれているので，ATPサイクルを停止するにはチッ素，リンの両方を断てばよい。

　リンの処理には大別して凝集沈殿法，生物処理法，晶析法がある。公共水域に排出されるリンの形態は次の3つに分類される。

- オルトリン酸：PO_4^{3-}，HPO_4^{2-}，$H_2PO_4^{-}$

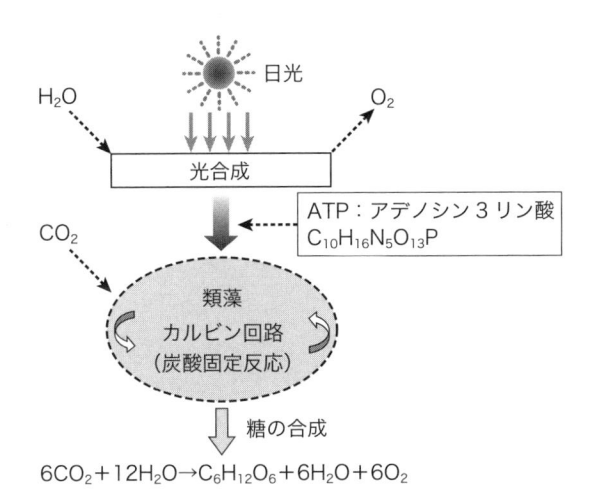

$$6CO_2 + 12H_2O \rightarrow C_6H_{12}O_6 + 6H_2O + 6O_2$$

図9.1　炭酸同化作用による藻類の糖合成経路

- ポリリン酸：トリポリリン酸，ヘキサメタリン酸
- 有機リン：有機化合物と結合したリン

このうち有機リンは，公共水域においては微生物の作用によって，大部分が無機性のリンに分解されている。

9.1 凝集沈殿法

リンを除去するための凝集剤には，硫酸アルミニウム（$Al_2(SO_4)_3$），ポリ塩化アルミニウム（PAC）などのアルミニウム塩や塩化第二鉄（$FeCl_3$），硫酸第二鉄（$Fe(SO_4)_3$）などの鉄塩が用いられる。

図9.2はアルミニウムイオン（Al^{3+}）および3価鉄イオン（Fe^{3+}）とリンの凝集反応例である。リン酸型リン（PO_4-P）の凝集に最適なpHはFe^{3+}で4〜5，Al^{3+}の場合で6付近である。

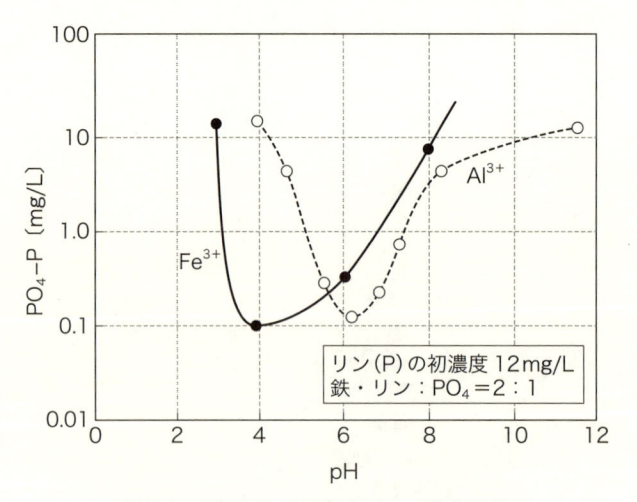

図9.2 Al^{3+}およびFe^{3+}とリンの凝集反応

9.2 生物処理法

活性汚泥は図 9.3 に示すように,好気的条件下ではリンを過剰に摂取し,嫌気的条件下ではリンを放出することが,1965 年に G. V. レビンと J. シャピロらによって指摘されていた。

これらの知見に基づき,この現象を活性汚泥法に適用し,微生物にリンを過剰摂取させてリンを除去しようという技術が,1967〜1979 年に G. V. レビンらによってプロセス化された。これが生物学的脱リン法とよばれるものである。

図 9.4 は活性汚泥処理の嫌気,好気時のリンおよび化学的酸素要求量(COD;Chemical Oxygen Demand)濃度の変化である。図の嫌気工程では原水中の COD_{Cr} が嫌気性菌の作用によって,100 mg/L から 20 mg/L 程度まで除去される。

これとは対照的に,汚泥からリンの放出が行われ,嫌気槽内のリン濃度は 6 mg/L から 20 mg/L に上昇する。嫌気工程を終えた処理水は続いて好気槽に移流し,急に好気条件にさらされると水中のリンは急速に汚泥内に吸収され,20 mg/L あったものが 1 mg/L 以下となる。通常,標準活性汚泥処理の余剰汚泥中には約 2.3% のリンが含まれるが,この方法を採用すると汚泥中のリンは 5〜

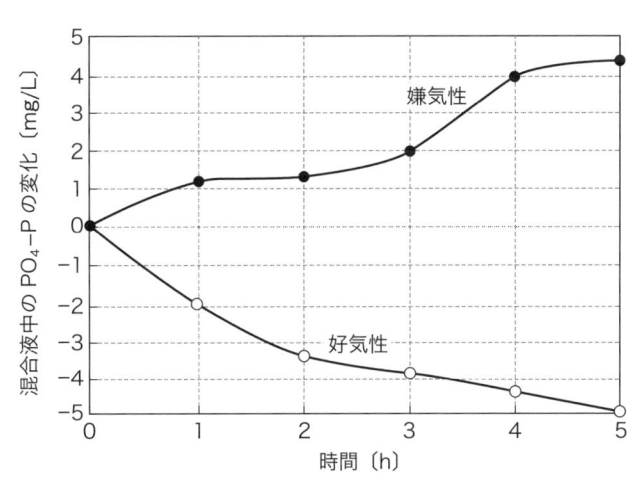

図 9.3 活性汚泥のリンの摂取(好気性)と放出(嫌気性)

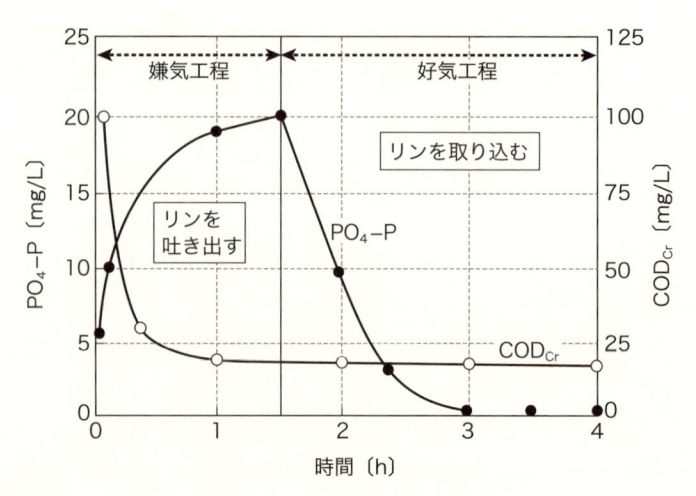

図9.4 リンとCODの経時変化

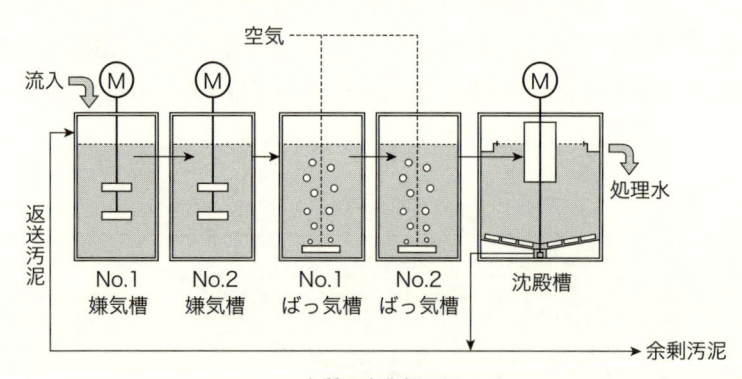

図9.5 生物学的脱リン処理フローシート

水質の変化例

	原水	嫌気槽	好気槽	沈殿槽	処理水
滞留時間〔h〕		1.5～3.0	3.0～5.0	3.0～4.0	
BOD〔mg/L〕	100～120	20～30	<10	<10	<10
T-P〔mg/L〕	3～6	<1	<1	<1	<1

6%に増える。

これらのことからもリン除去効果があったことがわかる。

図9.5は生物学的脱リン処理のフローシート例である。ばっ気槽の前に嫌気槽を設置し，原水中に有機成分が存在する状態で1.5〜3.0時間かけて返送汚泥中に含まれるリンを汚泥から放出させ，続いて好気槽で3.0〜5.0時間かけて汚泥を好気状態に維持するとリンが急速に汚泥中に取り込まれる。これにより，原水中のT-Pは3〜6 mg/Lから1 mg/L以下まで処理できる。

9.3　晶析法

図9.6に示す晶析法は，カルシウムヒドロキシアパタイトと水中のリン酸イオン（PO_4^{3-}）を反応させて析出除去する方法である。

$$10Ca^{2+} + 2OH^- + 6PO_4^{3-} \rightarrow Ca_{10}(OH)_2(PO_4)_6 \tag{9.1}$$

水中のリン酸は晶析材とよばれる粒状物の表面で，ヒドロキシアパタイトとし

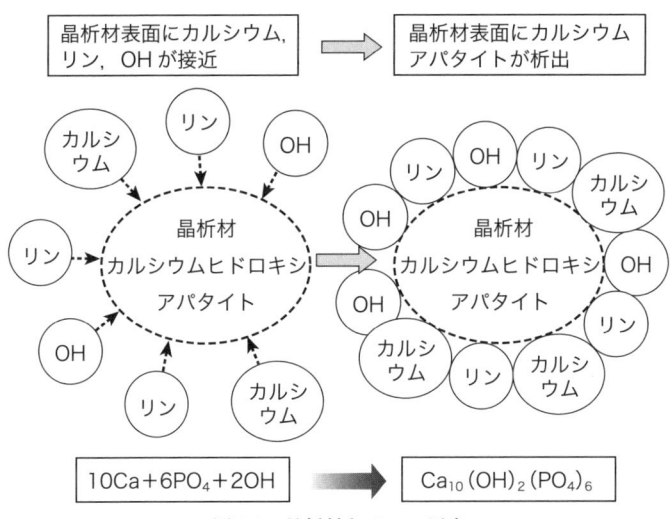

図9.6　晶析材とリンの反応

て析出し，リンが除去される。

　種結晶の利用によってカルシウム（Ca）による凝集沈殿法よりも低いpH域でのリン除去が可能となり，相対的に薬剤使用量を減少させることができる。

　図9.7は晶析脱リン装置フローシート例である。調整槽で水酸化カルシウム（$Ca(OH)_2$）を加えてpH調整した処理水は晶析槽に流入し，晶析材と接触してリンが除去される。晶析材に吸着したリンは余剰晶析材として間欠的に排出する。

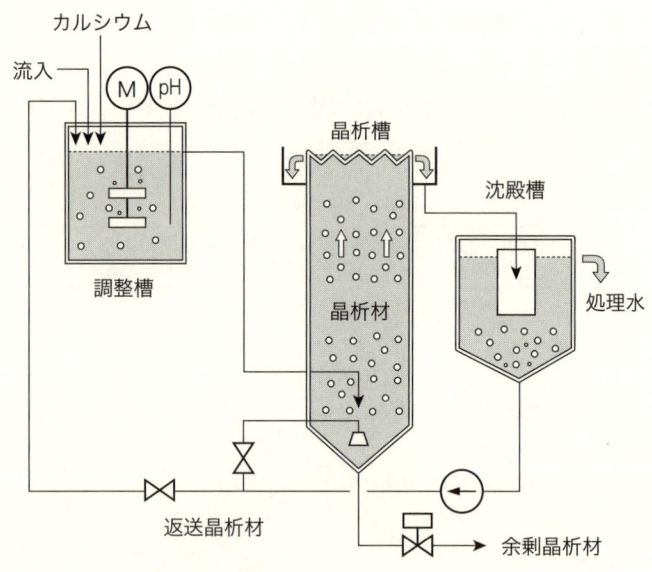

図 9.7　晶析脱リン装置フローシート例

第10章 有害物の処理

排水の処理で最初に行う単位操作は，固形物や狭雑物のスクリーニングと沈殿分離除去である。有害物を取り扱う場合は，これらの分離操作に先立って排水の区分を明確にすることが重要である。

シアン，クロム（Cr），重金属などにはそれぞれ異なった特性があるため，独自の処理方法が必要である。これら性質の違った成分を一度混合させてしまったら，再び単離し，元の成分に分離することは不可能に近い。

とくに，機械部品，自動車部品，電子部品などのめっき部門では，これらの有害物を多く使用しており，排水の区分，分別処理の出来具合が，その後の処理結果に重大な影響を及ぼす。

10.1 シアンの処理

シアン化合物が生物に対して猛毒性を示すのは，これが生物体内に取り込まれるとシアン化水素（HCN）に分解し，生物の呼吸作用を阻害するからである。

ヒトを含む動物の血液中のヘモグロビンは，通常酸素と結びつき栄養分を運搬している。ここにHCNが介入すると，酸素との結合速度よりはるかに速いスピードと結合力で，ヘモグロビン中の鉄イオン（Fe^{2+}，Fe^{3+}）ときわめて安定なシアン・鉄錯体を形成し，生体に必要な酸素および養分の移動を妨げる。その結果，生物は窒息死に近い状態で死に至ることとなる。

(1) アルカリ塩素法

シアン化合物は酸性にすると猛毒のHCNを発生するため，酸性側で処理することは絶対に避けなければならない。シアン基(-CN)は還元性物質であるから，アルカリ側で種々の酸化処理を行えば容易にチッ素（N_2）と二酸化炭素（CO_2）

に分解できる。これらの理由から現在最も広く用いられ，確立されているシアン処理法はアルカリ塩素法である。

アルカリ塩素法に用いられる塩素系酸化剤には，塩素ガス，サラシ粉〔$CaCl(ClO)$〕，次亜塩素酸ナトリウム（$NaClO$）などがあるが，$NaClO$ による処理が最も確実な方法とされている。

シアン化物イオン（CN^-）含有量が 50～200 mg/L 程度の低濃度の酸化反応は次のとおり。

$$NaCN + NaClO \rightarrow NaCNO + NaCl \qquad (10.1)$$

$$2NaCNO + 3NaClO + H_2O \rightarrow 2CO_2 + N_2 + 2NaOH + 3NaCl \qquad (10.2)$$

式（10.1）×2＋式（10.2）

$$2NaCN + 5NaClO + H_2O \rightarrow 2CO_2 + N_2 + 2NaOH + 5NaCl \qquad (10.3)$$

式（10.1）と式（10.2）を組み合わせた処理は，2段処理法とよばれる。

式（10.1）の反応（1段反応）は pH9～12 とし，$NaClO$ を加えて ORP（Oxidation Reduction Potential）+250～450 mV の範囲で行う。一例をあげれば図 10.1 に示すように pH 10.5，ORP 350 mV である。

式（10.2）の反応（2段反応）は pH 7.5～8.0，ORP 650 mV 以上で行う。式（10.3）より，2 mol の CN を酸化するには 5 mol の $NaClO$ が必要で，CN^- 1 kg を酸化分解するのに必要な $NaClO$ 量は約 7.2 kg となる。

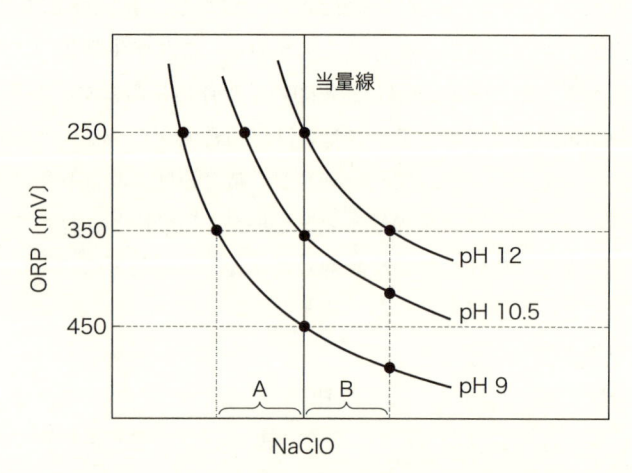

図 10.1　シアンの1段反応における pH と ORP の関係

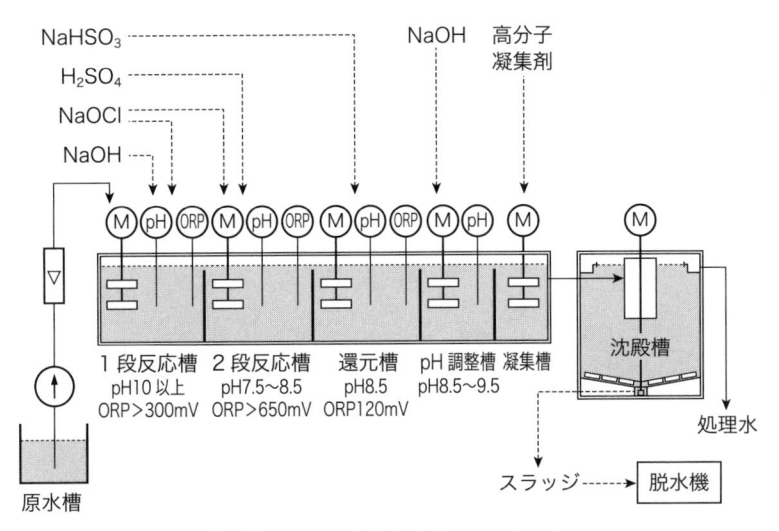

図 10.2　シアンの排水処理フローシート

$$5\text{NaClO}/2\text{CN} = 5(23+16+36)/2(12+14) = 7.2 \text{ kg-NaClO} \qquad (10.4)$$

図 10.2 はシアンの排水処理フローシート例である．実際のシアン排水の中には銅（Cu），亜鉛（Zn），ニッケル（Ni）などが含まれている．この場合，1 段反応と 2 段反応の後段に図 10.2 のように還元工程を付加すれば，鉄シアン錯塩の処理に対応できる．

(2) 鉄シアン錯塩の除去

鉄シアン錯塩は鉄（Fe）とシアンが安定な錯体を形成しているので，上記のアルカリ塩素法では分解しきれない．鉄シアン錯塩にはフェロシアン $[\text{Fe}(\text{CN})_6]^{4-}$ とフェリシアン $[\text{Fe}(\text{CN})_6]^{3-}$ とがあり，酸化・還元状態によって図 10.3 の関係となる．

還元状態のフェロシアン塩は pH 8～10 の範囲で銅イオン（Cu^{2+}），亜鉛イオン（Zn^{2+}），ニッケルイオン（Ni^{2+}）が共存すれば不溶性塩を形成する．

図 10.4 にフェロシアン処理における金属イオンと pH の関係例を示す．鉄シアン錯塩をシアンとして 20 mg/L 含む溶液に金属イオンをそれぞれ 200 mg/L 添加し，pH を 8～12 に調整した．その結果，Cu^{2+} と Zn^{2+} は pH 8～9，Ni^{2+} は pH 8～10 の範囲で残留シアン濃度 0.1 mg/L 程度まで処理できた．

この結果より，アルカリ塩素処理のあと，過剰の NaClO を還元してフェリシ

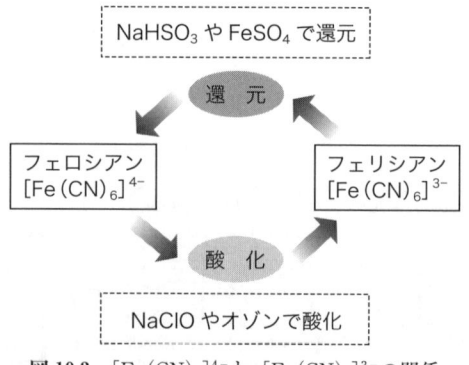

図 10.3 $[Fe(CN)_6]^{4-}$ と $[Fe(CN)_6]^{3-}$ の関係

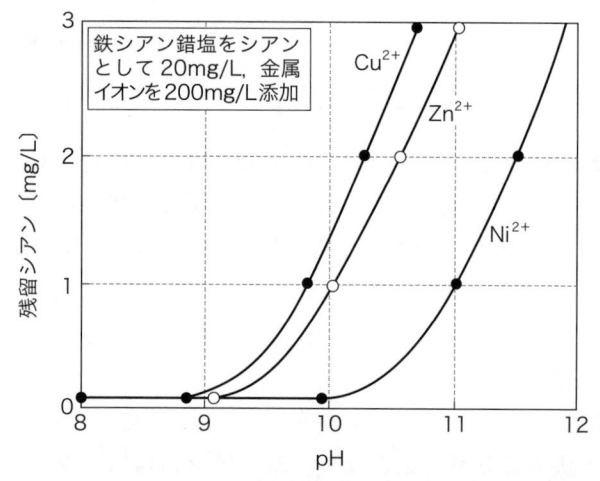

図 10.4 $[Fe(CN)_6]^{4-}$ 処理における金属イオンと pH の関係例（樽本敬三ほか：静岡県機械技術指導所研究報告 10 号，pp. 21-28（1975））

アンを還元状態のフェロシアンにすれば，シアン錯塩の除去が可能となる。ただし，Fe^{3+}，Fe^{2+} は沈殿物を生成せずシアンが溶解して残る。この場合は，Fe^{2+} を使った紺青法とよばれる方法で難溶化する。その反応は次のとおりである。

$$2Fe(CN)_6^{3-} + 3Fe^{2+} \rightarrow Fe_3[Fe(CN)_6]_2 \downarrow \tag{10.5}$$

$$Fe(CN)_6^{4-} + 2Fe^{2+} \rightarrow Fe_2Fe(CN)_6 \downarrow \tag{10.6}$$

$$3Fe(CN)_6^{4-} + 4Fe^{2+} \rightarrow Fe_4[Fe(CN)_6]_3 \downarrow \tag{10.7}$$

(3) オゾン酸化法

オゾン（O_3）は塩素（Cl_2）より酸化力が強いので，シアン化合物の分解に利用できる。シアンとオゾンの反応は次のようになる。

$$CN^- + O_3 \rightarrow CNO^- + O_2 \tag{10.8}$$

$$2CNO^- + 3O_3 + H_2O \rightarrow 2HCO_3^- + N_2 + 3O_2 \tag{10.9}$$

式（10.8）×2＋式（10.9）

$$2CN^- + 5O_3 + H_2O \rightarrow 2HCO_3^- + N_2 + 5O_2 \tag{10.10}$$

図 10.5 に式（10.8）におけるオゾン分解時の pH の影響を示す。式（10.8）の反応効率は pH 9.5〜10.5 が高い。式（10.8）より，シアン（CN^-）1 kg をシアン酸（CNO^-）まで酸化するのに必要な計算上のオゾン量は 1.8 kg である。

$$O_3/CN = (16 \times 3)/(12+14) = 48/26 = 1.8 \text{[kg]} - O_3 \tag{10.11}$$

式（10.10）より，シアン（CN^-）1 kg を炭酸水素イオン（HCO_3^-）とチッ素（N_2）にまで酸化分解するのに必要な計算上のオゾン量は約 4.6 kg となる。

$$5O_3/2CN = 5(16 \times 3)/2(12+14) = 240/52 = 4.6 \text{[kg]} - O_3 \tag{10.12}$$

オゾン処理は気液反応なので，供給したオゾンの 100% が反応に使えることはない。実際の装置では，ややゆとりをみて 25% 程度過剰に供給する。

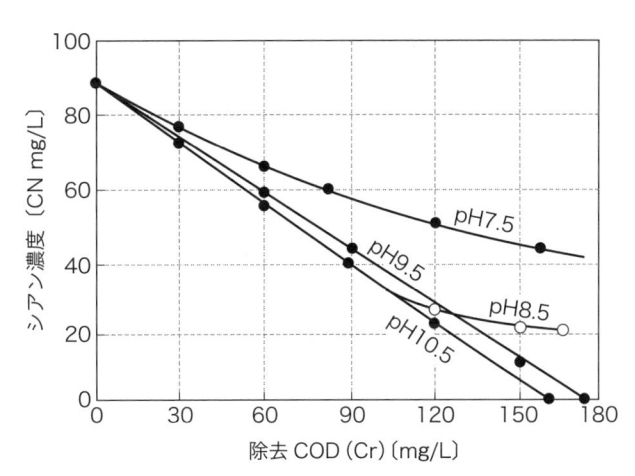

図 10.5　オゾンによるシアン分解時の pH の影響
（(社)産業公害防止協会：公害防止の技術と法規，p. 263，丸善(株)（1995））

10.2 クロムの処理

クロム（Ⅵ）は，電気めっき，化成皮膜処理，電解研磨，アルマイト，フォトレジスト，皮革なめしなどの工程を取り扱う工場で多く使われている。

クロム化合物には2価，3価および6価があり，このうち6価クロム（Cr^{6+}）が有害物質として指定されている。Cr^{6+}は強烈な酸化作用のため，人体に長時間接触すると潰瘍の原因となるだけでなく発ガン性の疑いもある。ヒトの致死量はわずか5 mgとされ，その毒性は際立っている。

クロムめっきは有害なCr^{6+}を使うが，製品としてのクロムめっき皮膜はクロム金属（Cr^0）なので有害ではない。ステンレススチールが無害なのと同じことである。

Cr^{6+}化成処理皮膜は，耐食性があり自己修復性を有するうえに比較的安価との理由から，亜鉛めっき被膜の防食に長年使用されてきた。しかし，Cr^{6+}は人体に有害であるとの理由から，1998年ごろからCr^{6+}化成皮膜処理製品を排除する動きが欧州や日本で強まってきた。

10.2.1 クロム排水の還元・凝集処理

Cr^{6+}は酸性でもアルカリ性でも水に溶解する。他の重金属イオンであればpHをアルカリ側に調整すれば水酸化物の沈殿物として除去できるが，Cr^{6+}にかぎってはそれができない。

6価クロムはCr^{6+}と表記するので一見して陽イオンのようにみえるが，酸性下ではH_2CrO_4，アルカリ性下ではNa_2CrO_4のように2価の陰イオン（CrO_4^{2-}）として溶解している。クロム酸は酸性溶液中では強力な酸化力を示す。そのため還元性物質が少しでもあれば，CrO_4^{2-}は相手を酸化し自らは還元されて陽イオンの3価クロム（Cr^{3+}）に変わる。

CrO_4^{2-}の還元には，硫酸第一鉄（$FeSO_4$）またはNaHSO$_3$が使われる。還元反応は通常，硫酸酸性下で行われる。

$FeSO_4$による還元

$$2H_2CrO_4 + 6FeSO_4 + 6H_2SO_4 \rightarrow Cr_2(SO_4)_3 + 3Fe_2(SO_4)_3 + 8H_2O$$

(10.13)

NaHSO₃ による還元

$$4H_2CrO_4 + 6NaHSO_3 + 3H_2SO_4 \rightarrow 2Cr_2(SO_4)_3 + 3Na_2SO_4 + 10H_2O \tag{10.14}$$

酸性下で Cr^{3+} に還元されたクロムは陽イオンなので，他の重金属と同様アルカリを加えれば水酸化物となる．

$$Cr^{3+} + 3OH^- \rightarrow Cr(OH)_3 \tag{10.15}$$

実際の排水処理の還元では，スラッジ副生の懸念がない $NaHSO_3$ が使われることが多い．

図10.6 は Cr^{6+} 還元における pH，ORP の関係例である．実際の Cr^{6+} の還元は pH 2～3，ORP + 250～300 mV で行う．還元反応の速度は pH が低いほど速いが，あまり低いと亜硫酸ガスが発生するので pH 2～3 の範囲が望ましい．

図10.7 はクロム酸排水の還元・凝集処理フローシート例である．クロム還元の条件は，pH 2～3，ORP + 250～300 mV，反応時間 30～60 分である．還元反応は容易に進むので，続いて水酸化ナトリウム（NaOH）で pH 8.5～9.5 に調整すれば緑青色の $Cr(OH)_3$ が析出する．このとき，あまり pH を高くするとクロムが再溶解するので注意が必要である．pH 調整後の液は高分子凝集剤を添加して凝集処理し，沈殿槽に移流させて固液分離を行う．

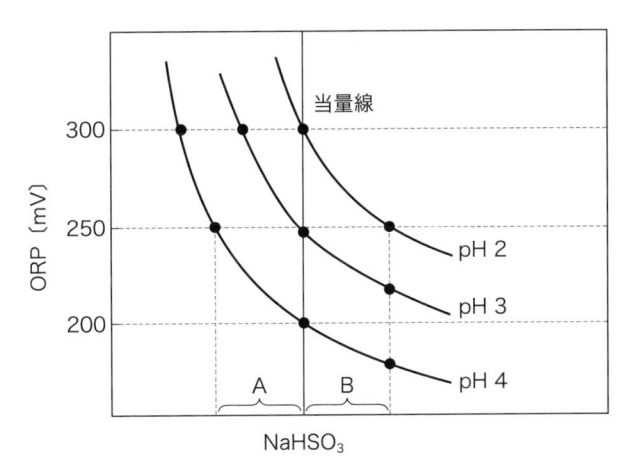

図 10.6　Cr^{6+} 還元における pH，ORP の関係

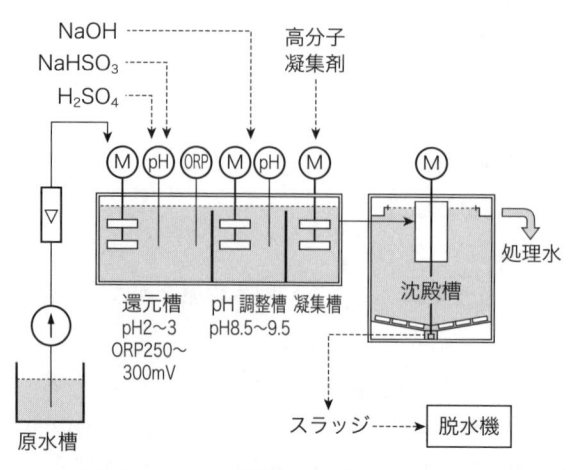

図 10.7 クロム酸排水の処理フローシート

10.2.2 クロム排水のイオン交換樹脂処理

図 10.8 はクロム酸の解離と pH の関係である。pH 9 以上のアルカリでは 2 価の陰イオン (CrO_4^{2-}) が 100% であるが、pH 3 付近になると 1 価イオン ($HCrO_4^-$) がほとんどを占めるようになる。陰イオンのクロム酸は陰イオン交換樹脂で吸着処理できるが、このときに pH を 3.0 付近に調整するとイオン交換樹脂に対する当量負担が 2 価の半分ですむので都合がよい。

図 10.9 はクロム酸溶液の pH と漏出の関係例である。マクロポーラス型（MP 型）強塩基性陰イオン交換樹脂（Cl 型に調整）を用いてクロムを吸着処理する場合、クロム酸を含む溶液の pH を 7.0 から 3.0 に下げると図 10.8 のように 2 価の CrO_4^{2-} が 1 価の $HCrO_4^-$ となり 1/2 当量となる。これにより、樹脂への負担が軽減され、同じ樹脂量でおよそ 2 倍のクロム酸含有排を処理できるので、工業的に有利である。以上の方法で処理するとクロムは排水処理規制値以下となるが、処理水の pH は酸性で塩化物イオン（Cl^-）を含んでいる。したがって、別途 pH 調整するか、既設の排水処理設備があれば合流させて公共水域に放流する。

クロムを吸着した陰イオン交換樹脂の再生は、通常、NaOH 溶液で行う。

弱塩基性樹脂を再生する場合は再生率 100% 近いが、強塩基性樹脂の場合はクロムと樹脂の結合が強いので再生率は 50〜60% どまりで、実際、いくら再生レ

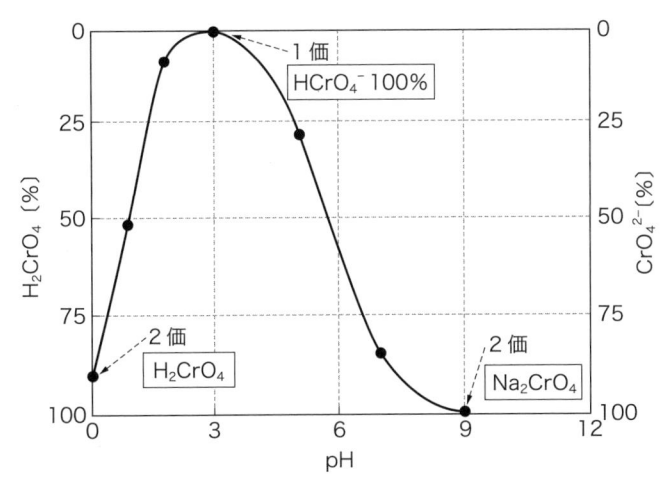

図 10.8 クロム酸の解離と pH

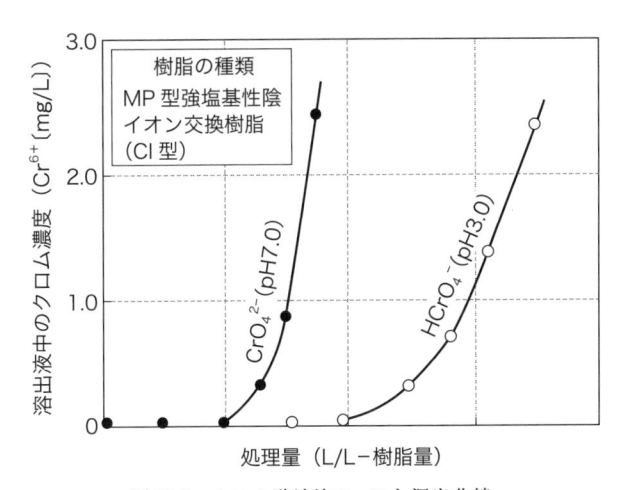

図 10.9 クロム酸溶液の pH と漏出曲線

ベルを上げても 100％再生は困難である。

そこで，再生効率を上げるべく種々の方法について検討した結果，1％ NaOH 溶液と 9％塩化ナトリウム（NaCl）溶液の混合液による再生をすれば効率が向上することが明らかとなった。

図 10.10 はクロムを吸着した強塩基性陰イオン交換樹脂の溶離曲線例である。

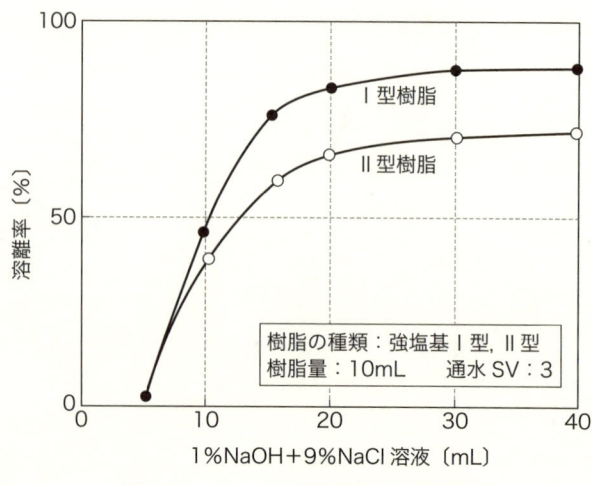

図 10.10　アニオン交換樹脂の溶離曲線

樹脂量 10 mL に対して 1% NaOH 溶液と 9% NaCl 溶液の混合液を SV3 で通水したところ，樹脂量の約 2 倍量を使って溶離すれば，Ⅰ型樹脂は 80%，Ⅱ型樹脂では 70% 程度の溶離率が得られた。

NaOH 単独による溶離よりも効果が高かったのは，混合処理剤中の Cl^- の効果によると考えられる[1]。

10.3　Cr^{3+} 化成処理排水の処理

Cr^{6+} を主剤とするクロメート処理は亜鉛めっきの防錆手段として長年使用されてきた。近年，クロメート皮膜に含まれる Cr^{6+} の毒性が問題視されるようになり，RoHS (Restriction of Hazardous Substances) 指令に代表される有害物質規制の発効に伴い，クロメート処理製品の使用規制が始まった。これらの事情を背景に自動車業界や電気電子機器業界ではクロメート処理の代替技術の開発が急務となった。当面の選択肢として Cr^{3+} による化成皮膜処理が妥当なものと考えられている。

---

1) 和田洋六：水のリサイクル（基礎編），(株)地人書館，pp. 167-169（1992）

このような理由から Cr^{3+} 化成処理皮膜の防食性能向上を図ることが優先課題となった。その結果，Cr^{3+} 化成処理剤の研究開発が活発に行われた。現在，複数の表面処理薬品調剤メーカーから耐食性のある Cr^{3+} 化成処理皮膜を形成できる処理剤が発売されている[2]。

Cr^{3+} 化成皮膜処理液の組成は，比較的単純な Cr^{6+} 化成皮膜処理液と異なり，Cr^{3+} 錯体を形成するために必要なキレート剤や塩類などが多量に配合されている。このため，Cr^{3+} 化成皮膜処理排水を処理するには，従来の重金属や Cr^{6+} を含む排水処理の手法では対応しきれない。

ここでは，Cr^{3+} 化成処理の有機系排水と無機系排水の処理について述べる。

10.3.1　有機系排水の処理

亜鉛クロメート処理は，通常，亜鉛めっき→水洗→硝酸浸漬→クロム化成処理液に浸漬→空中放置（高濃度クロム処理液の場合）→水洗→乾燥の手順で行われる。したがって，クロム化成処理工程からは大別して濃厚なクロム化成処理廃液，希薄な水洗排水が排出される。一例として，有機系でカルボン酸とオキシカルボン酸類を含んだクロム化成処理廃液は，表10.1 の成分として計測される。ここで扱う廃液の主たる成分は，3価クロム塩と有機酸由来の化学的酸素要求量（COD；Chemical Oxygen Demand）成分である。Cr^{3+} 化成処理廃液の種類は多岐にわたるので，ここでは表10.1 の廃液を試料として処理する事例について述

表10.1　有機系 Cr^{3+} 化成処理廃液組成例

成分	濃度
pH	2.1
Cr^{3+}	14,000 mg/L
Cr^{6+}	不検出
COD	9,200 mg/L
Zn^{2+}	900 mg/L
Co^{2+}	20 mg/L
NO_3^-	45,000 mg/L

2) 藤原裕，小林靖之：表面技術，Vol. 57, No. 12, pp. 49-53（2006）

べる。

　これらの成分の場合は，従来から行われている Cr^{6+} の還元は不要で，有機酸由来の COD 成分を除去すればクロムも同時に不溶化できると思われる。

　カルボン酸やオキシカルボン酸は Ca^{2+} と作用して溶解度の低いカルシウム塩（一例としてシュウ酸カルシウム〔$Ca(COO)_2$〕）となる。そのため，カルシウム塩を作用させて COD を下げれば，Cr^{3+} や他の金属イオンも同時に除去できると考えられる。そこで本実験では，廃液に水酸化カルシウム（$Ca(OH)_2$）または塩化カルシウム（$CaCl_2$）を添加して処理した。

　カルシウム（Ca）を使って廃液処理するときに注意することがひとつある。それは，カルシウムを含むアルカリ性の水を長時間にわたって激しく撹拌を続けると，式（10.6）のように空気中の CO_2 と Ca^{2+} が接触して溶解度の低い炭酸カルシウム（$CaCO_3$）を生成し，カルシウム分が無駄に消費されるということである。これは濃度の低い排水になるほどその傾向が高まる。カルシウム処理剤の過剰添加は薬品の無駄な消費を招くばかりか，廃棄物としてのスラッジ増大の原因となる。

$$Ca^{2+} + CO_2 + H_2O \rightarrow CaCO_3 + 2H^+ \tag{10.16}$$

　そこで，これを避ける目的で本実験では撹拌時間を 20 分と設定した。また空気の巻き込みを防ぐために緩速撹拌とした。処理液はろ紙（No. 5A）でろ過したあと，pH，COD，Cr^{3+}，Zn^{2+}，コバルトイオン（Co^{2+}）濃度を測定した。

　図 10.11 は試料廃液を水で 3 倍に希釈し，これを水洗水とみなして $Ca(OH)_2$ を加えて pH 7〜12 に調整し，COD を測定した結果例である。

　3 倍希釈廃液（COD 3,100 mg/L，pH 2.7）に 30% $Ca(OH)_2$ 溶液を添加すると，pH の上昇とともに COD が低下しはじめ pH 10 で 90 mg/L となり，それ以降はあまり変わらなかった。pH 10 におけるスラッジの SV_{30} は 30% であった。この程度のスラッジ容積ならば撹拌効果も良好で廃液と処理薬品との接触も問題ないようである。

　図 10.12 は廃液を水で 3 倍に希釈して図 10.11 と同様の操作を行い，Cr^{3+} 濃度を測定したものである。

　Cr^{3+} 濃度は pH 11 付近で 0.1 mg/L 以下となり，それ以上 pH を上げても変化なかった。Cr^{6+} について測定してみたが pH 7〜12 の範囲ではいずれの場合も

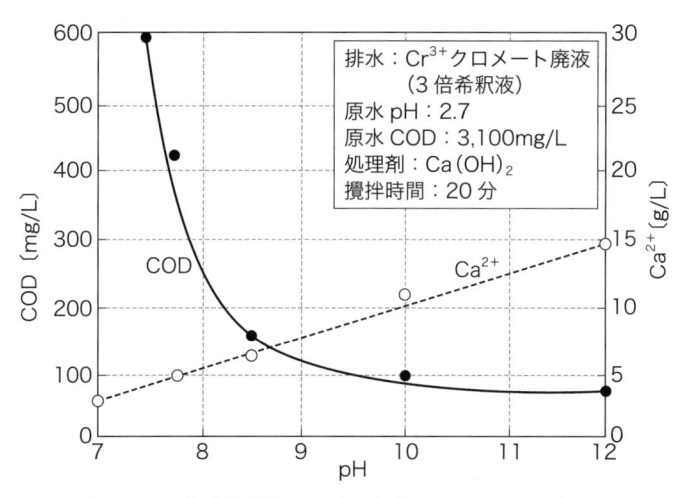

図10.11 3倍希釈廃液のCa(OH)$_2$処理によるCOD変化例

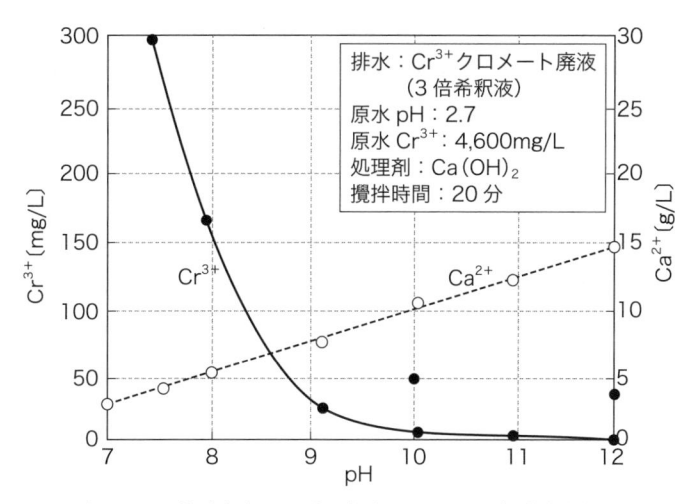

図10.12 3倍希釈廃液のCa(OH)$_2$処理によるCr^{3+}濃度変化例

0.1 mg/L以下であった。

図10.13は廃液を水で3倍に希釈して図10.11と同様の操作を行い，亜鉛濃度を測定したものである。3倍希釈廃液（Zn^{2+}300 mg/L，pH 2.7）に30% Ca(OH)$_2$溶液を添加するとpHの上昇とともに亜鉛濃度が低下しはじめpH 9付近で0.1 mg/L以下となり，pH 12で3.0 mg/Lとなった。

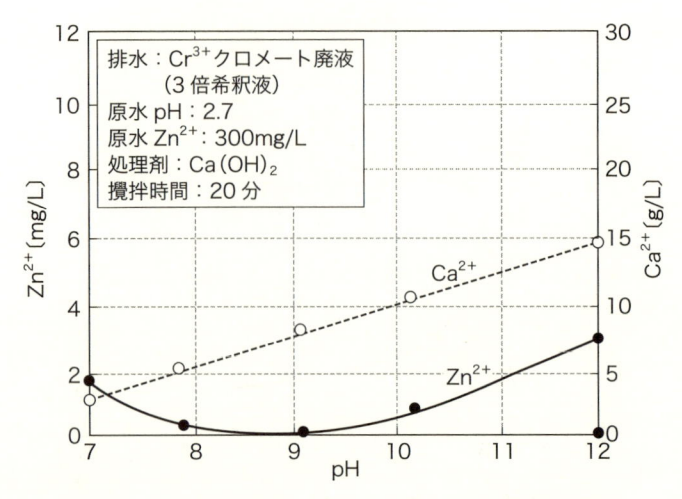

図10.13 3倍希釈廃液のCa(OH)$_2$処理による亜鉛濃度変化例

(グラフ内記載)
排水：Cr^{3+}クロメート廃液（3倍希釈液）
原水pH：2.7
原水Zn^{2+}：300mg/L
処理剤：Ca(OH)$_2$
撹拌時間：20分

表10.1に示すように，Cr^{3+}化成処理薬品には，添加剤のコバルト（Co）化合物が含まれていることがある。

コバルトを含むCr^{3+}化成処理廃液を処理して生成したスラッジと，Cr^{6+}廃液をNaHSO$_3$で還元した処理液が，アルカリ側で接触すると，時間の経過とともにCr^{3+}がCr^{6+}に変化することが知られている。また，コバルトを含むCr^{3+}化成処理排水とCr^{6+}化成処理排水をNaHSO$_3$で還元した処理水が混合すると，最終放流水中にCr^{6+}が検出されることがある。

この理由として以下のことが考えられる。酸性域のコバルトは過剰の還元剤があれば2価のCo^{2+}として安定しているが，アルカリ域では溶存酸素（DO；Dissolved Oxygen）の影響でCo^{3+}に酸化される。

$$Co^{2+} \rightarrow Co^{3+} + e^- \tag{10.17}$$

ここでHSO$_3^-$，硫酸イオン（SO$_4^{2-}$）などの陰イオンが共存すると，その一部はCo^{2+}・錯体を形成する。このとき，一部のCr^{3+}がCr^{6+}に変化すると考えられる。

$$3Co^{3+} + Cr^{3+} + 3nHSO_3^-$$
$$\rightarrow Cr^{6+} + 3\left[Co^{2+}(HSO_3)n\right]^{(n-2)} \quad (n=4, 6) \tag{10.18}$$

このように，アルカリ側でコバルトイオン（Co^{3+}），Cr^{3+}，およびNaHSO$_3$が

共存すると，Cr^{3+} が Cr^{6+} に変化するようである。そこで，ここでは廃液中のコバルトを除去する目的で硫化物による処理を試みた。

- 3倍希釈廃液に 30% $Ca(OH)_2$ 溶液を添加して pH 6.5 とする。
- 10% 硫化ナトリウム（Na_2S）溶液を加えると pH がやや上昇するので，pH 6.5〜7.0，ORP-150〜200 mV の範囲を維持しながら 10 分間緩速撹拌。
- さらに 30% $Ca(OH)_2$ 溶液を加えて pH 11〜12 とし，10 分間緩速撹拌を継続する。

以上の処理により表 10.2 に示す水質となった。
Cr^{3+} 化成処理廃液を 3 倍希釈して Na_2S と $Ca(OH)_2$ で処理すると，クロム，

表10.2 有機系 Cr^{3+} 化成処理廃液の処理結果例

成分	濃度
pH	11.4
Cr^{3+}	4,700 → 0.1 以下
COD	3,100 → 70 mg/L
Zn^{2+}	300 → 0.1 以下
Co^{2+}	7 → 0.2 以下
スラッジ（SV_{30}）	36%

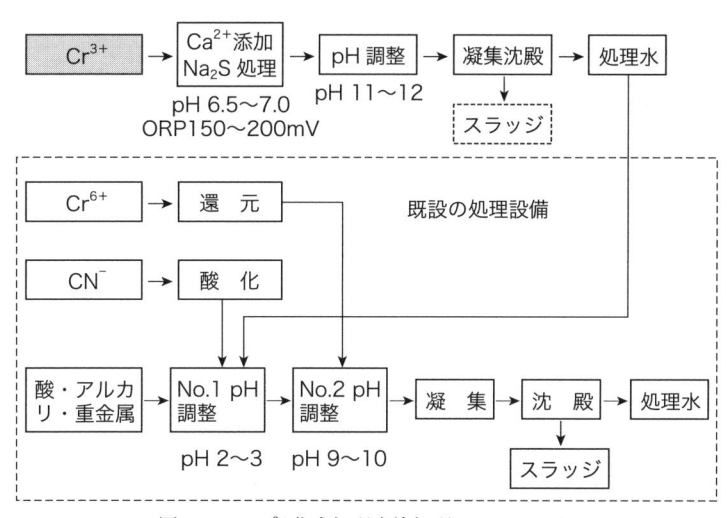

図10.14 Cr^{3+} 化成処理廃液処理フローシート

亜鉛は 0.1 mg/L 以下，コバルトは 0.2 mg/L 以下となる．スラッジの SV_{30} は 36％である．この程度のスラッジ容量ならば，実際の装置で操作する撹拌機による混合，ポンプによる移送も支障ないと思われる．

以上の実験結果に基づいた Cr^{3+} 化成処理廃液の処理フローシート例を図 10.14 に示す．点線内は既設の排水処理設備の流れである．

10.3.2 無機系排水の処理

表 10.3 は無機系 Cr^{3+} 化成処理廃液組成例である．処理は原液と 3 倍希釈液について，$Ca(OH)_2$ 溶液を加えて pH を 8，9，10 に調整後，ろ紙（No.5C）でろ

表 10.3　無機系 Cr^{3+} 化成処理廃液組成例

成分	濃度
pH	2.1
Cr^{3+}	1,500 mg/L
Cr^{6+}	不検出
COD	360 mg/L
Zn^{2+}	300 mg/L
Co^{2+}	430 mg/L
NO_3^-	1,500 mg/L

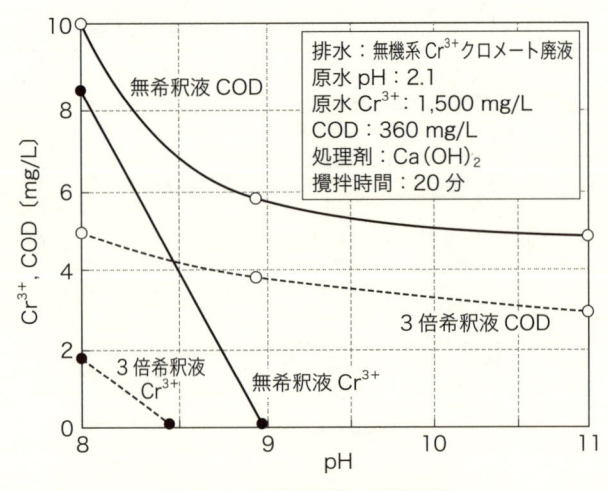

図 10.15　無機系廃液の処理結果

過して水質を測定した。

処理結果を図 10.15 に示す。表 10.3 に示す無機系廃液ならば，原液でも 3 倍希釈液でも，$Ca(OH)_2$ を加えて pH を 9 以上にすれば，Cr^{3+} は不検出となる。COD は原液，3 倍希釈液とも 6 mg/L 以下，図には記載していないがコバルト濃度は 0.5 mg/L 以下となった。亜鉛は有機系廃液と違って pH が 9 以上になっても不検出であった。このように，有機系排水に比べて無機系排水の処理は容易である。

10.4 重金属の処理

10.4.1 水酸化物法

重金属を含む排水は一般に酸性の場合が多いので，NaOH や $Ca(OH)_2$ などのアルカリを加えて pH を上げると，金属イオンが水酸化物として析出する。

一例として，n 価の金属イオンを M^{n+} とすれば，M^{n+} イオンは NaOH の水酸化物イオン（OH^-）と反応するので式（10.19）となる。

$$M^{n+} + nOH^- = M(OH)_n \tag{10.19}$$

この場合の溶解度積（K_{sp}：solubility product）は次のようになる。

$$[M^{n+}] \times [OH^-]^n = K_{sp} \tag{10.20}$$

式（10.20）を変形すると，

$$[M^{n+}] = K_{sp}/[OH^-]^n \tag{10.21}$$

$$\log[M^{n+}] = \log K_{sp} - n \log[OH^-] \tag{10.22}$$

pH の定義から，

$$pH = -\log[H^+]$$

$$[H^+] \times [OH^-] = 1 \times 10^{-14}$$

$$\log[OH^-] = -14 + pH \tag{10.23}$$

式（10.20）と式（10.23）から $[M^{n+}] = K_{sp}/[OH^-]^n$ となり，$[M^{n+}]$ と pH のあいだには直線関係が成り立つ。

表 10.4 に金属水酸化物 K_{sp} の例を示す。

図 10.16 は金属イオンの溶解度と pH の関係である。いずれの金属イオンも

表10.4 金属水酸化物の溶解度積 (K_{sp}) 例 (18〜25℃)

水酸化物	K_{sp}	水酸化物	K_{sp}
$Al(OH)_2$	1.1×10^{-33}	$Fe(OH)_3$	7.1×10^{-40}
$Ca(OH)_2$	5.5×10^{-6}	$Mg(OH)_2$	1.8×10^{-11}
$Cd(OH)_2$	3.9×10^{-14}	$Mn(OH)_2$	1.9×10^{-13}
$Co(OH)_2$	2.0×10^{-16}	$Ni(OH)_2$	6.5×10^{-18}
$Cr(OH)_2$	6.0×10^{-31}	$Pb(OH)_2$	1.6×10^{-7}
$Cu(OH)_2$	6.0×10^{-20}	$Sn(OH)_2$	8.0×10^{-29}
$Fe(OH)_2$	8.0×10^{-16}	$Zn(OH)_2$	1.2×10^{-17}

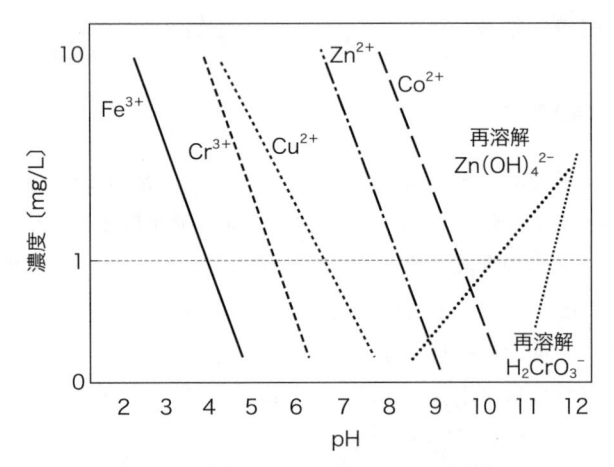

図10.16 金属イオンの溶解度とpHの関係

pHを高くすると溶解濃度が低下する。

ただし、Zn^{2+}やCr^{3+}のように、pHを上げると再び溶解する場合もあるので注意が必要である。

一般に重金属イオンを含む酸・アルカリ系排水の凝集沈殿処理において、排水のpHを2〜3に下げたあと、$CaCl_2$やNaOHを用いてpH調整すると、金属水酸化物ができやすいことを経験する。

図10.17はpHと銅-キレート比率の関係例である[3]。図をみるとEDTAを除

---

3) 表面技術環境ハンドブック2000, 表面技術協会環境部会編 p.32 (2000)

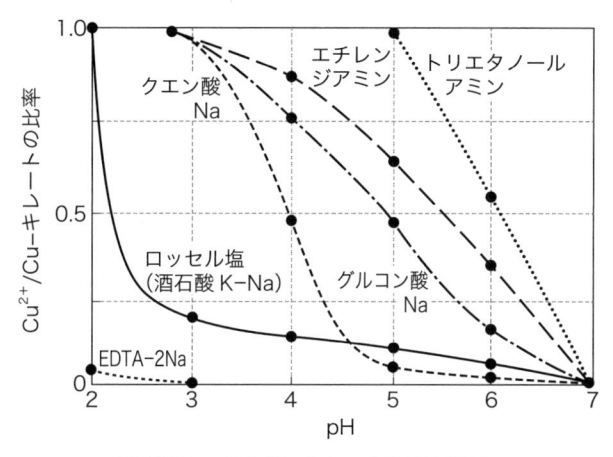

図10.17 pHと銅-キレート比率の関係

く他の有機キレート剤は，pH 2以下で銅をCu^{2+}として放出することがわかる。亜鉛やニッケルもこれと似た挙動を示す。

前述の「排水のpHを2〜3に下げたあと，所定のpHに調整すると金属水酸化物ができやすい」というのは，図10.17の結果に由来する。ところがキレート力の強いEDTAにかぎってはこの手法が通用しない。

(1) pH調整剤

pH調整薬品は反応のしやすさ，溶解度，扱いやすさ，価格，スラッジ生成の影響などを考慮して選ぶ。よく使用される酸・アルカリの種類と特徴を表10.5に示す。pH調整用のアルカリには，NaOH，$Ca(OH)_2$，炭酸ナトリウム（Na_2CO_3），酸では硫酸（H_2SO_4），塩酸（HCl）がよく使われる。

表10.5 pH調整に用いる酸・アルカリ

酸・アルカリ薬品	化学式	備考
硫酸	H_2SO_4	溶解度大。反応速度大。
塩酸	HCl	溶解度大。濃厚液は発煙注意。
水酸化ナトリウム	NaOH	溶解度大。反応速度大。供給が容易だが価格が高い。
消石灰	$Ca(OH)_2$	溶解度小。中和ではスラリー状で供給するので配管やポンプが詰まりやすい。不純物が多いが値段が安い。
炭酸ナトリウム	Na_2CO_3	溶解度小。Ca^{2+}と反応して溶解度の低い$CaCO_3$を生成する。

10.4 重金属の処理

$Ca(OH)_2$ と Na_2CO_3 は水に対する溶解度が低いので，5～10％程度のスラリー状で使用する。

(2) pH 調整装置

図 10.18 に（a）角型反応槽と（b）円形反応槽の撹拌機，じゃま板の設置例を示す。

(a) 角型反応槽：pH 調整で pH 2 の強酸性溶液を pH 10 まで調整するような現場がある。この場合，ひとつの槽で一気に pH を上げようとしても実際にはなかなかうまく事が運ばない。そこで，pH 調整槽を 2 つ用意してこれを直列に配置して，1 つ目の槽で pH 2 → pH 5 とし，2 つ目の槽で pH 5 → pH 10 にすれば pH 調整が無理なく行える。この場合，図 10.18（a）にあるようなじゃま板を設けると，反応液の短絡が防止できて処理が確実となる。

(b) 円形反応槽：円形反応槽では図 10.18（b）にあるように撹拌機の中心をずらし，じゃま板をつけるか（最近はじゃま板のついたタンクが販売されている），パイプを加工して図のような迂回水路を取り付けて撹拌効果の向上と水の短絡防止をすれば，効率のよい反応を行うことができる。

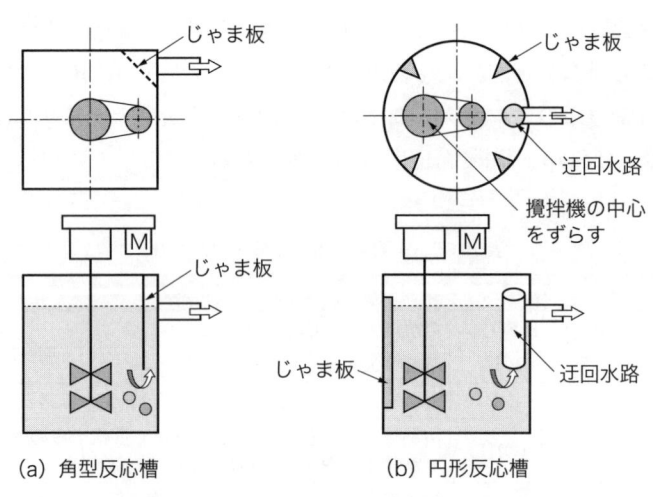

図 10.18　反応槽の撹拌機，じゃま板の設置方法例

10.4.2 硫化物法

硫化物法は，Na_2S と重金属イオン（M^{2+}）を反応させ難溶性の硫化物（MS）を生成させる。

$$M^{2+} + S^{2-} \rightarrow MS \downarrow \qquad (10.24)$$

硫化物の沈殿は一般に粒子が細かく，沈降性が悪いので，実際の処理ではポリ塩化アルミニウム（PAC）や塩化鉄（$FeCl_3$）などの無機凝集剤を併用する。

鉄塩の併用は過剰の硫化物を硫化鉄（FeS）として消費すると同時に，水酸化鉄（$Fe(OH)_3$）の共沈効果により凝集性が改善されるので都合がよい。

(1) 硫化物の溶解度積（K_{sp}）

表10.6は金属硫化物の K_{sp} 例である。金属硫化物の K_{sp} は水酸化物よりもはるかに小さいので，水酸化物法よりも低い濃度まで金属イオンを除去することが期待できる。

(2) 硫化物処理法のポイント

図10.19にpHと硫化物イオン（S^{2-}）の関係を示す。pHの上昇（酸性→アルカリ性）に伴って硫黄（S）成分は H_2S，HS^-，S^{2-} と形を変えるので，硫化物生成反応は複雑な変化を示す。

Na_2S は酸性側で使用すると有害な硫化水素（H_2S）を発生するので，通常は中性～アルカリ側で使用することが多い。

硫化物法における処理の基本は以下のとおりである。

- 処理pHは中性領域がよい。

表10.6 金属硫化物の溶解度積（K_{sp}）例（18～25℃）

硫化物	K_{sp}	硫化物	K_{sp}
CdS	2×10^{-28}	PbS	1×10^{-25}
CoS	$\alpha - 4 \times 10^{-21}$	NiS	$\alpha - 3 \times 10^{-19}$
	$\beta - 2 \times 10^{-25}$		$\beta - 1 \times 10^{-24}$
CuS	6×10^{-36}	HgS	4×10^{-53}
FeS	6×10^{-18}	Ag_2S	6×10^{-50}
ZnS	$\alpha - 2 \times 10^{-24}$	MnS	無定型 3×10^{-10}
	$\beta - 3 \times 10^{-22}$		結晶体 3×10^{-13}

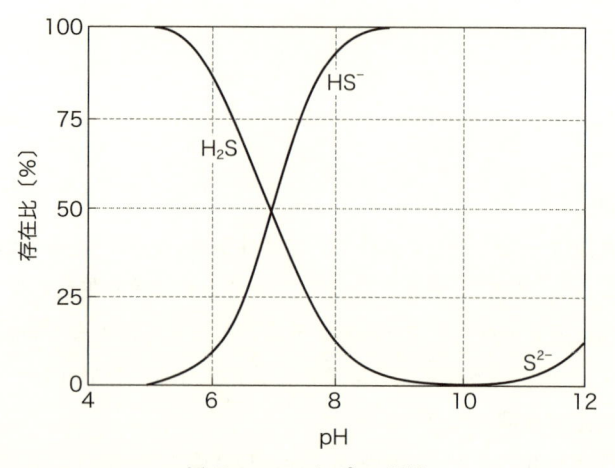

図 10.19　pH と S^{2-} の関係

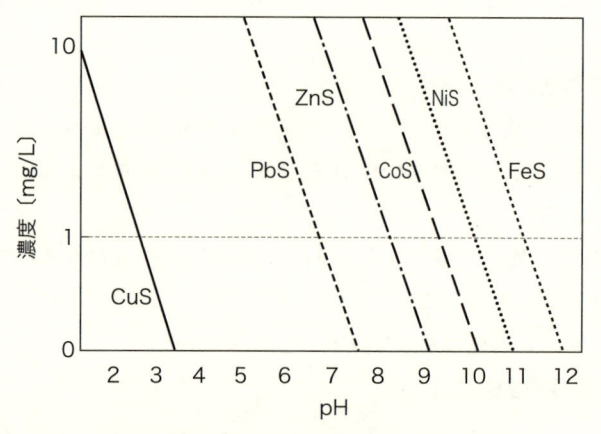

図 10.20　金属イオンの溶解度と pH の関係

- 硫化物の添加量は重金属の当量以上とする。
- 過剰の硫化物は塩化第二鉄（$FeCl_3$）などの鉄イオンで処理する。

　図 10.20 は，硫化物処理における金属イオン濃度と pH の関係例である。Na_2S 添加量の制御は，pH と ORP を目安に行うことができる。pH と ORP は一般に，pH が下がれば ORP は上昇，pH が上がれば ORP は下がるという相関性がある。

　通常，凝集処理は酸化性雰囲気下で pH 中性〜アルカリ側で行うことが多い。一例として，水道水の凝集処理は PAC と塩素を用いて，pH 6.5〜7.5 で行うが，

そのときのORPは+300〜500 mVである。これに対して，硫化物沈殿の生成は還元性雰囲気（ORP 0〜−300 mV）の中で行う。

酸化剤を含む排水の場合は，あらかじめ還元剤（NaHSO$_3$など）で還元しておくとNa$_2$Sの有効利用ができる[4]。

金属硫化物はもともと表面が親水性なので沈殿の結晶性が悪く，水中で分散して凝集阻害を起こしやすい。

この原因のひとつに，排水中のM−アルカリ度（HCO^{3-}）やシリカ（SiO$_2$）の共存が考えられる。これらの障害は酸性下でのばっ気による脱炭酸か硫酸アルミニウム（Al$_2$(SO$_4$)$_3$）などの凝集剤添加によって低減できる。

(3) 硫化物法による金属の分別回収

金属硫化物は図10.20のようにpHによって安定域が異なる。これを用いて硫化物処理のpHを調整すれば，特定の金属を沈殿させ分離できる。

一例として，銅とニッケルの混合排水（pH 2.5, Cu^{2+}：200 mg/L, Ni^{2+}：400 mg/L）をpH 3.0で硫化物処理すると，銅の多い沈殿物の回収ができる。次いで，沈殿物を分離後，ろ液のpHを9.0に上げて硫化物処理すると，今度はニッケル成分の多い沈殿が回収できる。

分別回収した硫化物は，それぞれに銅とニッケルが少量混在しており純度はそんなに高くはないが，分別回収ができるので資源回収に利用できる。

10.4.3 金属置換キレート剤法

重金属を含む排水中にEDTA（エチレンジアミン4酢酸），DPTA（ジエチレントリアミン）などの強力なキレート剤が含まれると，従来法による水酸化物法，硫化物処理法では対応しきれない。ところが，金属置換キレート剤（ジエチルジチオカルバミン酸塩など）を使うと亜鉛，ニッケル，銅などを含む排水の中から金属イオンを析出させることができる。

図10.21はEDTAとDPTAの金属キレート生成定数の比較例である。DPTAはEDTAに比べて強力なキレート結合を形成することを示している。

図10.22は金属置換キレート剤と金属イオン（M^{2+}）の結合例である。2価の

[4) 和田洋六：特許第1343128号

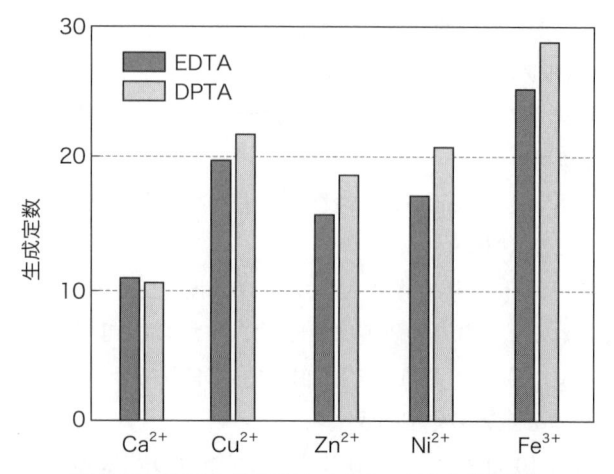

図 10.21　EDTA と DPTA のキレート生成定数比較

図 10.22　金属置換キレート剤と金属イオン（M^{2+}）の結合例

金属イオン（Zn^{2+}，Ni^{2+} など）が金属置換キレート剤と1:2の比率で結合し，水に不溶の「金属錯体」を形成して沈殿する。

　金属置換キレート剤には高分子系（ポリエチレンイミン）と低分子系（メチル基やエチル基を付加した処理剤）がある。処理効果ではポリエチレンイミンなどの高分子系処理剤の方がすぐれている。

　写真 10.1 は，有機系亜鉛・ニッケル合金めっき排水の水酸化物処理と，金属置換キレート剤による処理の比較例である。

　写真左の①は，有機系亜鉛・ニッケル合金めっき排水（pH 11.5）に 5% H_2SO_4 溶液を加えて pH 2.0 としたあと，5% $Ca(OH)_2$ 溶液で pH 9.5 にしたものである。

写真 10.1 亜鉛・ニッケル含有排水の水酸化物と金属置換キレート剤による処理結果例

白濁するだけで，金属イオンの析出はみられない。

写真右の②は，同じ排水に 5% H_2SO_4 溶液を加えて pH 6.0 としたあと，10% 金属置換キレート剤を亜鉛，ニッケルの濃度に対応して加え，これに適した高分子凝集剤を添加したもの。これにより，亜鉛，Ni^{2+} は金属錯体として析出して沈殿するので，上澄水にはほとんど含まれない。

10.5 フッ素（F）・ホウ素（B）の処理

フッ素化合物は耐薬品性，耐熱性にすぐれており，金属の洗浄剤，冷暖房の熱媒体，フッ素樹脂など生活，産業分野で広く使われている。

一方，表面処理工程では酸洗浄剤（フッ化水素（HF），NH_4F・HF）やハンダめっき液〔ホウフッ化水素酸（HBF_4）〕をはじめ多くの薬品に使用されている。これらの分子状フッ素やフッ化水素酸は皮膚や粘膜を侵す毒物とされ，排水基準が定められている。

1974 年の水質汚濁防止法では，15 mg/L の排水基準が適用された。次いで 2001 年 7 月から海域以外における排水基準が，従来の 15 mg/L から 8 mg/L に強化された。一部の業界に対しては，暫定排水基準が設定されている。

従来，フッ素を排出している多くの事業所では，排水に $Ca(OH)_2$ や $CaCl_2$ を添加して，水に難溶のフッ化カルシウム（CaF_2）を形成して分離していた（以下 CaF_2 法と略す）。

この方法は装置も簡単で維持管理も容易であるが，排水に含まれるフッ素イオン（F^-）を 8 mg/L 以下にするのは困難で，各種物質が共存する実際の排水では 15～50 mg/L が限界である。新基準に対応できる技術として，CaF_2 法の後段に高度処理設備を増設する方法がある。

現在，有力な方法として CaF_2 法の処理水に $Al_2(SO_4)_3$ 等のアルミニウム塩を加えて pH 調整し，生成したゲル状の水酸化アルミニウム（$Al(OH)_3$）にフッ素を固定し沈降分離する方法がある。その他の方法として，酸化マグネシウム（MgO）を用いる方法やイオン交換法などがあげられる。

ここでは① CaF_2 法による処理，② $Al_2(SO_4)_3$ と MgO を併用した処理，③ホウフッ化物含有排水の処理，④イオン交換樹脂処理について述べる。

10.5.1 カルシウム塩類の溶解度と特性

実際のフッ素排水の中にはフッ素以外にカルシウム成分を消費する物質として，硫酸イオン（SO_4^{2-}），リン酸イオン（PO_4^{3-}），SiO_2，CO_2 などが含まれる。

実際の現場で $Ca(OH)_2$ を用いてフッ素排水の処理をしても，規制値の 15 mg/L を達成できるときとできないときがあることを経験する。

これは実際の排水の中にはフッ素以外に前述のカルシウム分を消費する成分が混在しているためと思われる。

図 10.23 にカルシウム塩類の溶解度例を示す。硫酸カルシウム（$CaSO_4$）の溶解度は 2,980 mg/L と高いが，それ以外のリン酸カルシウム（$Ca_3(PO_4)_2$），CaF_2，$CaCO_3$ は 14～25 mg/L と低い数値を示す。

フッ素排水をカルシウムで処理しようとしたら，F^- 以外にもカルシウムを消費する陰イオンの存在を調べておくことが重要である。Ca^{2+} を使ってフッ素処理をするときに注意することがもうひとつある。それは空気中の CO_2 の存在だ。フッ素排水を処理する場合，あまり高い pH 領域で処理液を空気に長時間接触させると，CO_2 を吸収して溶解度の低い $CaCO_3$ が際限なく生成される。

この中の特異な反応は，式（10.25）のように CaF_2 と CO_2 が作用するとフッ

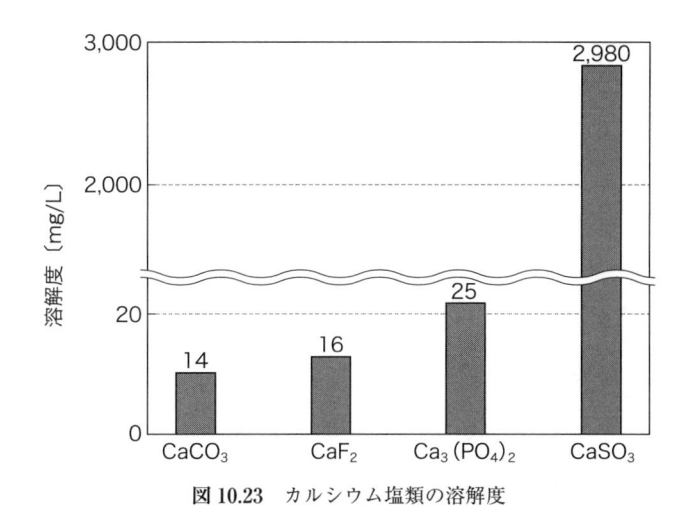

図10.23 カルシウム塩類の溶解度

素が元の HF に戻ることである。
$$CaF_2 + CO_2 + H_2O \rightarrow CaCO_3 + HF \tag{10.25}$$
空気中には CO_2 が常時無尽蔵にあるので，処理水と空気が接触すれば式(10.25)の反応が容易に起きるのが想像できる。

そこで，式（10.25）の反応を起こさせない対策として，①長時間空気に接触させる処理をしない，②空気を巻き込まない撹拌方法を採用する，③処理時のpHをあまり上げないなどがあげられる。

図10.24 にカルシウム塩類の生成反応をまとめた。

図10.25 は炭酸イオン（CO_3^{2-}）の形態と pH の関係である。CO_2 は pH 8.3 付近が100％で，これを境にして高pHになると，相手のイオンに応じて $CaCO_3$ や Na_2CO_3 を形成する。$CaCO_3$ についてみると pH 9.5 を超えるあたりからその傾向が早まり，pH 11.0 付近でおさまる。

図10.25 から，Ca^{2+} を使ってフッ素処理をする場合，CO_2 の影響を避けるには処理 pH を 9.5 以上に上げないほうが有利であることがわかる。

前述の現象とは逆に，pH が低い水中の CO_2 は，CO_3^{2-} となって大気中に放散する。これは清涼飲料水や炭酸飲料などを飲むときによく経験する現象である。

F⁻	$2HF + Ca(OH)_2 \rightarrow CaF_2 + 2H_2O$
CaF_2	$CaF_2 + CO_2 + H_2O \rightarrow CaCO_3 + HF$
CO_2	$CO_2 + Ca(OH)_2 \rightarrow CaCO_3 + H_2O$
PO_4^{3-}	$2H_3PO_4 + 3Ca(OH)_2 \rightarrow Ca_3(PO_4)_2 + 6H_2O$
SO_4^{2-}	$H_2SO_4 + Ca(OH)_2 \rightarrow CaSO_4 + 2H_2O$

図 10.24　カルシウム塩類の生成反応例

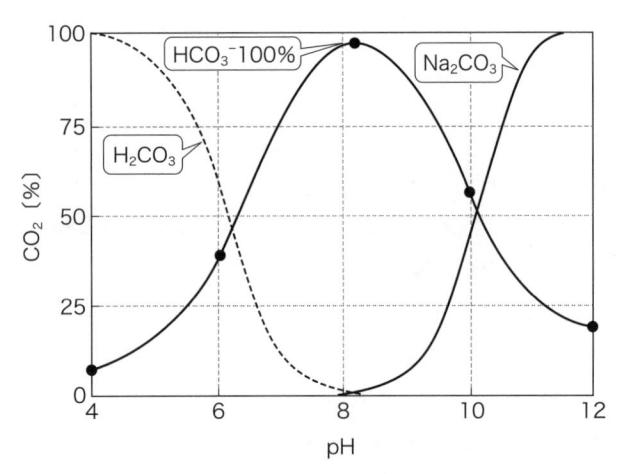

図 10.25　CO_3^{2-} の形態と pH の関係例

10.5.2　CaF_2 処理

フッ素排水の処理では，式（10.26），（10.27）のように排水に $Ca(OH)_2$ を加えれば溶解度の低い CaF_2 が形成されるので，排水から大部分の F^- が分離できる。

$$HF + Ca(OH)_2 \rightarrow CaF_2 + 2H_2O \tag{10.26}$$

$$H_2SiF_6 + 3Ca(OH)_2 \rightarrow 3CaF_2 + H_2SiO_3 + 3H_2O \tag{10.27}$$

しかし，いったん生成した CaF_2 でも pH 8 以上で処理水に CO_2 が作用すると，

CO_2 の量に応じて式 (10.25) の反応が起こり,元のフッ酸 (HF) に戻ってしまうことに留意する必要がある。これを裏づけるデータを以下に示す。

図 10.26 に CO_2, F^-, pH の関係を示す[5]。フッ素を含む溶液に Ca^{2+} を作用させて CaF_2 としていったん不溶化させる。その溶液に pH 8 以上の CO_2 を吹き込むと,CO_2 の濃度に応じて F^- が遊離しはじめる。

これに対して,CO_2 ゼロの気体(チッ素など)を吹き込んだ場合,フッ素濃度は pH に関係なく当初の 2.5 mg/L を維持している。これは pH 8 以上で CaF_2 を含んだ溶液に空気を吹き込むとフッ素が再溶解することを示している。図 10.27 はフッ素含有溶液(F = 20 〔mg/L〕)に pH 7 以上で $CaCl_2$(Ca = 300 〔mg/L〕)を加え,一昼夜,空気またはチッ素を吹き込んでフッ素濃度を測定した結果である。

空気を吹き込んだ場合は pH 9 以上でフッ素 20 mg/L となり元の濃度に戻ってしまう。これに対して,チッ素を吹き込んだ場合は,pH 10 以上でもフッ素 8 mg/L 程度にとどまる。これは空気中の CO_2 により CaF_2 中のフッ素が遊離するが,空気を断てばその傾向が低下することを示唆している。

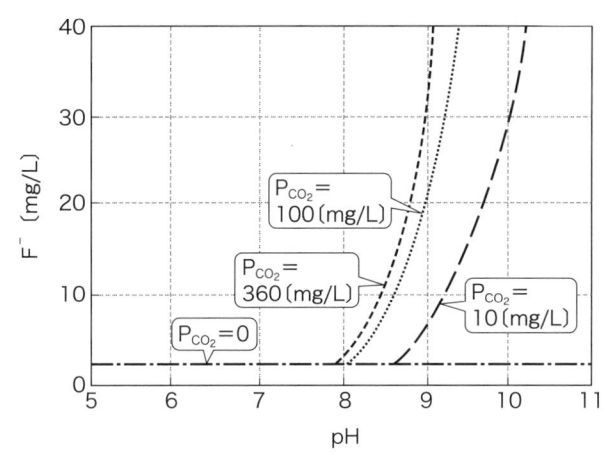

図 10.26 炭酸(CO_2),F^-, pH の関係

---

5) 袋布昌幹,丁子哲治:水環境学会誌,Vol. 26, No. 1, pp. 33-38 (2003)

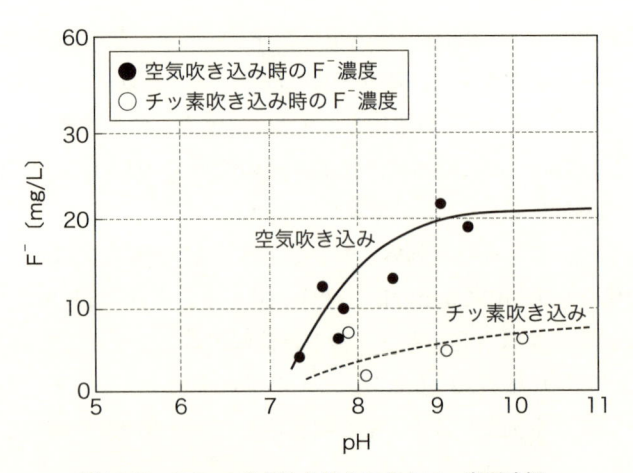

図 10.27 CaF_2 の空気吹き込みによるフッ素再溶解

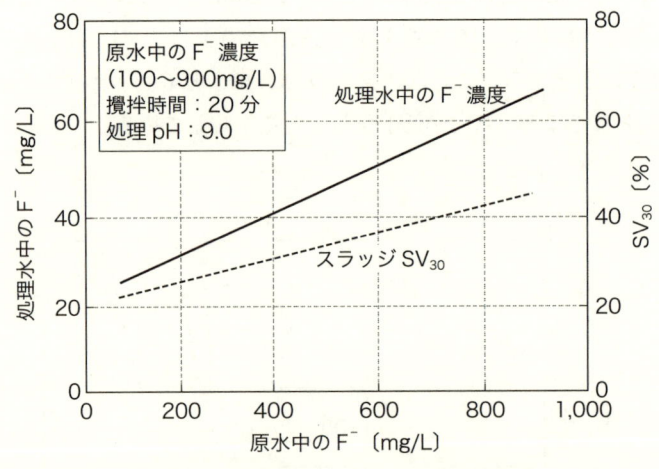

図 10.28 $Ca(OH)_2$ によるフッ素廃水処理例

　図 10.28 は $Ca(OH)_2$ による高濃度フッ素廃水の処理例である[6]。フッ素濃度を 100〜900 mg/L に調整した試料水に $Ca(OH)_2$ を添加して pH 9.0 に調整後，20 分撹拌を続けてから 30 分静置し，上澄水をろ紙（No. 5C）でろ過後，フッ素濃度を測定したものである。

6）和田洋六：表面技術，Vol. 48, No. 3, pp. 6-10（1997）

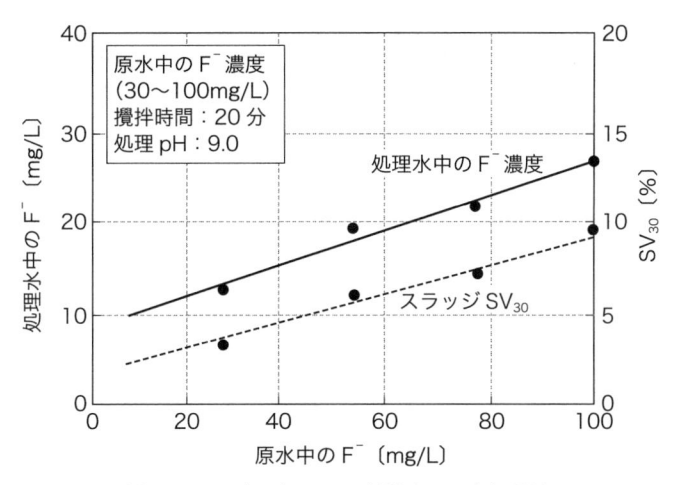

図 10.29　Ca(OH)$_2$ による低濃度フッ素処理例

　原水のフッ素濃度が 800 mg/L もあると処理水のフッ素濃度は 60 mg/L にとどまり，スラッジの SV$_{30}$（30 分静置後のスラッジの見かけの容量割合）は 40％ となる。これでは処理水中がオールスラッジになってしまい，実用上の処理は難しい。

　図 10.29 は Ca(OH)$_2$ による低濃度フッ素排水処理例である[6]。原水中のフッ素濃度が 40 mg/L 程度であれば Ca(OH)$_2$ 単独で処理しても 15 mg/L となる。しかし，原水のフッ素濃度が 40 mg/L 以上になると 15 mg/L 以下まで処理するのは困難である。

10.5.3　Ca(OH)$_2$，Al$_2$(SO$_4$)$_3$，MgO の併用処理

(1) Ca(OH)$_2$ と Al$_2$(SO$_4$)$_3$ の併用

　図 10.30 は Ca(OH)$_2$ と Al$_2$(SO$_4$)$_3$ を併用したフッ素排水の処理例である。原水のフッ素濃度を 60 mg/L と 200 mg/L に調整し，これに Al$_2$(SO$_4$)$_3$ を F$^-$ 量の 5～30 倍加えて 10％ Ca(OH)$_2$ 溶液で pH 8.5 に調整後，30 分静置し上澄水をろ紙（No. 5C）でろ過してフッ素濃度を測定した。

　その結果，原水のフッ素が 60 mg/L の場合は，F$^-$ の 10 倍量の Al$_2$(SO$_4$)$_3$ でフッ素濃度は 10 mg/L，20 倍で 7.5 mg/L 程度まで処理できることが確認され

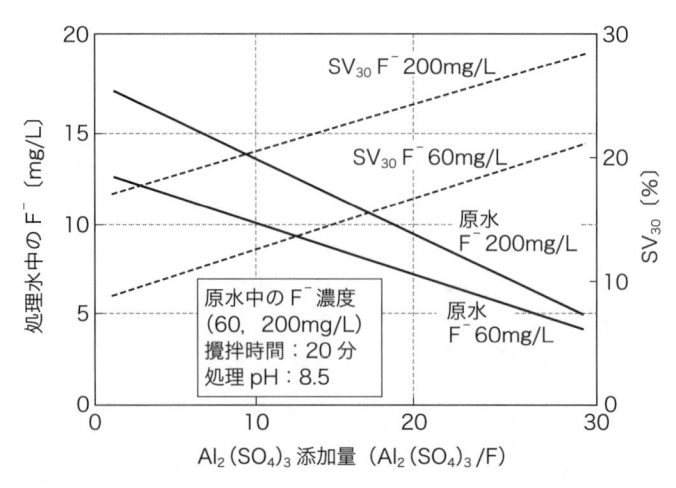

図 10.30　$Ca(OH)_2$ と $Al_2(SO_4)_3$ を併用したフッ素排水の処理

た。同様に，原水のフッ素が 200 mg/L の場合でも F^- の 25 倍量の $Al_2(SO_4)_3$ を加えればフッ素濃度 7 mg/L 程度に処理できる。

しかし，スラッジの SV_{30} は 26 % 程度と大きくなるので沈殿槽や脱水機にかかる負荷が大きくなる。これらのことから，$Al_2(SO_4)_3$ と $Ca(OH)_2$ を併用してフッ素排水の処理を行う場合は，原水のフッ素濃度が低いほうが有利である。ひとつの目安として，前処理の CaF_2 法の段階で，フッ素濃度は 60 mg/L 以下まで処理しておくことが望ましい。

フッ素濃度が 60 mg/L 以下になっていれば，後段の $Al_2(SO_4)_3$ などを併用した高度処理を組み合わせることによって，フッ素濃度 8 mg/L 程度まで処理できる。CaF_2 処理の後段で使う処理薬品として，アルミニウム塩のほかに鉄塩（$FeCl_3$，ポリ硫酸鉄（$Fe_2(OH)_n(SO_4)_3-n/2)_m$）など）やマグネシウム塩（$MgO$，水酸化マグネシウム（$Mg(OH)_2$）など）も使用できる。$Ca(OH)_2$ を用いたフッ素排水の処理では水に難溶の CaF_2 を形成する化学反応が主体であったが，$Al_2(SO_4)_3$ や MgO を用いる後段の高度処理では，$Al(OH)_3$ や MgO による吸着作用が支配的になると考えられる。

アルミニウム塩やマグネシウム塩による処理では，フッ素を 8 mg/L 以下まで処理できるが，処理性能は共存塩類の影響を受ける。

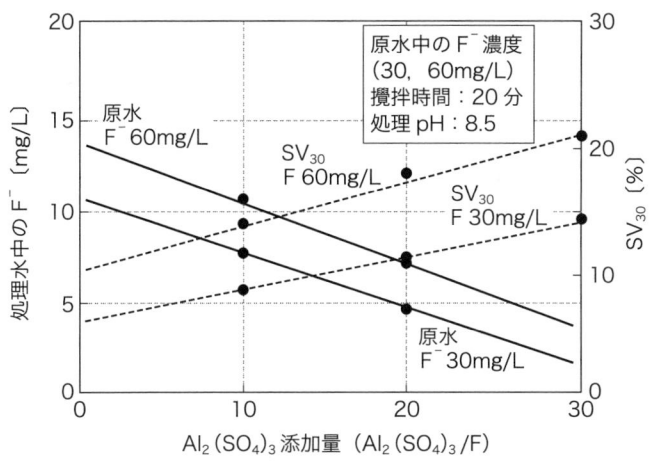

図 10.31 $Al_2(SO_4)_3$ によるフッ素処理例

図 10.31 は CaF_2 処理水を原水として，$Al_2(SO_4)_3$ と $Ca(OH)_2$ を用いて処理した結果例である。

CaF_2 処理の段階でフッ素濃度を 60 mg/L とした処理水に $Al_2(SO_4)_3$ を F^- の 20 倍加えて，$Ca(OH)_2$ にて pH 8.5 に調整すれば後段の処理水の F^- 濃度は 8 mg/L 以下となる。

同様に，CaF_2 処理の段階でフッ素濃度が 30 mg/L になっていれば $Al_2(SO_4)_3$ を F^- の 10 倍加えて，$Ca(OH)_2$ にて pH 8.5 に調整すれば処理水の F^- 濃度は 8 mg/L 以下となる。スラッジの SV_{30} はいずれの場合も 20% 以下なので実用上の支障はないものと思われる。

(2) $Ca(OH)_2$ と MgO の併用

図 10.32 は CaF_2 処理水に MgO を加えてフッ素除去を行った事例である。

MgO は水に加えるとアルカリ性を示すが，懸濁するだけでなかなか溶解しないうえに単独では凝集性がほとんどない。

そこで，添加した MgO 量の 5% に相当する $Al_2(SO_4)_3 \cdot 18H_2O$ を Al^{3+} として追加した。これにより MgO の凝集性が高まり固液分離がしやすくなった。

CaF_2 処理の段階でフッ素濃度が 30 mg/L になった処理水に F^- の 20 倍の MgO を加えれば処理水の F^- は 5 mg/L 以下となる。

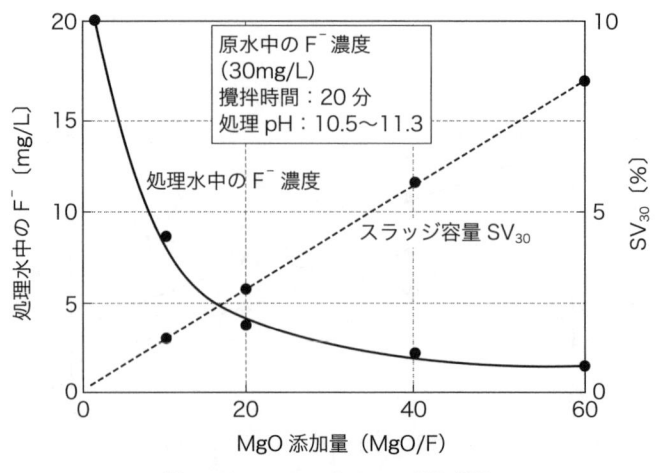

図 10.32　MgO によるフッ素処理例

　スラッジの SV_{30} は 5% 以下でろ過，脱水性もよいので CaF_2 法の後段に適用すれば実用性がある。これらのことから，フッ素排水のカルシウム処理では，単に F^- と Ca^{2+} の反応だけでなく，他の成分（SO_4^{2-}，PO_4^{3-}，SiO_2，CO_2 など）や排水処理設備の構造にも配慮することが重要である。

　また，はじめからフッ素濃度の高い廃液を処理してただちに規制値の 15 mg/L 以下にするのは困難である。ひとつの目安として，ここで述べた方法を参考にし，$Ca(OH)_2$ による CaF_2 法によっていったんフッ素濃度を 60 mg/L に下げてから，後段の処理で $Al_2(SO_4)_3$ や MgO を用いて F^- の吸着処理を行えば，今後の規制値に対応できると思われる。

　図 10.33 は，これらを考慮して作成したフッ素排水処理のフローシート例である。

　原水中のフッ素濃度が 60 mg/L 程度であれば，図 10.33(a) の CaF_2 処理でフッ素濃度は 15 mg/L まで処理できる。これを受けて $Al_2(SO_4)_3$ を用いて下段の処理を行えば，フッ素濃度は 8 mg/L 以下となる。図 10.33 (b) の処理では $Al(OH)_3$ 主成分の返送を行っているが，このときのスラッジ濃度は 1% 程度に管理する。

第 10 章　有害物の処理

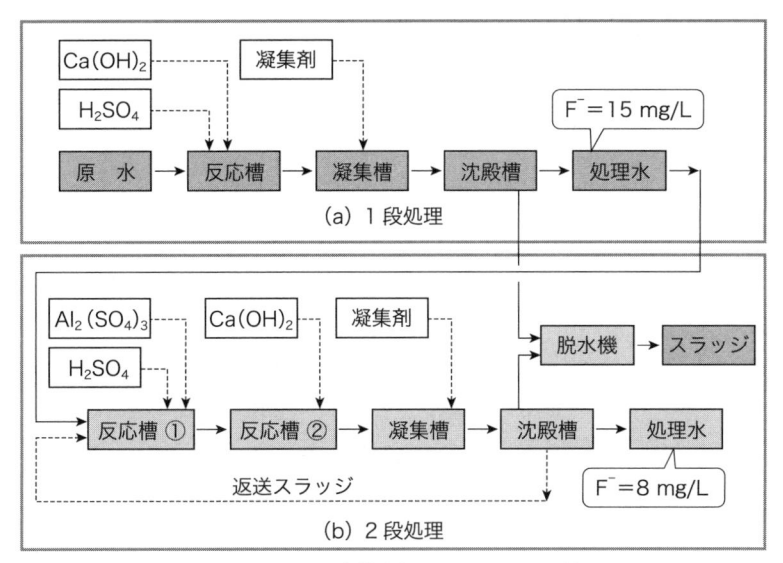

図 10.33　フッ素排水処理フローシート例

10.5.4　ホウフッ化物含有排水の処理

　排水中の HBF_4 は，ホウ素とフッ素が安定な配位結合をしているので，HF のようにカルシウムをいくら加えても難溶性の CaF_2 の沈殿物を形成せず，可溶性のカルシウム塩（$Ca(BF_4)_2$）となるだけである。

$$2HBF_4 + Ca(OH)_2 \rightarrow Ca(BF_4)_2 + 2H_2O \qquad (10.28)$$

ところが，HBF_4 は $Al_2(SO_4)_3$ を加えて酸性下で加水分解すると，式（10.29）のように AlF_6^{3-} とホウ酸（H_3BO_3）に分解する。この反応は加温すると速度が速まる。

$$3HBF_4 + Al_2(SO_4)_3 + 9H_2O$$
$$\rightarrow 2H_3AlF_6 + 3H_2SO_4 + 3H_3BO_3 \qquad (10.29)$$

　式（10.29）より，HBF_4 の分解に要する $Al_2(SO_4)_3$ の量は HBF_4 の 1/3 mol である。この反応は通常，60℃以上に加温して行うことが多いので，熱源のない場所では時間がかかりすぎて実用的でない。そこで，加温しないでも HBF_4 を分解する方法について検討した。

　図 10.34 は $Al_2(SO_4)_3$ と $Ca(OH)_2$ を併用して HBF_4 を分解した結果例である。

10.5　フッ素（F）・ホウ素（B）の処理　　191

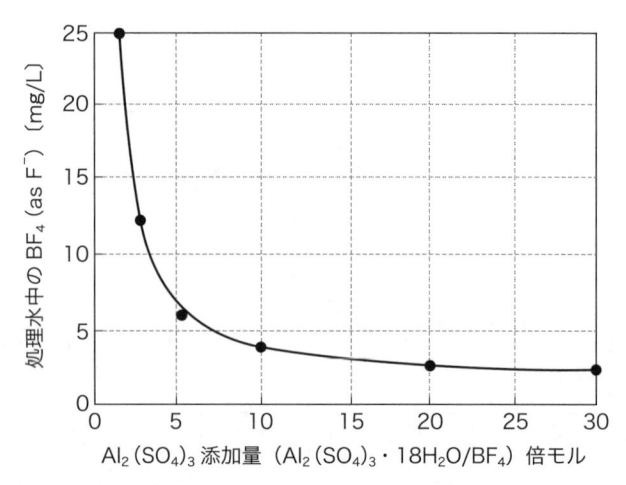

図 10.34　$Al_2(SO_4)_3$ と $Ca(OH)_2$ による HBF_4 の分解例

　HBF_4 を F^- として 300 mg/L 含む原水に $Al_2(SO_4)_3$ を添加して，常温，pH 2〜3 で 3 時間加水分解を行ったあと，$Ca(OH)_2$ で pH 8 に調整し，上澄水をろ紙 (No. 5A) でろ過してフッ素濃度を測定した。

　$Al_2(SO_4)_3$（$18H_2O$ として）をホウフッ化物イオン（BF_4^-）の 5 倍 mol 以上加えた場合，処理水中のフッ素は 10 mg/L 以下となることが図からわかる。式 (10.29) で生じた H_3AlF_6 と H_3BO_3 は別途処理が必要である。

　河川・湖沼におけるホウ素およびその化合物の排水基準は，2001 年 7 月より 10 mg/L となった。海水中にはホウ素が約 4.5 mg/L 含まれているので，海域へ放流する特定設備のホウ素排水基準は 230 mg/L となっている。

　ホウ素は水中において，低 pH 域では H_3BO_3 またはフルオロホウ酸（HBF_4）になっていると考えられる。H_3BO_3 は pH によって形が変わり，アルカリ域では式 (10.30) のように $B(OH)_4^-$ になるといわれている。

$$H_3BO_3 + H_2O \rightarrow B(OH)_4^- + H^+ \tag{10.30}$$

　また，B^- 300 mg/L 以上の水中 (pH 6〜11) では，$B_3O_3(OH)_4^-$，$B_5O_6(OH)_4^-$，$B_3O_3(OH)_5^{2-}$ などのポリマーを形成するという報告[7]があるが，実際のところ，

---

7) 恵藤良弘，朝田裕之，化学装置，Vol. 46, No. 8, pp. 42-48 (2004)

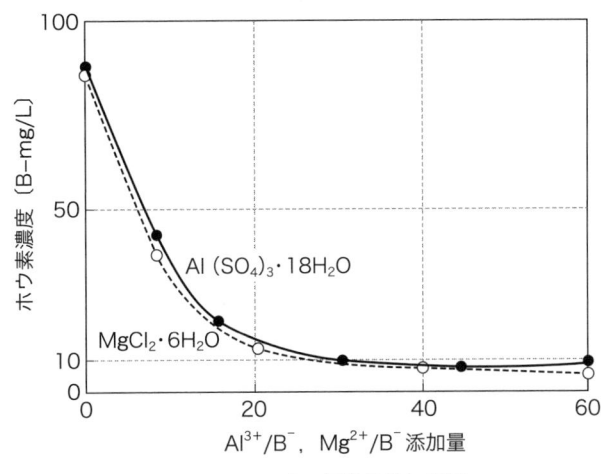

図 10.35 ホウ素の凝集沈澱処理例

よくわからない部分もある。したがって，実際のホウ素含有排水の処理ではpH，ホウ素濃度，共存イオンなどが重要なファクターを占める。

図 10.35 は表面処理で実際に使用したホウ素含有排水の凝集沈澱処理例である。原水の組成は pH 2.4，T-Cr 700 mg/L，Ni^{2+} 760 mg/L，B^- 80 mg/L である。原水に硫酸アルミニウム中のアルミニウムイオン（Al^{3+}）または塩化マグネシウム中のマグネシウムイオン（Mg^{2+}）を B^- の 20，40，60 倍量加えて 20 分撹拌した後，$Ca(OH)_2$ で pH 5 とし，次いで，NaOH で pH 10.2 に調整した。

図の結果から，ホウ素の 30 倍量の Al^{3+} または Mg^{2+} を添加して $Ca(OH)_2$ で pH 5 に調整後，NaOH で pH 10.2 にすればホウ素濃度は 10 mg/L となる。

10.5.5 フッ素のイオン交換処理

一般にイオン交換樹脂は有機溶媒や酸・アルカリ雰囲気でも劣化せず，化学的にも安定なスチレン・ジビニルベンゼン（DVB）共重合体が用いられる。キレート樹脂は目的に見合ったイオンとキレートを形成する交換基を導入したものである。F^- 選択樹脂は一般に，ヒ素（As），リン（P）も吸着できるが，使用する pH 範囲が限定される。したがって，フッ素吸着塔を排水処理設備の最終段階に設置する場合は事前に pH 調整する必要がある。

図 10.36 にフッ素吸着樹脂の pH 依存性を示す。F⁻濃度 100 mg/L の溶液に塩分として NaCl を 1％加え，pH 2～7 の範囲で F⁻の吸着率を調べた。その結果，pH 2～5 におけるフッ素吸着率はほぼ 100％を示したが，pH 6 以上の場合は吸着率が急速に低下した。

通常，フッ素排水処理後の pH は 8～9 程度である。この処理水をそのままフッ

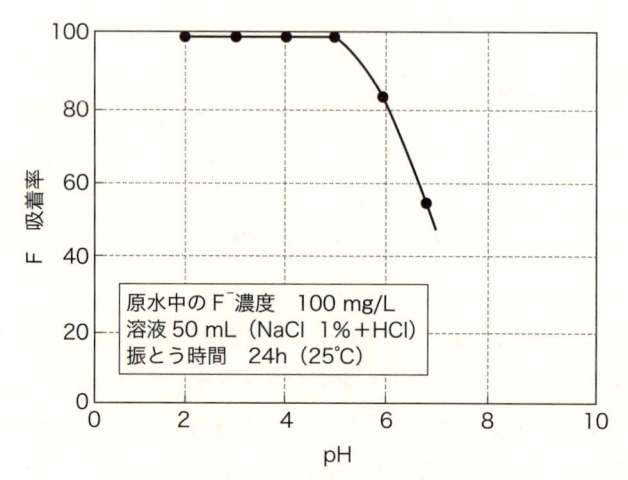

図 10.36　フッ素吸着樹脂の pH 依存性

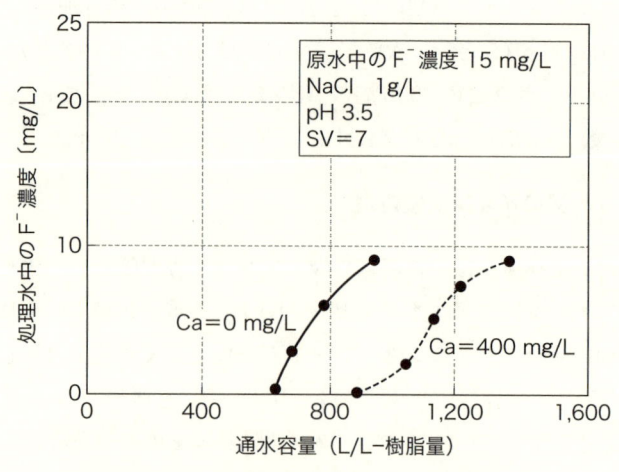

図 10.37　フッ素吸着用樹脂によるフッ素除去例

素吸着樹脂塔に通水したとすれば図 10.36 のケースではほとんど吸着効果を期待できない。CaF$_2$ 法の後段でキレート樹脂を使ってフッ素をさらに除去する場合は、樹脂メーカーが推奨する pH 領域で管理することが重要である。

図 10.37 はフッ素吸着用樹脂によるフッ素除去例である。F$^-$ 濃度 15 mg/L の原水に塩分として NaCl を 1 g/L 加えて pH 3.5 とし、SV 7 でイオン交換塔に通水した。

原水に Ca^{2+} が含まれないときの通水容量は樹脂量の 600 倍程度であるが、Ca^{2+} が 400 mg/L 共存する場合はおよそ 1.5 倍の 900 L/L- 樹脂量に増加する。

図 10.37 の結果から、フッ素吸着用樹脂によるフッ素除去の場合は、pH 調整と Ca^{2+} の存在が処理効果を高めていることがわかる。

10.6 放射性セシウム

2011 年 3 月 11 日に発生した東北地方太平洋沖地震による津波により、福島第一原子力発電所の核燃料容器が損傷し、大量の放射性物質が放出された。

おもな放射性物質はセシウム（Cs-137, Cs-134）とヨウ素（I-131）である。このうちおもにセシウムが汚染水や土壌からの除染、回収の対象となっている。

現在、汚染水の処理システムは稼動しており、放射性物質は回収されつつあるが、扱う量が多すぎて目標達成までに長い時間が必要である。汚染水は海水や土壌由来の塩分など、多くの共存イオンを含んでいるので、セシウムを選択的に分離できる処理システムが検討されている。この技術に関する情報は保安の関係上、

表 10.7　放射性物質と半減期

放射性物質		半減期
セシウム	Cs-137	30 年
セシウム	Cs-134	約 2 年
ヨウ素	I-131	約 8 日
ヨウ素	I-129	1570 万年
ストロンチウム	Sr-90	29 年
プルトニウム	Pu-239	2.4 万年
ウラン	U-233	16 万年

多少統制される傾向があってよく知られていない部分がある。

表10.7は放射性物質と半減期である。セシウム137の半減期は30年とされるので濃縮，回収したセシウムは長期間保管する必要がある。

セシウムの吸着剤には次のものが考えられる。

- イオン交換樹脂：イオン状物質ならば何でも吸着してしまい，すぐ飽和してしまうので，実際の汚染水には適用できない。
- 活性炭：セシウムをある程度吸着するが，空隙の大きさにばらつきが多いので，実用上の効果はあまり期待できない。
- ゼオライト：多孔質のアルミノケイ酸塩（$xM_2O \cdot yAl_2O_3 \cdot zSiO_2 \cdot nH_2O$）で0.2～1.0 nm程度の整った多くの細孔をもち，陽イオンを選択的に吸着する機能をもっている。

ここではゼオライトによるセシウムの吸着と濃縮・固定化処理について述べる。セシウム処理の参考資料のひとつとしてお読みいただきたい。

10.6.1 ゼオライトの特性

ゼオライトは日本に多く存在する天然の鉱石で，工業，医学，農業，畜産分野からペット用トイレ砂，熱帯魚の水槽内ろ材などまで幅広く使われている。

図10.38はゼオライトの結晶構造とナトリウムイオン（Na^+），セシウムイオン（Cs^+）吸着の模式図である。ゼオライトはSiO_4とAlO_4の四面体が酸素を共有し，

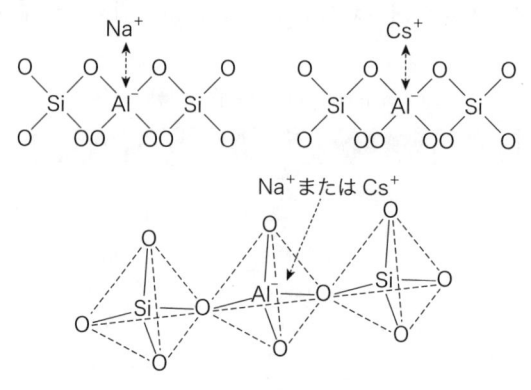

図10.38　ゼオライトの結晶構造とNa^+，Cs^+の吸着

交互に三次元方向に無限に連なった多孔体の総称で，天然物，合成物を併せて100種類以上の骨格構造が知られている。ゼオライトはアルミニウム（Al）の部分がマイナス1価に荷電しているのでプラス1価の陽イオンを優先して吸着しやすい。

ここがイオン交換樹脂と異なる点で，ゼオライトがCs^+やアンモニウムイオン（NH_4^+）吸着に使用されているおもな理由である。同じ価数の場合は，イオン半径の小さい物質のほうが吸着されやすい。

合成ゼオライトは，SiO_2と酸化アルミニウム（Al_2O_3）の比率を変えることで，耐熱性や親水性などの特性をコントロールできる。ケイ素（Si）が多いと結晶構造がしっかりするので刺激に強くなり，アルミニウムが多いものはAl^-が増えるので極性分子に対する親和力が高くなる。過酷な環境下で用いるときはケイ素の多いもの，吸着能を求めるときはケイ素の少ないものを使うなど，用途に応じて調節する。ゼオライトの細孔の直径は通常0.2〜1.0 nm程度なので，その細孔径よりも大きな分子は進入することができないという分子ふるい作用（molecular sieve）効果をもっている。

図10.39は代表的なゼオライトの結晶構造と孔径サイズである。

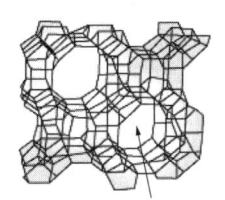

最大孔径：0.70nm
(a) モルデナイト

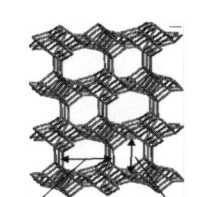

孔径：0.75nm　　孔径：0.46nm
(b) クリノプチロライト

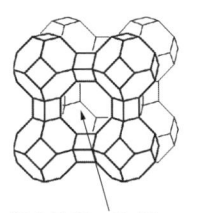

最大孔径：0.42nm
(c) A型ゼオライト

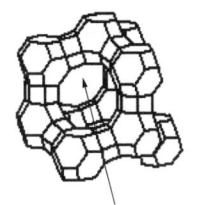

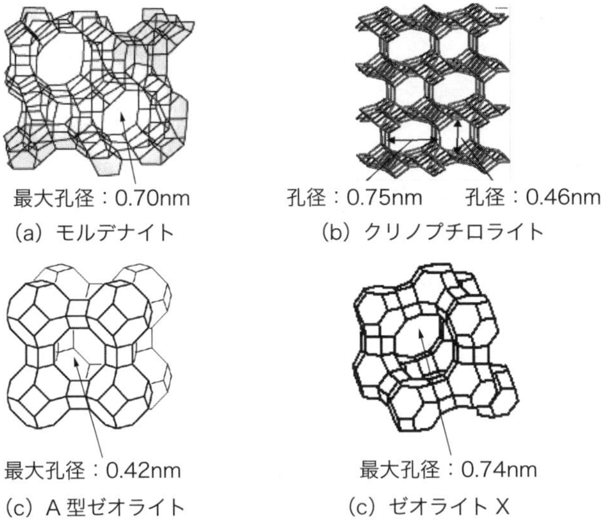

最大孔径：0.74nm
(c) ゼオライトX

図10.39　ゼオライトの結晶構造例

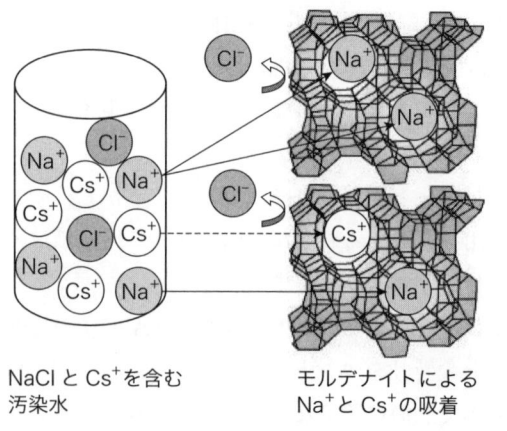

図 10.40 ナトリウムとセシウムのゼオライトへの吸着の模式図

（左）NaCl と Cs$^+$ を含む汚染水
（右）モルデナイトによる Na$^+$ と Cs$^+$ の吸着

セシウムを含むいくつかのイオン半径（nm）は大きい順に次のようになる。
① 1価イオン：Cs$^+$（0.169 nm）＞K$^+$（0.133 nm）＞Na$^+$（0.095 nm）
　　　　　　＞Li$^+$（0.006 nm）
② 2価イオン：Sr^{2+}（0.113 nm）＞Ca^{2+}（0.099 nm）＞Zn^{2+}（0.074 nm）
　　　　　　＞Mg^{2+}（0.065 nm）

図 10.40 はナトリウム（Na）とセシウムのゼオライトへの吸着の模式図である。
イオン半径の小さい Na$^+$（0.095 nm）は Cs$^+$（0.169 nm）よりもモルデナイトの細孔に吸着しやすい。

前記①の関係から，汚染水に海水や塩分（NaCl）が含まれているとイオン半径の小さいナトリウムが優先して吸着してしまうので，イオン半径の大きいセシウムの吸着が低下することが予測される。

10.6.2 ゼオライトによるセシウムの吸着と溶離

図 10.41，図 10.42 はセシウムのゼオライトへの吸着率測定結果である[8]。
吸着実験は 200 メッシュ（0.066 mm）以下の粉末ゼオライトを（Na$^+$型）を

---

[8] 渡邊雄二郎ら：第 27 回日本イオン交換研究発表会　講演要旨集（2011）に加筆

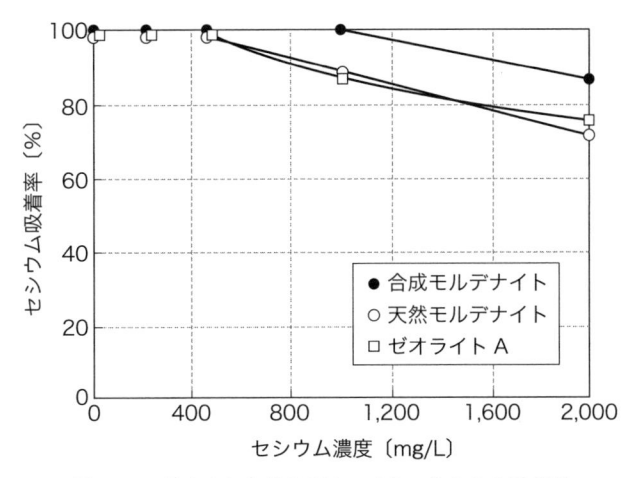

図10.41 純水中におけるゼオライトのセシウム吸着率

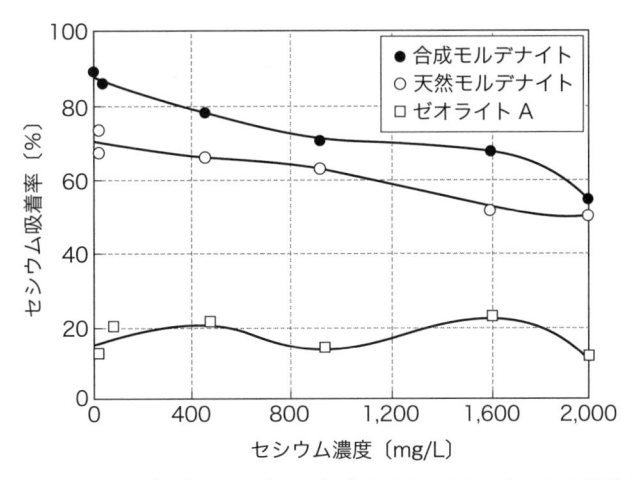

図10.42 0.6 M（4%）NaCl 水中におけるゼオライトのセシウム吸着率

用いて，各試料0.1 g と純水または0.6 M（4.0%）NaCl 溶液30ミリリットルを室温で24時間固液接触させた。純水中における Cs^+ 吸着率は合成モルデナイトは，天然モルデナイトおよびゼオライト A に比べて高い吸着率を示した。

0.6 M（4%）NaCl 溶液中では，純水中に比較して Na^+ が豊富に共存するため，

いずれのゼオライトも Cs$^+$ 吸着量が減少する。しかし，合成モルデナイトと天然モルデナイトはゼオライト A ほどの減少はみられない。

モルデライトやクリノプチロライトは，ケイ素/アルミニウムのモル比が 5 と大きく，トンネル状構造をもつので，Cs$^+$ はトンネルの孔路内に選択的に吸着すると考えられる。

ゼオライトを再生するには，ゼオライト 100 g あたり NaCl 6 g 以上が必要とされる。一例として，100 g のゼオライトを塔に充填して 6% NaCl 溶液 100 ミリリットルを SV3 程度でゆっくり通液すれば Cs$^+$ は溶離する。

図 10.43 はセシウム含有排水のゼオライト吸着と再生処理フローシート例である。セシウム含有排水は油吸着塔を経たあと，複数のゼオライト吸着塔に通水する。再生工程では完全に飽和に達した塔①②を選んで再生する。

この工程では油吸着塔と吸着が不十分の塔③は外す。次の吸着工程では塔③を前にもってきて，油吸着塔→塔③①②の順で通水する。以下同様の操作を自動的に繰り返せばセシウムの吸着効果が高まる。

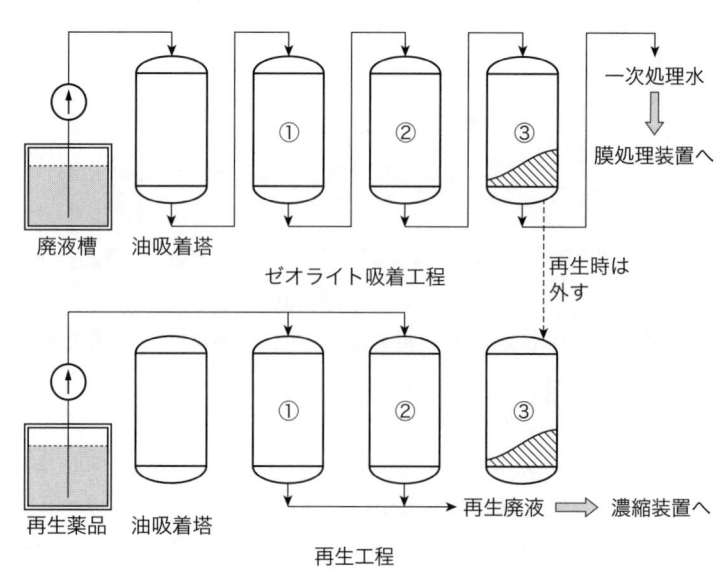

図 10.43　セシウム含有排水の吸着と再生

10.6.3 ゼオライトによるセシウムの吸着と溶離

図 10.44 はセシウム吸着一次処理水の膜分離と再生廃液の減圧蒸留による濃縮装置例である。粒状のゼオライトを充填した塔を複数段重ねてセシウムを吸着処理しても完全な分離はできないので，この一次処理水は図 10.44 の上段に示す活性炭吸着塔を経て MF 膜ろ過→RO 膜処理を行う。透過水は洗浄水や冷却水としてリサイクルする。RO 膜の濃縮水とゼオライト再生廃液は減圧蒸留装置で濃縮し，蒸留水は RO 原水槽に戻してもう一度脱塩処理する。

減容化した濃縮液は，別途，セシウムを固定化処理して放射性物質を封じ込め長期保管する。放射性物質の回収・長期安定化技術についてはいくつかの研究成果が報告されているが，一例として，アパタイト複合緻密体を用いたゼオライトの固定化技術[9]などが確立されている。

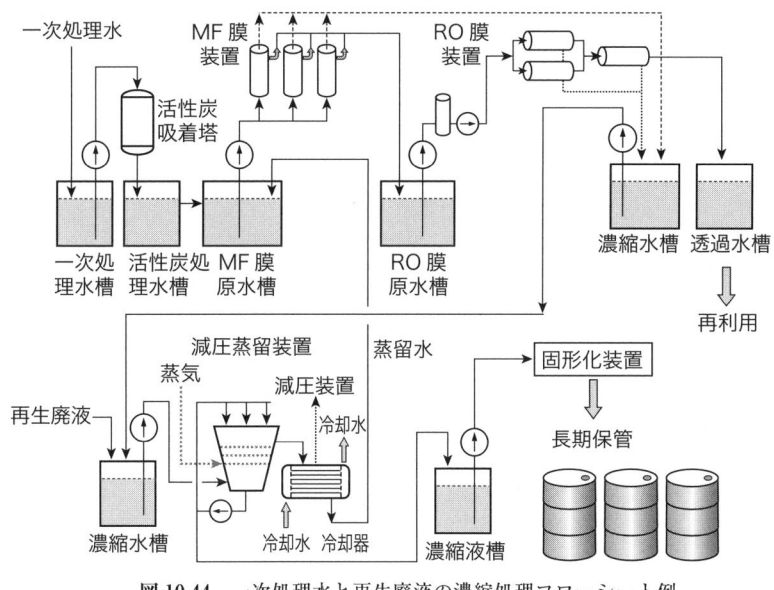

図 10.44 一次処理水と再生廃液の濃縮処理フローシート例

---

9) 渡邊雄二郎：ゼオライトの性能と放射性物質の除去技術，無機マテリアル学会第 21 回講習会テキスト，pp. 49-59（2011）

10.7 ジオキサン

1,4-ジオキサン（以下ジオキサン）は無色透明の液体で水とよく混合する有機溶剤である。ジオキサンは家庭用品をはじめ，塗料や医薬品の原料，合成溶媒，有機溶剤の安定剤など幅広く用いられている。ジオキサンは発ガン性が懸念されているため，環境省は2011年11月に環境基準を0.05 mg/Lと制定した。排水基準は，2012年5月に0.5 mg/Lが定められた。表10.8に家庭用品中のジオキサン含有量を示す。

ジオキサンは水とよく混ざるので，従来法の凝集沈殿，加圧浮上などの物理化学的方法では処理できない。また，安定した物質なので通常の活性汚泥法でも処理しきれない。現在，有力な処理方法として，促進酸化法（AOP），ジオキサンを優先して分解する菌を用いた生物処理法などがある。

(1) AOPによる処理

ジオキサンはUV照射併用オゾン酸化処理で分解できる。

図10.45はジオキサンの想定分解経路である[10]。ジオキサンが分解してEGDF（エチレングリコールジフォルメート），EGMF（エチレングリコールモノフォルメート），エチレングリコールなどに変化するのは紫外線または紫外線とオゾン（O_3）により発生したヒドロキシルラジカル（OHラジカル）の効果によると考えられる。

同様の酸化作用によりエチレングリコール（$HO\text{-}CH_2CH_2\text{-}OH$）の場合はグリコールアルデヒド（$HO\text{-}CH_2\text{-}CHO$），グリコール酸（$HO\text{-}CH_2\text{-}COOH$），グリオ

表10.8　ジオキサンの製品中の含有量

製品の種類	製品の数	検出数/検体数	検出濃度（mg/L）
シャンプー	6	10/10	0.4-15
台所用洗剤	3	6/6	0.2-56
洗濯用液体洗剤	3	3/3	0.5-17

（厚生科学研究，2000）

---

10) 堀越智ほか：水環境学会誌，Vol. 34, No. 6, pp. 89-93（2011）を参考に著者加筆

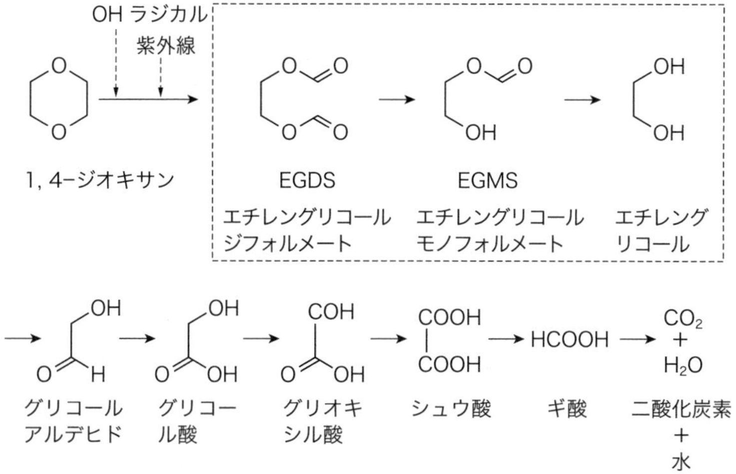

図10.45 ジオキサンの想定分解経路

キシル酸（HOC-COOH），シュウ酸（HOOC-COOH）を経てギ酸（HCOOH）などの低分子の有機酸に変化し，最終的に CO_2 と水に分解すると考えられる。

$$HO-CH_2CH_2-OH + 2HO\cdot \rightarrow HO-CH_2-CHO + 2H_2O \quad (10.31)$$

$$HO-CH_2-CHO + 2HO\cdot \rightarrow HO-CH_2-COOH + 2H_2O \quad (10.32)$$

$$HO-CH_2-COOH + 2HO\cdot \rightarrow HOC-COOH + 2H_2O \quad (10.33)$$

$$HOC-COOH + 2HO\cdot \rightarrow HOOC-COOH + H_2O \quad (10.34)$$

$$HOOC-COOH + 2HO\cdot \rightarrow 2HCOOH + O_2 \quad (10.35)$$

$$HCOOH + 2HO\cdot \rightarrow CO_2 + 2H_2O \quad (10.36)$$

図10.46はジオキサン含有排水のAOP処理実験フローシートである。ジオキサン100 mg/Lを含む試料水を循環タンク（10リットル）に入れ，ここにオゾンを1 g/h（2 L/min）で送入する。循環タンクの水は循環ポンプを用いて2 L/minの流量でUV反応槽（4リットル）に送り，再び循環タンクに戻す循環方式を採用した。UV反応槽には25 W UVランプが点灯している。このランプは187 nmと254 nmの紫外線を発生する。ランプは点灯すると発熱するので，冷却のために空気を送入（1 L/min）する。冷却空気中の酸素の一部は187 nmの

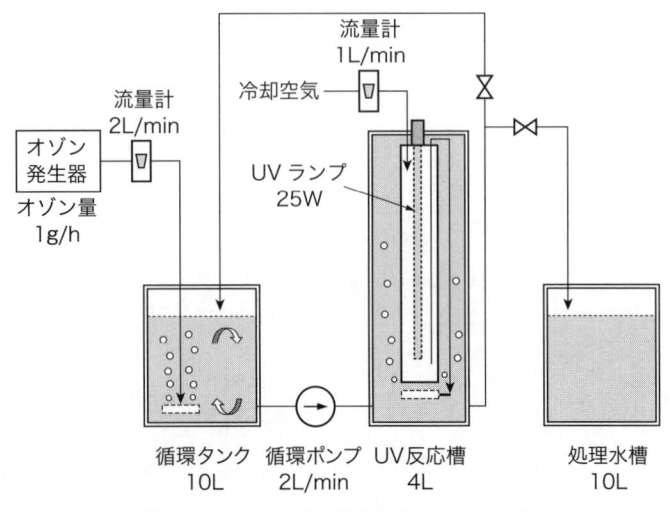

```
                    流量計
                    1L/min
         流量計   冷却空気
         2L/min
  オゾン
  発生器         UV ランプ
  オゾン量        25W
  1g/h


  循環タンク  循環ポンプ   UV反応槽      処理水槽
   10L     2L/min      4L         10L
```

図 10.46　UV オゾン酸化実験フローシート

UV によってオゾンに変わるので，このオゾンも UV 反応槽の底部から散気して利用する。

実験結果を図 10.47，図 10.48 に示す。

図 10.47 は UV ランプを点灯しないで，ジオキサン 100 mg/L の試料水のオゾン単独酸化処理を行った結果例である。ジオキサンの測定は環境省告示第 59 号付表 7 の方法で行った。測定機器は(株)島津製作所製 GCMS-QP2010 を用いた。

ジオキサンは化学的に安定した物質なので，JISK-0102 の過マンガン酸カリウムによる COD 測定では，図 10.47 のように 100 mg/L の濃度でも COD_{Mn} としては 3 mg/L 程度の値しか示さない。オゾン単独酸化ではジオキサンは 2 時間処理で 90 mg/L 程度に低下するが，それ以上酸化を続けても濃度変化はない。COD はわずかにあがって 1 時間後に 5 mg/L 程度となったが，それ以後は変化なかった。pH は 2 時間処理までは低下したが，それ以後はほとんど変化なかった。

これらのことから，ジオキサンはオゾン単独で酸化処理をしても分解は困難と判断される。

図 10.48 は UV ランプを点灯して，図 10.47 と同様の処理を行った結果例である。試料水をオゾンと紫外線による AOP 処理を行うと COD が 2 時間後にいっ

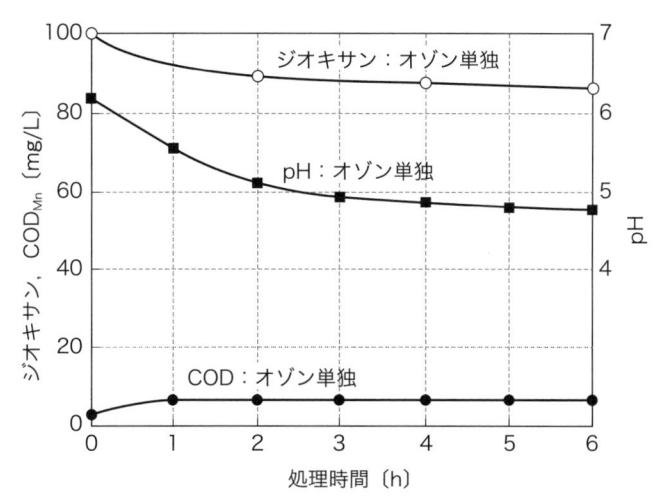

図 10.47 オゾン単独酸化実験結果例

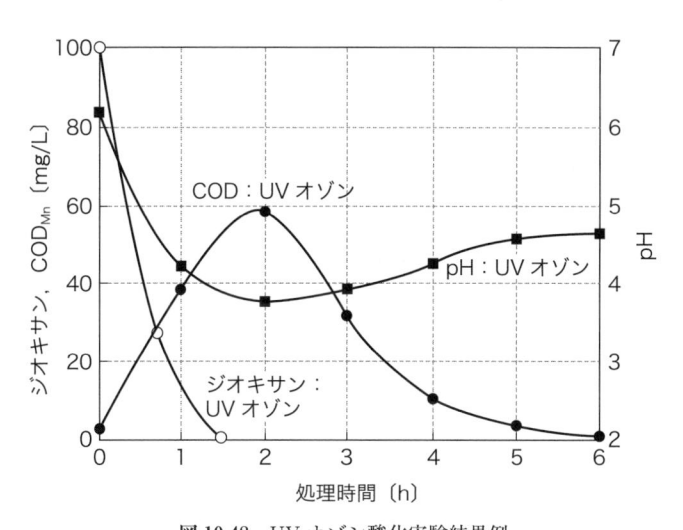

図 10.48 UV オゾン酸化実験結果例

たん，60 mg/L に上昇し，やがて低下を始めた。pH は 6.2 から 2 時間後に 3.8 までいったん低下し，その後，上昇に転じた。これは，ジオキサンが図 10.45 の分解経路に沿って低分子の有機酸に分解し，やがて CO_2 と水に変化した結果と考えられる。

(2) ジオキサン分解菌による生物処理法

ジオキサンは通常の活性汚泥法では処理しにくい物質である[11]。ジオキサンを含む排水で馴養された汚泥でも分解率は10%以下とされる。これに対してジオキサンを優先して分解する細菌を活用する処理方法が提案されている。

産業排水の中にはジオキサンだけでなく種々の有機成分が混在しているので，これらを資化する他の微生物が優先して増殖することもある。そこで，生物処理反応槽の中でジオキサンに的を絞って分解する菌が保持できれば理想的である。これに対応する手段に，高分子ゲル担体にジオキサンの分解速度が速い菌を固定化して処理する包括固定化法とよばれる処理方法がある。

図10.49は包括固定化担体の製造方法例である。包括固定化担体はジオキサンを優先的に分解する微生物を培養し，これを単離して高分子固定化剤と混合して重合し，約3 mm角の担体の中に封じ込めたものである。

図10.50はジオキサン含有排水の生物処理とAOPを組み合わせた処理フロー

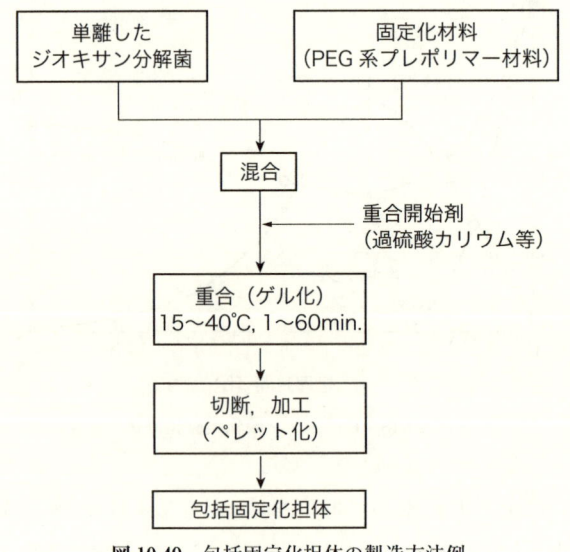

図10.49　包括固定化担体の製造方法例

---

11) 細見正明：用水と廃水，Vol. 53, No. 7, pp. 45-51（2011）

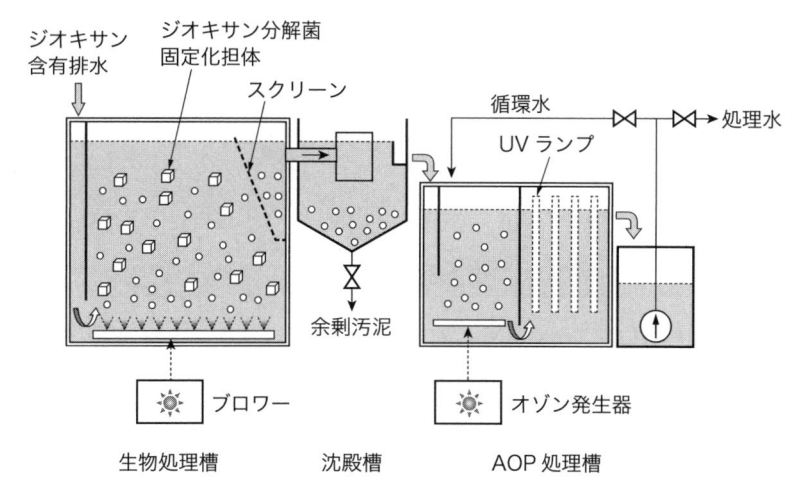

図10.50　ジオキサン含有排水の生物処理とAOP処理の組み合わせ処理フローシート例

シート例である。生物処理槽の中ではジオキサン分解菌を固定化した担体を投入して処理する。ジオキサンは完全には分解できないが大部分が処理できる。

ジオキサン濃度が高い（100〜500 mg/L）場合は図10.50のように，生物処理とAOPの組み合わせ処理が有効である。

図10.50の生物処理槽内では，担体内部にジオキサン分解菌が保持されているので，活性汚泥のような返送汚泥やMLSS濃度管理が不要である。

この生物処理システムでは1日に処理槽1 m^3 あたり0.4 kg以上のジオキサンが処理できる（0.4 kg-ジオキサン/1 m^3・日）とされている[12]。運転のポイントは生物膜処理の流動床法と同じで，生物処理槽の底部から空気を送入すればよい。生物処理水はスクリーンを経て沈殿槽を経由してAOP処理槽へ移流し，UVオゾン酸化処理したのちジオキサンを含まない処理水となる。

ジオキサン濃度が低く（100 mg/L以下），水量が少ない場合はAOP単独処理の適用が実用的である。

12）井坂和一ほか：水の処理活用大辞典，産業調査会，pp. 949-955（2011）

第11章 水のリサイクル

　産業排水は大別して無機系排水，有機系排水および無機系と有機系の混在した排水に分けられる。用水処理で扱う原水の組成はおおむね似ているが，排水は生産工程によって組成が違うので処理方法も異なる。したがって，排水処理では発生工程を調べてあらかじめ組成を知ることが重要である。排水の性状を把握したら目標に見合った必要にして十分な処理方法を計画する。目標以上に過剰な処理をする必要はない。

　排水処理では一定の決まった方法がない。なぜならば，排水によって発生工程，成分，水質がそれぞれ違い，つねに変化しているからである。ここでの情報収集を誤ると，その後の装置計画，設計，建設に影響を及ぼす。

　組成が異なる排水を処理するには，はじめに「分別」しておくことが大切である。性状の異なる排水を一度混ぜてしまったら，その後の分離と精製が困難になるからである。たとえば，塩と砂糖は外見的には同じ白い結晶であるが，それぞれに味は異なる。これを一度混ぜて水に溶解してしまったら，元の成分に分離するのが難しいのと同じことである。

　用水・排水の処理には物理・化学・生物の3つの手段を組み合わせた"分離と精製"の技術が要求される。用水処理と排水処理の両方の知見，経験があると排水はきれいにして自然環境に戻し，リサイクルすることもできる。

　排水のリサイクルでは，処理水のすべてを再利用する「完全クローズド」という方法も考えられるが，現時点では経済的に課題が残る。排水の一部は廃棄し，そのぶんは新たな水を補給して大部分を再利用したほうが無理のない現実的な方法である。

　排水をリサイクルするにはできるだけ化学薬品を使わないで，処理水中に塩分や有害な物質を副生しない処理システムの確立が望ましい。本章では，重金属や

有害物を含む汚染水を例にあげ，これらをどのように処理してリサイクルするかについて要約した．具体的には，まず排水の組成を調べ，処理方法を実験によって確かめたのち，膜分離，イオン交換樹脂処理，UV オゾン酸化処理などを組み合わせて汚染水をリサイクルする 5 事例を選んで解説した．

11.1 RO 膜法とイオン交換樹脂法による表面処理排水のリサイクル

表面処理排水には重金属イオン，懸濁物，化学的酸素要求量（COD；Chemical Oxygen Demand）成分，シリカ（SiO_2）およびカルシウム（Ca）などの汚濁物質が含まれる．表面処理排水はこれまで中和凝集沈殿法で処理し，公共水域に放流していたが，塩類濃度が高いので再利用には適さない．

表面処理排水を高度処理して再利用するには，RO 膜法，イオン交換樹脂法による脱塩・精製法が考えられる．

イオン交換樹脂で塩類濃度の高い排水を直接処理すると，純度の高い水が得られる．しかし樹脂が短時間で飽和に達し，再生頻度と再生費用が増えるので，不経済なうえに環境対策上も好ましくない．ところが，RO 膜で塩類の大半を除去したあとにイオン交換樹脂処理すれば，樹脂の長寿命化を図ることができる．

RO 膜処理とイオン交換樹脂処理は，元来，清浄な水の高純度化に適用されてきた方法であるが，適切な前処理を施せば汚濁排水の処理にも応用できる．ここでは表面処理排水を RO 膜処理し，透過水をイオン交換樹脂処理してリサイクルする事例[1]について述べる．

表 11.1 に表面処理排水水質の一例を示す．原水は pH 7.5 の中性であるが電気伝導率（EC；Electric Conductivity）1,200 μS/cm，全溶解固形分（TDS：Total Dissolved Solid）950 mg/L と塩分濃度が高い．この水質ではイオン交換樹脂処理すると樹脂がすぐに飽和に達してしまう．

EC 1,200 μS/cm 程度の排水ならば，RO 膜で脱塩すれば樹脂にかかる負担が軽減するので，高純度の脱イオン水が回収できると思われる．

---

1) 和田洋六ほか：表面技術，Vol. 50, No. 12, pp. 92-98（1999）

表 11.1 排水の水質例

項目	原水の水質
pH	7.5
EC 〔μS/cm〕	1,200
TDS 〔mg/L〕	950
SS 〔mg/L〕	40
Cu^{2+} 〔mg/L〕	4
Ni^{2+} 〔mg/L〕	20
Ca^{2+} 〔mg/L〕	25
SiO_2 〔mg/L〕	28
COD 〔mg/L〕	30

11.1.1 原水の pH，光透過率，FI 値の関係

原水は塩分以外に銅（Cu），ニッケル（Ni），カルシウム，SiO_2 などを少量含んでおり，やや懸濁している．銅，ニッケルなどの重金属は pH がアルカリ側になると金属水酸化物として析出するが，酸性側ではイオン化して溶液中に溶解する傾向がある．

図 11.1 は原水（pH 7.5）に 5％硫酸（H_2SO_4）を加え，pH を 6.0 と 5.0 に調整し

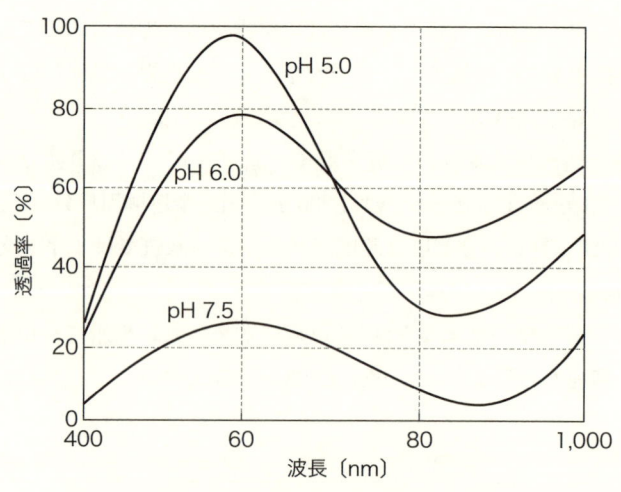

図 11.1 原水の pH と透過率の変化

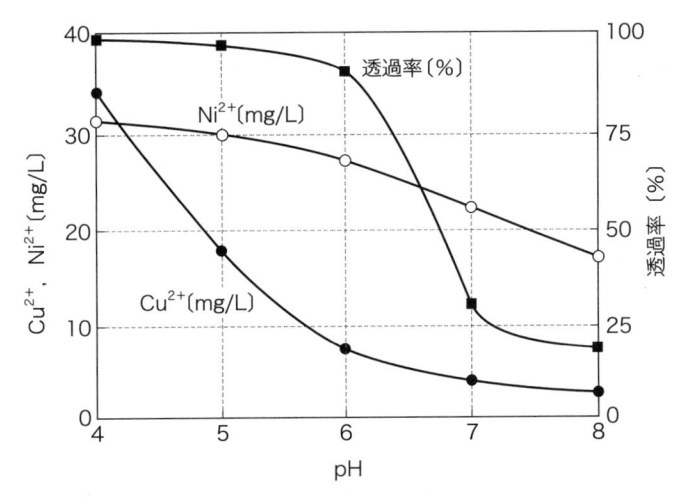

図11.2 Cu^{2+}, Ni^{2+} 濃度と透過率の関係

て、波長 400～1,000 nm における光透過率を測定したものである。pH 5.0 に調整した原水の光透過率は 580 nm で 98％を示した。これは pH の低下に伴い、pH 7.5 で不溶化していた金属水酸化物がイオン化して透明度が上昇したためと判断される。

図 11.2 は原水の pH を 4、5、6、7、8 に調整して、Cu^{2+}, Ni^{2+} 濃度および波長 580 nm における光透過率を測定したものである。

原水の pH を酸性にすると溶液中の銅、Ni^{2+} 濃度は上昇した。これに伴い、溶液の透明度もあがり、pH 4.5 における光透過率は 99％となった。この溶液の FI（Fouling Index）値は 4.3 であった。

11.1.2　原水の流速管理

図 11.3 は粒径 0.1～1.0 mm の SiO_2、炭酸カルシウム（$CaCO_3$）、金属水酸化物および酸化鉄（FeO, Fe_2O_3）の比重と、これらが U 字管内で流動を開始する速度を測定した結果である。

本実験結果から、前処理で除きやすい金属水酸化物や酸化鉄は pH 調整やろ過工程で除き、それでも除去しきれないコロイド状 SiO_2 や $CaCO_3$ の微粒子などは管内流速を 0.10 m/s 以上に保てば、これらの懸濁物質の沈降や付着を防ぐこと

ができると考えられる。

図 11.4 は RO 膜内の水の流れとスケール生成の模式図である。RO 膜の使用開始直後は濃縮界面が形成されるが，所定の流速があるので濃縮膜が破壊され，透

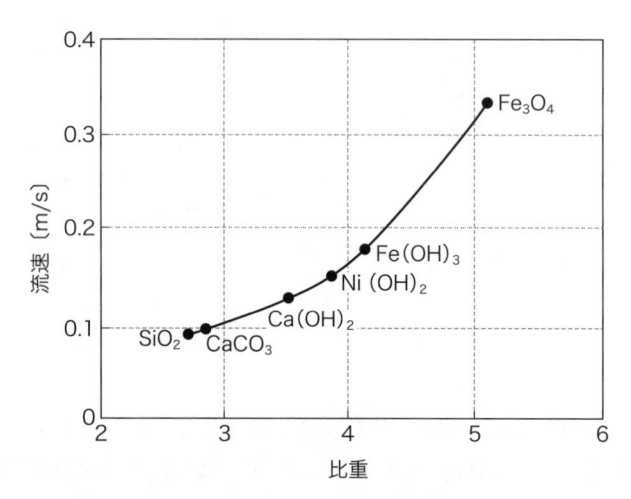

図 11.3 いくつかの物質の比重と流動開始流速の関係

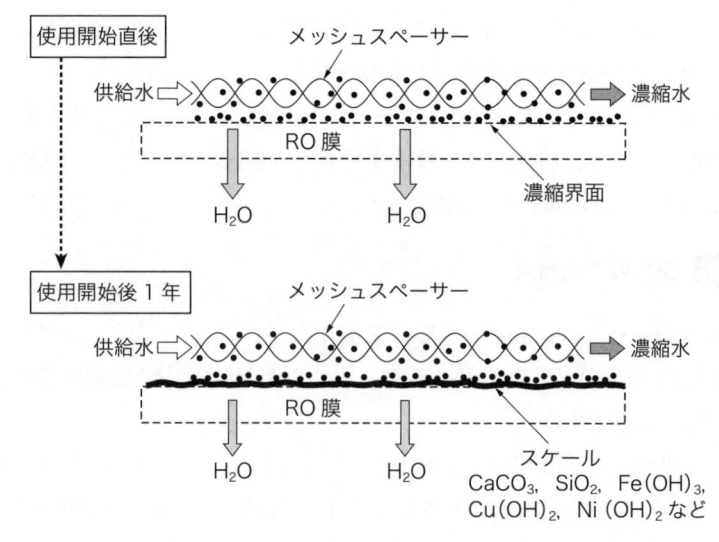

図 11.4 RO 膜内の水の流れとスケール生成の模式図

過水量も多い。使用後1年ごろには濃縮界面に溶解度の低い $CaCO_3$, SiO_2, 金属水酸化物などがスケールとして析出し，透過水量を低下させることがある。

RO膜処理は通常，中性領域で使うのが一般的であるが，膜の種類によっては酸性（pH 4～5）側でも使用できる。そこで，ここでは原水を砂ろ過して微細な懸濁物質を除去後，活性炭処理してから5% H_2SO_4 溶液を加えてpH 4.5とし，2基の1μmフィルターでろ過してからRO膜処理を行った。

11.1.3 実用化装置

図11.5はRO膜装置とイオン交換樹脂装置を組み合わせた表面処理排水の再利用フローシートである。原水は活性炭処理を行い，銅と Ni^{2+} を含んだままでpH 4.5～5.0の弱酸性に調整してRO膜処理を行った。

表11.2は原水とRO膜透過水の水質である。透過水水質はpH 4.7, EC 45 μS/cmとなった。金属イオンとカルシウム分は不検出である。SiO_2 1.2 mg/LとCOD 0.9 mg/Lが残留しているが，水道水よりも純度は高い。

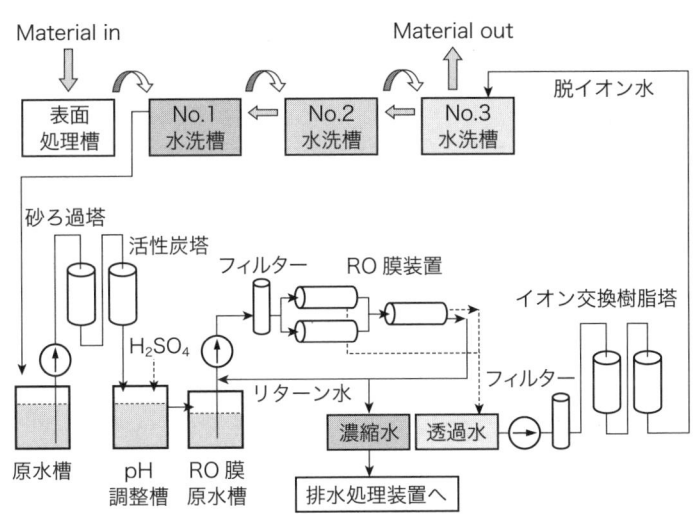

図11.5 RO膜装置とイオン交換樹脂装置を組み合わせた表面処理排水の再利用フローシート

図 11.6 は操作圧力 1.5 MPa，回収率 75％で運転したときの原水，透過水，濃縮水の UV 吸光度である。原水と濃縮水は 190 nm に吸収がみられるが，透過水にはほとんど吸収がない。透過水に吸収がみられないのは，透過水の COD が 0.9 mg/L と低いからである。

次いで，RO 膜透過水（EC 45 μS/cm）は陽イオン交換樹脂塔と陰イオン交換樹脂塔に通水した。その結果，EC 10 μS/cm 以下の脱イオン水が安定して得られた。

表 11.2 原水と透過水の水質

項目	原水の水質	透過水水質
pH	7.5	4.7
EC〔μS/cm〕	1,200	45
TDS〔mg/L〕	950	N. D
SS〔mg/L〕	40	N. D
Cu^{2+}〔mg/L〕	4	N. D
Ni^{2+}〔mg/L〕	20	N. D
Ca^{2+}〔mg/L〕	25	N. D
SiO_2〔mg/L〕	28	1.2
COD〔mg/L〕	30	0.9

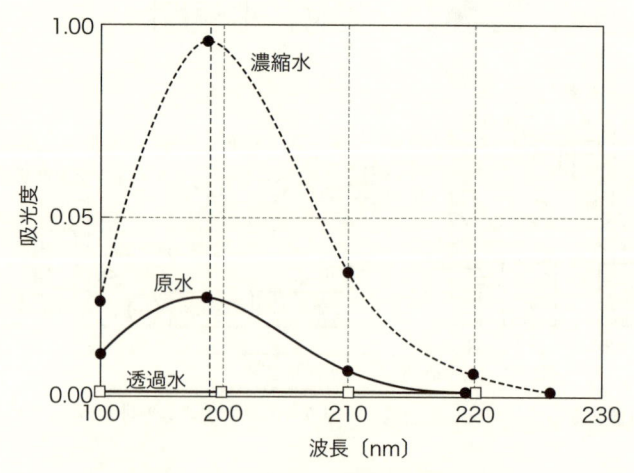

図 11.6 原水，透過水，濃縮水の UV 吸光度

図 11.7 は原水と RO 膜処理水をイオン交換樹脂処理した結果例である。原水はそのままイオン交換樹脂処理すると樹脂量（陽イオン交換樹脂塔と陰イオン交換樹脂塔の合計）の 24 倍程度の脱イオン水が回収できる。

これに比べて，前段で RO 膜処理した水を同様にイオン交換樹脂処理すると，

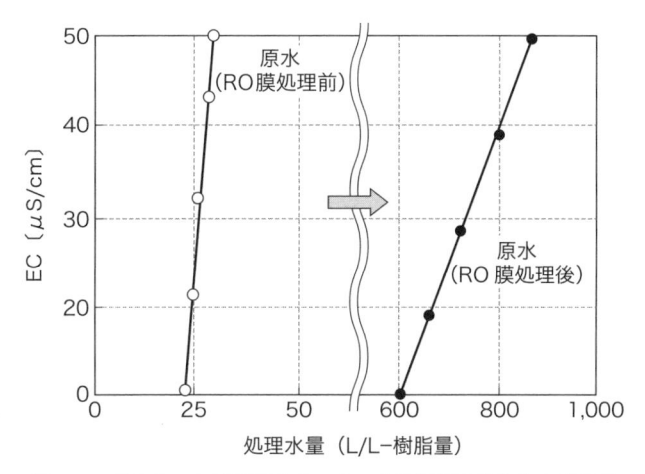

図 11.7 原水と RO 膜処理水をイオン交換樹脂処理した水質比較

写真 11.1 RO 膜装置とイオン交換樹脂塔の外観

処理量が600倍に増加した。これは，RO膜処理によって大半の塩類や溶解固形分を除いた結果によると考えられる。

写真11.1はRO膜装置とイオン交換樹脂塔の一部である。RO膜は8インチ複合膜が1本のベッセルに3本充填してあり，このベッセルを2：1の比率で配置してある。膜出口圧力1.5 MPa，回収率75％における透過水量は約5 m³/hで，EC 50 μS/cm程度の水が安定して回収できた。イオン交換水は5 μS/cm程度で，薬品希釈水や水洗水としてリサイクルできた。

11.2　2段RO膜分離とUVオゾン酸化による産業排水のリサイクル

産業廃棄物の酸・アルカリ系排水は金属イオンをはじめ，酸，アルカリ，界面活性剤，有機溶剤，塩分などを含む。これらの排水は，通常，凝集沈殿処理して公共水域に放流される。凝集沈澱処理では金属イオンの大半が除去できるが，原水の組成が変動すると処理水の水質が安定しないという欠点がある。

これを改善するために凝集沈澱処理水をろ過してから減圧蒸留すると，金属イオン，塩分などが確実に分離できるので，公共水域に安定した水質の処理水を放流でき，環境保全に一役かうことができる。

蒸留工程では冷却水としての水道水を大量に使用するが，大半は大気中に揮散してしまう。蒸留水は現在，下水道に廃棄しているが，これを処理して冷却水として再利用する技術が開発できれば，排水がなくなるうえに水道水の節約となり，水質汚濁防止にも貢献でき一石二鳥である。

ここでは，下水道に放流している中和凝集処理水を減圧蒸留後，低圧RO膜と高圧RO膜で2段処理し，処理水をUVオゾン酸化処理してリサイクルする事例[2]について述べる。ここに記載の内容はほとんどの産業排水の処理に対応できる。

11.2.1　原水の調整と各工程の処理水水質

酸・アルカリ系排水は一般に酸性で，銅イオン(Cu^{2+})，ニッケルイオン(Ni^{2+})，

---

2) 和田洋六ほか：化学工学論文集，Vol. 37, No. 6, pp. 563-569（2011）

亜鉛イオン（Zn^{2+}）などの金属イオンが 10〜100 mg/L 含まれる。これ以外に有機酸，界面活性剤，有機溶剤などに由来する COD 成分が最大 2,000 mg/L 含まれる。塩類が多量に含まれるので，EC は 12,500 μS/cm にもなる。

　上記の酸・アルカリ系排水は塩化カルシウム（$CaCl_2$）を 200 mg/L 加えてから 10％水酸化ナトリウム（NaOH）で pH 9.5〜9.7 に調整して金属イオンを析出させた。次いで，アニオン系高分子凝集剤を 1 mg/L 加えて凝集させたあと，全量を脱水機でろ過した。

　表 11.3 は原水と各工程の処理水水質である。原水（中和凝集処理水）は金属イオン濃度が 1.8 mg/L 以下なので，pH を調整すれば下水道放流が可能である。

　しかし，この水質まで処理するのに処理薬品を多く使うので，塩分濃度の目安となる EC が増加して 15,000 μS/cm にも達する。これでは水道水に代わる冷却水として使用できない。COD は 270〜320 mg/L あり，界面活性剤，有機溶剤，

表 11.3　原水と各工程の処理水水質

処理工程	試料 No.	pH	EC 〔μS/cm〕	COD 〔mg/L〕	Cu^{2+} 〔mg/L〕	Ni^{2+} 〔mg/L〕	Zn^{2+} 〔mg/L〕
原水（中和凝集処理水）	1	9.5	15,000	300	1.5	1.7	1.2
	2	9.7	13,500	270	1.2	1.3	1.0
	3	9.6	15,600	320	1.0	1.8	1.5
減圧蒸留	1	9.8	2,000	150	0	0	0
	2	10.2	1,800	130	0	0	0
	3	10.0	1,900	180	0	0	0
UF 膜ろ過	1	8.5	1,900	110	0	0	0
	2	8.6	1,700	100	0	0	0
	3	8.0	1,800	140	0	0	0
1 段 RO 膜処理	1	7.9	70	40	0	0	0
	2	7.9	60	30	0	0	0
	3	7.6	70	40	0	0	0
2 段 RO 膜処理	1	6.7	10	3.8	0	0	0
	2	6.5	8	3.5	0	0	0
	3	6.2	9	4.0	0	0	0
UV オゾン酸化 (2 h)	1	6.5	8	1.2	0	0	0
	2	6.1	6	1.4	0	0	0
	3	6.0	7	1.6	0	0	0

難分解性有機物などの残留が予測された。

以降，表 11.3 の原水試料 No. 1 の処理例について述べる。

11.2.2 減圧蒸留

図 11.8 は減圧蒸留装置のフローシート，写真 11.2 は実際の減圧蒸留装置である。原水槽の水はカルシウムイオン（Ca^{2+}）を多く含むので炭酸ナトリウム（Na_2CO_3）を加えて $CaCO_3$ として不溶化し，そのまま減圧蒸留装置に送る。蒸発缶内は 25 kPa に減圧されており，pH 調整した原水を循環しながら 70℃ 程度の温度で蒸留する。

蒸留水は熱交換器で冷却して蒸留水貯槽に貯留する。冷却水として使用している水道水は冷却塔と熱交換器の間を循環するうちに冷却塔で大半が蒸発して失われる。濃縮液は回収してから結晶化し，セメント骨材として再利用する。

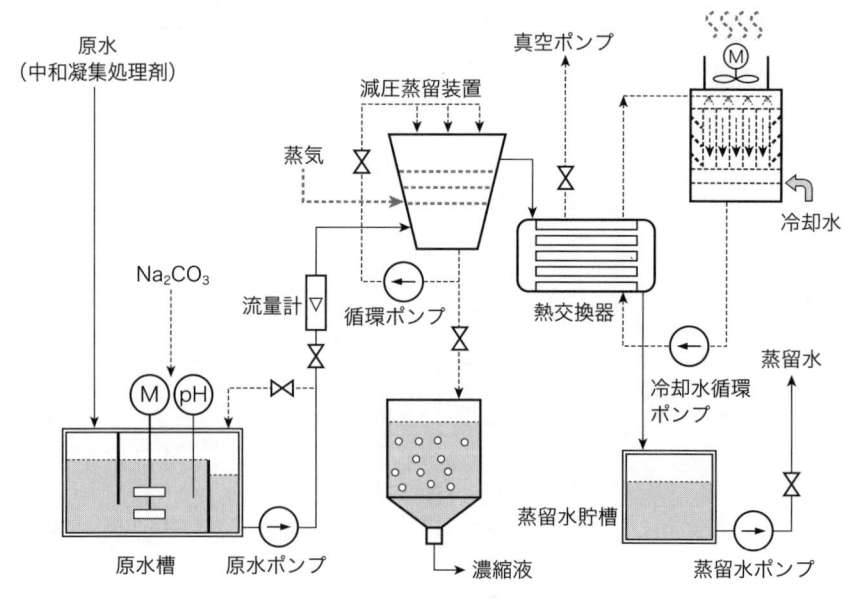

図 11.8 減圧蒸留装置のフローシート

写真 11.2　減圧蒸留装置の一部

11.2.3　UF 膜ろ過

図 11.9 は UF 膜ろ過のフローシートである。減圧蒸留した水は UF 膜ろ過原水槽に貯留する。原水は循環ポンプにより 0.03 MPa の圧力で UF 膜（ポリフッ化ビニリデン（PVDF）製，分画分子量 150,000）に送りクロスフローろ過をしながら UF 膜ろ過水槽に送る。

膜の洗浄は 1 時間ごとに膜モジュール下部から空気を送り洗浄を行ったあと，ろ過水に次亜塩素酸ナトリウム（NaClO）を数 mg/L 添加して間欠的に行う。この操作により膜のバイオファウリング発生とフラックスの低下を防止できる。PVDF 製の UF 膜は機械的強度があり耐塩素性があるので排水処理に適している。

11.2.4　RO 膜処理

図 11.10 は 2 段 RO 膜処理のフローシート，写真 11.3 は UF 膜と RO 膜装置ユニットの一部である。UF 膜ろ過した水は UF 膜ろ過水槽に貯留し，供給ポンプ，フィルター，RO 膜ポンプを経て 1 段目の低圧 RO 膜モジュールへ 1.0 MPa で送る。1 段目の RO 膜モジュールは低圧 RO 膜（直径 8 インチ）が 2 本入ったハウ

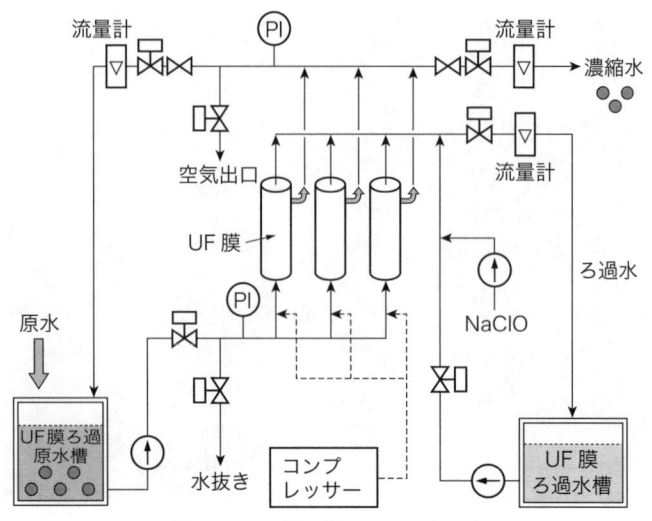

図 11.9 UF 膜ろ過のフローシート

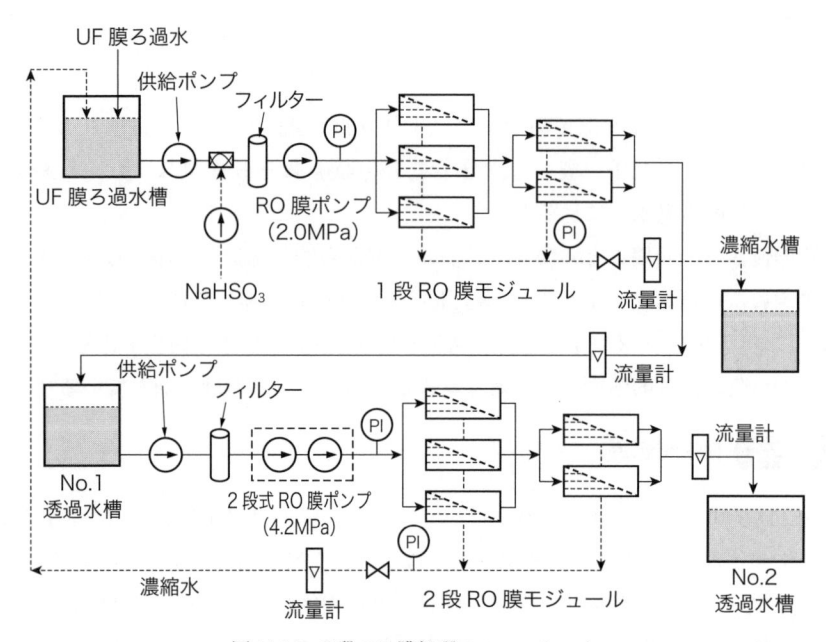

図 11.10 2 段 RO 膜処理のフローシート

写真 11.3　2段 RO 膜装置ユニットの一部

ジングが3：2の比率で配置されている。UF 膜ろ過水には NaClO が残留しているので，これを還元する目的で亜硫酸水素ナトリウム（$NaHSO_3$）を 50 mg/L 添加する。これにより水中の溶存酸素（DO；Dissolved Oxygen）除去と膜に損傷を与える NaClO を除くことができる。

1段目の低圧 RO 膜処理水は No.1 透過水槽に貯留する。濃縮水は濃縮水槽に貯留する。No.1 透過水槽の水は供給ポンプ，フィルター，2段式 RO 膜ポンプを経て2段目の高圧 RO 膜モジュールへ 4.0 MPa で送る。

2段 RO 膜モジュールは高圧 RO 膜（直径8インチ）が2本入ったハウジングが3：2の比率で配置されている。高圧 RO 膜処理水は No.2 透過水槽に貯留する。

11.2.5　UV オゾン酸化処理

図 11.11 は UV オゾン酸化処理のフローシートである。

写真 11.4 は UV オゾン酸化装置である。反応槽は2室に分かれており，それぞれに 150 W（200 V）の低圧 UV ランプが設置されている。

オゾン（O_3）量は 10 g/h に調整して 4 L/min の流量で反応槽の底部から散気した。これにより COD は 3.8 mg/L から 1.2 mg/L に低下した。

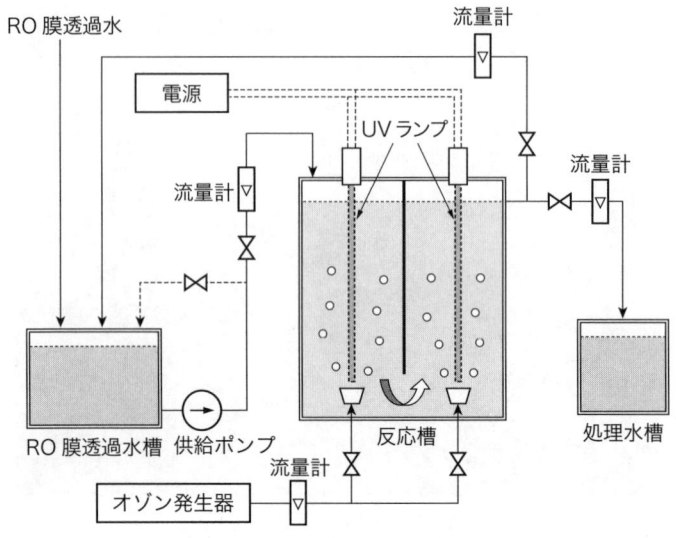

図 11.11　UV オゾン酸化処理フローシート

写真 11.4　UV オゾン酸化装置

222　第 11 章　水のリサイクル

11.2.6 処理結果

(1) 減圧蒸留におけるカルシウムスケール対策

　表11.3の原水（凝集ろ過水）はCa^{2+}を主成分とした塩分を多量に含む。これをそのまま濃縮すると，蒸発缶内部や配管にCa^{2+}主体のスケールが析出してしまう。これを防止するために，ここでは凝集ろ過水に10% Na_2CO_3溶液を加えてpH 10.5とし，Ca^{2+}を溶解度の低い$CaCO_3$に変える方法を採用した。

$$Ca^{2+} + Na_2CO_3 \rightarrow CaCO_3 + 2Na^+ \qquad (11.1)$$

Na_2CO_3を添加した処理水は，蒸発缶にそのまま注入して減圧蒸留した。これにより不溶化されたCa^{2+}は，スラリー状の$CaCO_3$として挙動するので，Ca^{2+}スケールにならず安定した減圧蒸留が継続できた。

(2) UF膜ろ過水と低圧RO膜処理水の水質

　減圧蒸留水はUF膜ろ過を行うと，表11.3のUF膜ろ過水試料No.1に示すようにCODが150 mg/Lから110 mg/Lとなり，ECは2,000 μS/cmから1,900 μS/cmに低下した。

　UF膜ろ過でCODがあまり低下しなかったのは，UF膜の分画分子量が150,000と大きかったので，分子量の小さい物質が透過した結果と考えられる。

　それでもUF膜ろ過では目視できない微細な懸濁物質，高分子物質，細菌類などを除去できるので，後段のRO膜面への負荷を軽減する効果があると考えられる。UF膜ろ過した水は低圧RO膜で処理すればCOD，ECともにさらに低減できると考え，除塩率99.4%の膜を用いて1.0 MPaの圧力で処理した。その結果，透過水の水質は予想に反して表11.3の1段RO膜処理試料No.1に示すようにCOD 40 mg/L，EC 70 μS/cmにとどまった。これではまだCODが高く，冷却水としては再利用できない。

　低圧RO膜を透過した水に含まれる成分をガスクロマトグラフ質量分析計で調べたところ，主成分として微量のメタノール（CH_3OH）やイソプロピルアルコールなどが検出された。これらの成分はいずれも沸点82℃以下なので，減圧蒸留で蒸気側に移行したものと推察された。低圧RO膜の阻止率は，膜メーカーの資料によればCH_3OH（分子量32）14%，イソプロピルアルコール（IPA；分子量60）96%である。

(3) 2 段 RO 膜による処理

2 段 RO 膜処理に先立って高圧 RO 膜単独処理を試みた。その結果，COD 130 mg/L の UF 膜処理水を直接高圧 RO 膜処理したら COD 30 mg/L の透過水（COD 除去率 77％）が得られた。しかし，これではまだ COD が高く再利用には向かない。そこで，低圧 RO 膜処理水を，再度，高圧 RO 膜で処理したところ COD 4 mg/L の処理水（COD 除去率 87％）が得られた。

これらの検討結果に基づき，2 段 RO 膜方式を採用することにした。RO 膜は一般に分子量の大きい有機物の阻止率は高いが，分子量が小さく親水性の OH 基をもつ CH_3OH などの阻止率は低い。RO 膜はもともと水中の塩分を除去する目的で開発された素材なので，分離性能は通常 NaCl 除去率で評価する。ところが本試料水は凝集沈殿したろ過水を減圧蒸留しているので塩化ナトリウム（NaCl）成分は含まない。したがって，本試料水では塩分除去率は直接の参考にはならないが，UF 膜ろ過水を低圧 RO 膜で処理し，続いて除塩率の高い高圧 RO 膜で処理すれば分子量の小さい CH_3OH などの物質でもかなり分離できると思われる。

(4) UV オゾン酸化

RO 膜を透過した COD 物質が CH_3OH などの低分子有機物であれば，UV オゾン酸化で分解できる可能性がある。そこで，高圧 RO 膜透過水の UV オゾン酸化を行った。オゾン水に紫外線が照射されるとオゾンより酸化力の強いヒドロキシルラジカル（OH ラジカル）が発生する。OH ラジカルは CH_3OH を二酸化炭素（CO_2）と H_2O にまで分解できると考えられる。

$$O_3 + h\nu \ (\lambda < 310 \text{ nm}) \rightarrow [O] + O_2 \tag{11.2}$$

$$[O] + H_2O \rightarrow 2OH\cdot \tag{11.3}$$

$$CH_3OH + 2OH\cdot \rightarrow HCHO + 2H_2O \tag{11.4}$$

$$HCHO + 2OH\cdot \rightarrow HCOOH + H_2O \tag{11.5}$$

$$HCOOH + [O] \rightarrow CO_2 + H_2O \tag{11.6}$$

図 11.12 は COD 3.8 mg/L，pH 6.8 の高圧 RO 膜透過水を 4 時間 UV オゾン酸化処理した結果である。

オゾン単独の処理では COD，pH ともに大きな変化はなかった。UV オゾン酸化では 0.5 時間後に COD が計測上 3.8 mg/L から 7.0 mg/L に増加し，2 時間後に 1.2 mg/L となった。過マンガン酸カリウムで測定する COD が一時的に増加

したのは，式（11.7）により水中で OH ラジカルどうしが反応して過酸化水素（H_2O_2）を副生し，これが式（11.8）により COD として計測された結果と考えられる。

H_2O_2 の生成反応

$$OH\cdot + OH\cdot \rightarrow H_2O_2 \tag{11.7}$$

H_2O_2 と過マンガン酸イオンの反応

$$5H_2O_2 + 2MnO_4^- + 6H^+ \rightarrow 2Mn^{2+} + 5O_2 + 8H_2O \tag{11.8}$$

図 11.12 の 0.5 時間処理後の試料水を 1/40 N 過マンガン酸カリウム標準液にて測定したところ，3.0 mg/dm^3 の H_2O_2 として計測された。pH は 1 時間後に 6.7 から 6.2 に低下し，その後わずかに上昇した。これは，式（11.4）～（11.6）の反応で有機物が低分子の有機酸を経由して，最終的に CO_2 と H_2O に変わったためと思われる。図 11.12 で COD 測定をしたのと同じ試料について，全有機炭素（TOC：Total Organic Carbon）の測定を行った。COD は 0.5 時間処理後に 7.0 mg/L の局大値を示したが，TOC は時間の経過に伴って低下し 3 時間後には 1 mg/L となった。

TOC と COD の比較から，0.5 時間付近で COD が増加したのは式（11.7）の

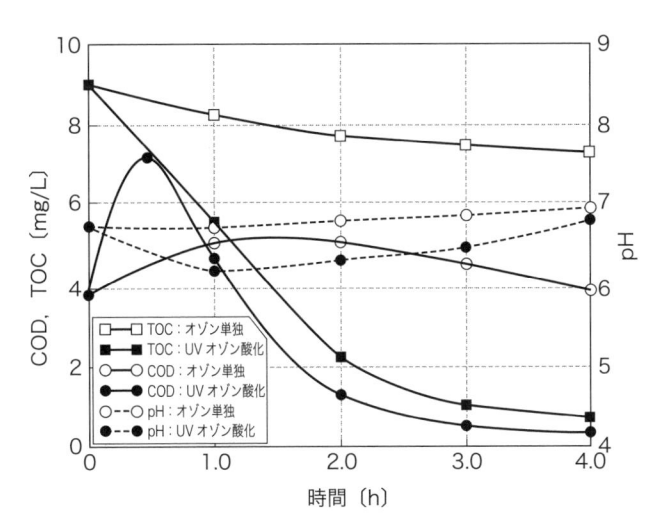

図 11.12　RO 膜処理水の UV オゾン酸化処理結果

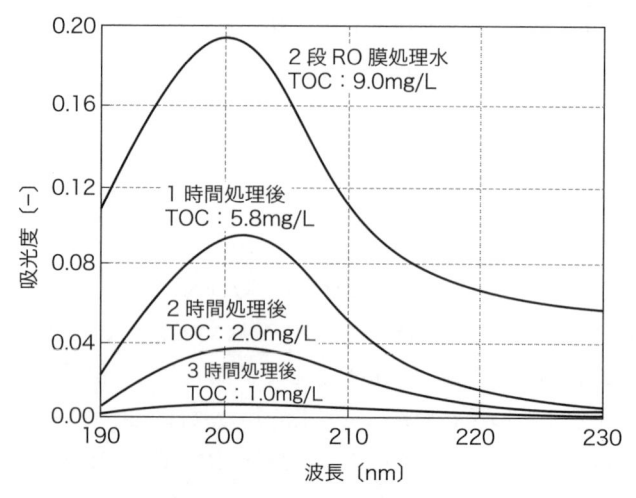

図11.13 高圧RO膜透過水のUV吸収とTOC測定結果

H_2O_2 副生によるもので,本試料水特有の現象と思われる。

図 11.13 は高圧 RO 膜透過水を UV オゾン酸化した処理水の UV 吸収スペクトルと TOC の変化である。高圧 RO 膜透過水は紫外部の 200 nm に吸収がある。

これを UV オゾン酸化すると,TOC の低下に対応するように吸光度が低下し 3 時間処理でほぼ平坦な線となった。本測定結果から,2 段 RO 膜処理と UV オゾン酸化処理により,有機物の大半は分離または分解されたと判断される。

11.2.7 リサイクルシステムの概要

以上の検討結果に基づいて図 11.14 に示す排水のリサイクルシステムを開発した。

既設の凝集沈澱処理水は Ca^{2+} の不溶化と pH 調整を兼ねて Na_2CO_3 で pH 10.5 程度に調整後,減圧蒸留装置に送る。減圧蒸留では蒸留水と濃縮水に分ける。

濃縮水は焼却後,スラグ化してセメント骨材として再資源化する。

減圧蒸留した水は UF 膜ろ過後,低圧 RO 膜と高圧 RO 膜による 2 段処理によって処理水として回収する。さらに,この RO 膜透過水を 2 時間 UV オゾン酸化すれば純度の高い精製水となり,減圧蒸留装置の冷却水としてリサイクルできる。

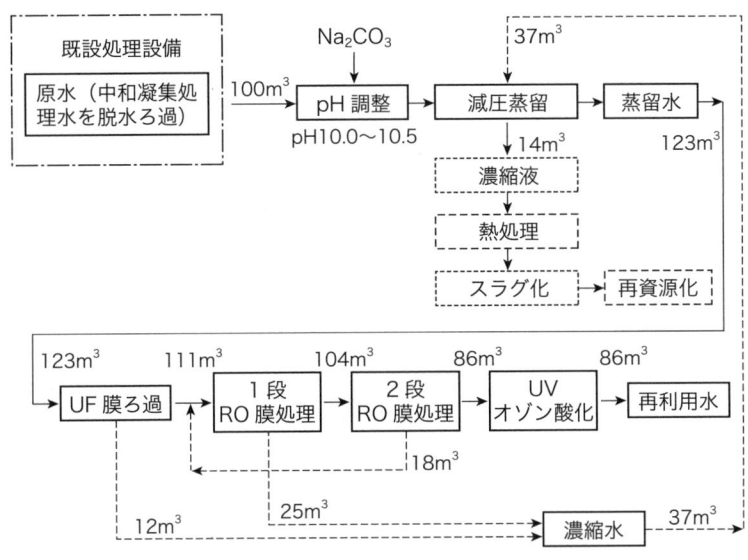

```
                            Na₂CO₃        37m³
  ┌─────────────────┐         │           ┆
  │  既設処理設備    │         ▼           ▼
  │ ┌─────────────┐ │      ┌──────┐   ┌──────┐   ┌──────┐
  │ │原水(中和凝集 │ │100m³ │pH調整│──▶│減圧蒸留│─▶│蒸留水│──┐
  │ │処理水を脱水ろ│─┼─────▶│      │   │      │   │      │  │
  │ │過)          │ │      └──────┘   └──────┘   └──────┘  │
  │ └─────────────┘ │      pH10.0~10.5   │14m³      123m³   │
  └─────────────────┘                    ▼                   │
                                      ┌──────┐               │
                                      │濃縮液│               │
                                      └──────┘               │
                                         │                   │
                                         ▼                   │
                                      ┌──────┐               │
                                      │熱処理│               │
                                      └──────┘               │
                                         │                   │
                                         ▼                   │
                                      ┌──────┐   ┌──────┐    │
                                      │スラグ化│─▶│再資源化│  │
                                      └──────┘   └──────┘    │
```

図11.14 リサイクルシステムのフローシート

11.3 シアン含有排水のリサイクル

　シアン化合物は化学工場，電子部品製造工場，めっき工場などの排水に含まれている。従来，シアン含有排水はアルカリ塩素法で処理し，処理水は公共水域に放流し，発生スラッジは埋め立て処分されていた。

　アルカリ塩素法はシアンを無害化できるが，この方法は化学薬品を多く使うので，処理水中の塩類濃度が高く過剰塩素を含むため再利用には適さない。

　オゾンは処理薬品を使うことなくシアンを分解できる。過剰のオゾンは自己分解して酸素（O_2）となるから，処理水中に塩類や有害な塩素酸化物などの副生がない。水中のオゾンに紫外線を照射するとシアンの分解が促進される。

　イオン交換樹脂法はシアン化物イオン（CN^-）を吸着・溶離できるが，陽イオン交換樹脂にシアン排水が接触すると酸性化してシアン化水素（HCN）となり，樹脂粒間に充満して処理効率を低下させ，漏れ出ると作業環境が危険となる。

　ここでは，UVオゾン酸化とイオン交換樹脂処理を組み合わせて，シアン排水

を再利用する方法[3]について述べる。

11.3.1 実験の概要

図 11.15 は UV オゾン酸化とイオン交換樹脂処理の実験装置フローシートである。

原水槽のシアン排水は，送水ポンプを用いて一定流量で反応槽へ送る。反応槽には 100 V 交流電源に接続された 40 W の低圧 UV ランプを設置する。この UV ランプは，184.9 nm と 253.7 nm の紫外線を発生する。

UV ランプは連続点灯すると温度が上昇するので，ランプを冷却する目的で冷却用空気を送入する。この冷却用空気中の酸素の一部は 184.9 nm の紫外線に接するとオゾンを発生するので，このオゾン化空気は反応槽の底部から散気して有効利用が可能である。また，このオゾンとは別に設けたオゾン発生器によって発生させたオゾンは反応槽底部から散気する。

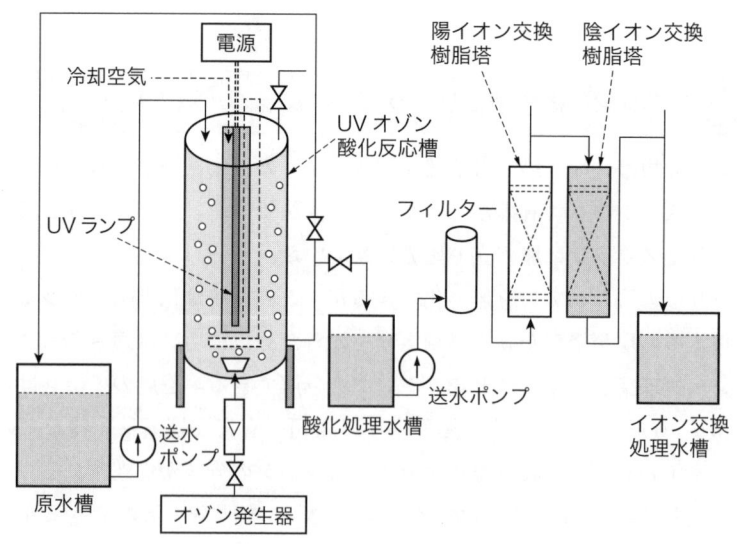

図 11.15 UV オゾン酸化とイオン交換樹脂処理の実験装置フローシート

---

3) 和田洋六ほか：日本化学会誌，No. 9, pp. 834-840（1994）

オゾン発生器は PSA 装置で酸素濃度を約 92％に高め，無声放電式でオゾンを発生する方式を採用する。この方式はチッ素化合物（NO_x）の発生が少ないので，水中で硝酸副生の懸念がなく水のリサイクルには適していると考えられる。

酸化処理した処理水は全部または一部が原水槽に戻るか，酸化処理水槽に送れるように配管する。

酸化処理水槽の水は一定流量で 5 μm のフィルターを通過させ，2 種類の同一容積のイオン交換樹脂塔に送る。初めの樹脂塔には H 型陽イオン交換樹脂，次の樹脂塔には OH 型陰イオン交換樹脂を充填する。

陽イオン交換樹脂塔では酸性化に伴い，樹脂粒間に炭酸などの気体が気泡となって発生することが予測されたので，これらの気泡が抜けやすいように上向流方式を採用する。

イオン交換処理した水は，それぞれの塔出口で一定時間ごとに採取して水質を測定する。樹脂塔を出た処理水の EC が急激に上昇したときを，イオン交換樹脂が破過したときとみなし，樹脂あたりの原水処理量は樹脂 1 リットルに換算した通液量から求める。

11.3.2 実験結果

(1) オゾン酸化

実験に用いたシアン含有排水の組成は，pH 10.5，EC 1,100 μS/cm，CN^- 130.5 mg/L，Cu^{2+} 65.5 mg/L，COD 75.1 mg/L である。

酸化処理は図 11.15 の UV オゾン酸化反応槽を用いた。はじめに UV ランプを点灯しないでオゾン単独酸化を行った。

オゾンは発生量 2.0 g/h で 2.0 L/min の流量で反応槽（4.0 リットル）の底部から散気した。原水槽の試料水（6.0 リットル）は，反応槽へ送り再び反応槽へ戻る循環方式を採用した。処理水は一定時間ごとに採水し，No. 5 C のろ紙でろ過してから CN^-，Cu^{2+}，COD，pH を測定した。

図 11.16 はシアン排水のオゾン単独酸化処理結果である。オゾン単独で試料水を酸化処理すると，CN^- は 2 時間後には 6.0 mg/L に低下した。これに伴って，pH 8.3，Cu^{2+} 2.0 mg/L，COD 4.2 mg/L に低下したが，2.5 時間処理しても pH 以外の数値は変わらなかった。

(2) UV オゾン酸化

図 11.17 は図 11.16 と同じ試料水を UV オゾン酸化処理し pH, CN^-, シアン酸イオン (CNO^-), COD について測定した結果である。

UV オゾン酸化を行うと CN^- は 0.5 時間で不検出となり, pH は 10.5 から極小

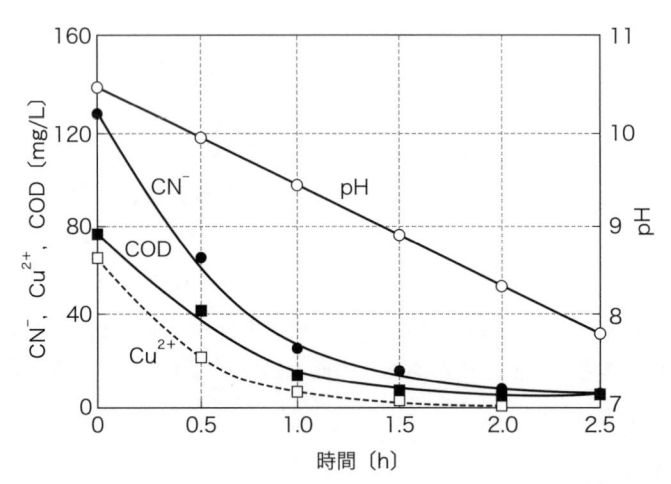

図 11.16 シアン排水のオゾン酸化処理結果

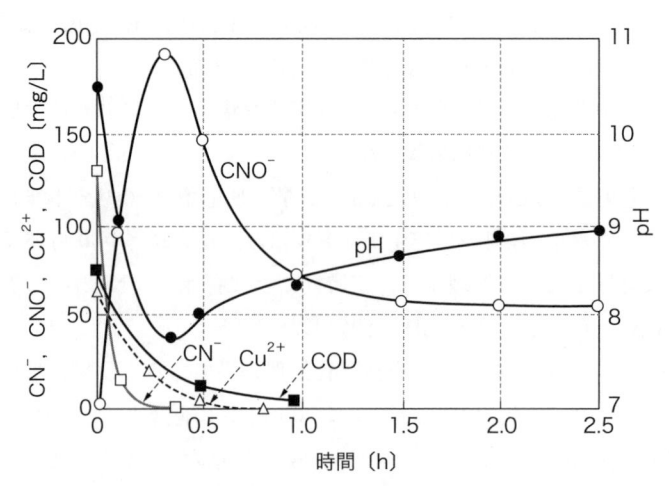

図 11.17 シアン排水の UV オゾン酸化結果

値の7.8となった。0.8時間後にCu^{2+}が不検出，CODは4.0 mg/Lとなった。pHの低下に伴ってCNO^-濃度が上昇しはじめ，CN^-濃度が不検出となる0.4時間後にはCNO^-濃度が極大値の190 mg/Lを示した。0.4時間を経過するとCNO^-濃度は次第に低下しはじめ，pHのゆるやかな上昇が始まった。pHがゆるやかに上昇したのは，COD成分の酸化に伴って有機成分が一時的に低分子の有機酸となり，やがてCO_2と水に分解したためである。UVオゾン酸化の進行に伴って，0.5時間後には処理水中に緑青色の不溶解物質が析出しはじめ，やがて赤黒色のスラッジに変化した。このスラッジは常温乾燥してX線回析すると，主成分は酸化銅（Ⅱ）（CuO）であった。このスラッジの銅含有率は78%であった。

シアン化銅（Ⅱ）（$Cu(CN)_2$）とOHラジカルは式（11.9）のように反応した結果，CuOに変化したと考えられる。

$$2Cu(CN)_2 + 12OH\cdot \rightarrow 2CuO + 4CNO^- + 6H_2O \quad (11.9)$$

本実験結果から，COD成分やCN^-は処理できてもCNO^-濃度が一時的に増加し，2.5時間処理してもあまり低下しないことがわかった。

長時間かけてシアンの完全分解ができたとしても，UVランプやオゾン発生器の運転に要する電力が無駄に消費されるだけなので，経済性と実用性に欠ける。

そこで，試みにシアン濃度がゼロとなる0.5時間処理の水を図11.15のフローシートにしたがって陽イオン交換樹脂塔と陰イオン交換樹脂塔に通水してみた。その結果，陽イオン交換樹脂塔出口でCNO^-が検出されなくなった。

CNO^-が不検出となったのは，式（11.10）〜（11.12）の反応によりCNO^-が陽イオン交換樹脂塔の中でアンモニウムイオン（NH_4^+）に変わり，樹脂に吸着されたと考えられる。

$$R\text{-}SO_3H + NaCNO \rightarrow R\text{-}SO_3\cdot Na + H^+ + CNO^- \quad (11.10)$$
$$CNO^- + 2H^+ + H_2O \rightarrow CO_2 + NH_4^+ \quad (11.11)$$
$$R\text{-}SO_3H + NH_4^+ \rightarrow R\text{-}SO_3\cdot NH_4^+ + H^+ \quad (11.12)$$

表11.4は本実験に用いた原水，UVオゾン酸化水（0.5 h），陽イオン交換樹脂塔出口水，陰イオン交換樹脂塔出口水について測定した結果である。

陽イオン交換樹脂塔出口水はそのまま陰イオン交換樹脂塔に通水したところpH 8.0〜8.2，EC 10 μS/cm以下の脱イオン水となった。

陰イオン交換樹脂塔出口水が微アルカリ性を示したのは，陽イオン交換樹脂に

表11.4 原水と処理水の水質

処理工程	試料 No.	pH	EC〔μS/cm〕	CN^-〔mg/L〕	CNO^-〔mg/L〕	Cu^{2+}〔mg/L〕	COD〔mg/L〕
原水	1	9.5	751	70.1	0	30.1	39.8
原水	2	9.8	915	102.5	0	49.8	61.2
原水	3	10.5	1,100	130.5	0	65.5	75.1
UVオゾン酸化(0.5 h)	1	7.2	790	0	101	0.2	2.8
UVオゾン酸化(0.5 h)	2	7.4	960	0	151	0.2	3.3
UVオゾン酸化(0.5 h)	3	7.6	1,150	0	190	0.3	4.0
陽イオン交換樹脂出口	1	3.2	800	0	2.9	0	2.6
陽イオン交換樹脂出口	2	3.3	974	0	3.6	0	2.9
陽イオン交換樹脂出口	3	3.1	1,170	0	3.8	0	3.8
陰イオン交換樹脂出口	1	8.1	8.5	0	0	0	0.7
陰イオン交換樹脂出口	2	8.2	9.0	0	0	0	0.9
陰イオン交換樹脂出口	3	8.0	8.9	0	0	0	0.6

吸着されなかった微量のナトリウムイオン（Na^{2+}）が陰イオン交換樹脂（R-N・OH）と式（11.13）のように反応した結果，微量の水酸化ナトリウム（NaOH）などのアルカリ成分を生成した結果によるものと考えられる。

$$R-N \cdot OH + NaCl \rightarrow R-N \cdot Cl + NaOH \tag{11.13}$$

陽イオン交換樹脂塔内で処理しきれずにリークしたCNO^-は，陰イオン交換樹脂塔内で交換吸着され，不検出になったと考えられる。

図11.18は表11.4の試料No.1～3のUVオゾン酸化処理水を陽イオン交換樹脂塔，陰イオン交換樹脂塔の順に通水し，陰イオン交換樹脂塔出口水のECが急激に上昇したときの1リットルあたりの樹脂で処理した処理水量（L/L-樹脂量）を示したものである。

図11.18の結果から，EC 10 μS/cm以下の脱イオン水が回収できるのはイオン交換樹脂量（陽イオン交換樹脂＋陰イオン交換樹脂）の45～60倍量であった。飽和に達した陽イオン交換樹脂の再生は7%塩酸（HCl）溶液，陰イオン交換樹脂は7% NaOH溶液で行う。

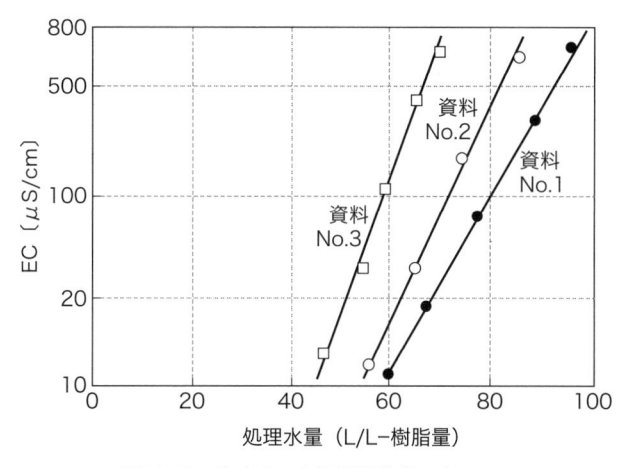

図 11.18　陰イオン交換樹脂塔出口水の EC

11.3.3　シアン排水のリサイクルシステム

　これらの検討結果に基づき，図 11.19 に示す UV オゾン酸化とイオン交換処理を組み合わせたシアン排水のリサイクルシステムを考案した。

　シアンめっき工程の No.1 水洗槽を出た水洗水は原水槽に貯留したのち，フィ

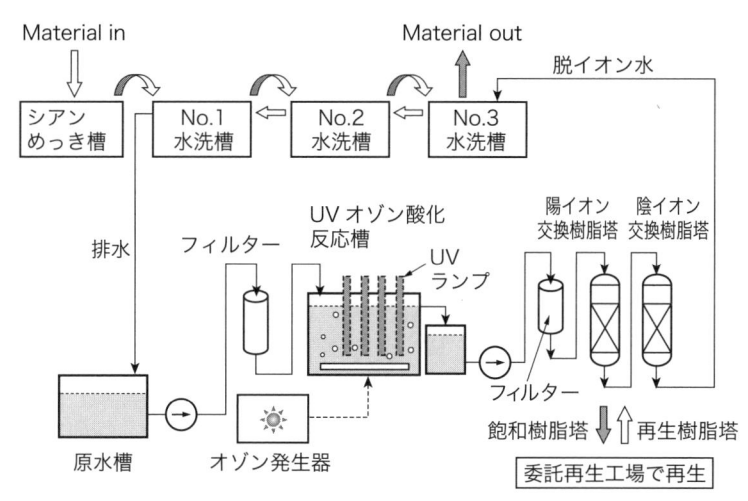

図 11.19　UV オゾン酸化とイオン交換樹脂処理によるシアン排水の再利用フローシート

11.3　シアン含有排水のリサイクル

ルターを通したあと，UVオゾン酸化反応槽へ送って酸化する。酸化処理水はもう一度フィルターでろ過した後，陽イオン交換樹脂塔→陰イオン交換樹脂塔の順に通水しNo.3水洗槽に送って脱イオン水としてリサイクルする。飽和に達した樹脂は再生専門の委託再生工場に運搬して工業規模でまとめて再生する。

再生工場にとっては再生廃液中にシアン成分がないため，アルカリ塩素法などのシアン分解処理は不要で，中和・凝集処理だけで排水処理がすむので経済的である。

11.4　クロム（Cr）含有排水のリサイクルとクロムの再資源化

鉄鋼材料は防食効果を増すために，亜鉛めっき皮膜の上に6価クロム（Cr^{6+}）を使ったクロメート処理が施される。近年，クロメート皮膜に含まれるCr^{6+}は人の健康や生態系に有害であるとの理由から，代替法として3価クロム（Cr^{3+}）化成処理が実用化されている。Cr^{3+}化成処理液の組成は単純な6価クロメート処理液と異なり，クロム（Ⅲ）錯体を形成するためのキレート剤や塩類が多量に配合されている。

イオン交換樹脂法はCr^{6+}を繰り返し吸着・溶離できるので，原理的には有用な方法である。しかし，Cr^{3+}を含む排水を工業規模でイオン交換処理するには，実用上の問題があった。Cr^{3+}化成処理排水には，硫酸イオン（SO_4^{2-}），硝酸イオン（NO_3^-），塩化物イオン（Cl^-）などの陰イオンとZn^{2+}，コバルトイオン（Co^{2+}）などの陽イオンのほかに有機酸，還元剤，キレート剤などが含まれる。Cr^{3+}はこれらの無機イオンや有機成分と作用して，安定なクロム（Ⅲ）錯体を形成する。分子量の大きなクロム（Ⅲ）錯体を含む水は，イオン交換樹脂で脱塩すると，樹脂と錯体が強固に結合し樹脂表面を覆って交換機能と再生効率を低下させるなど実用上の障害を起こす。

UV照射併用オゾン酸化（以下UVオゾン酸化）は薬品を使わないで有機物を分解できるので，クロム（Ⅲ）錯体を分解し，同時にCr^{3+}をCr^{6+}に酸化できる。過剰のオゾンは自己分解して酸素となるので，処理水中に塩類を増加せずイオン交換樹脂に負荷をかけない。したがって，UVオゾン酸化とイオン交換樹脂法を組み合わせたCr^{3+}化成処理排水の処理は，クロム排水の安定した脱塩を可能に

すると考えられる。一方，陰イオン交換樹脂の再生廃液には，Cr^{6+}とともにCl^-が含まれる。Cl^-の混在はクロムの再資源化を不可能にする。ところが，廃液中のCl^-を選択して除く方法が確立できれば，クロムの再資源化が可能になる。

以降，Cr^{3+}化成処理排水をUVオゾン酸化後，イオン交換樹脂で脱塩して再利用し，陰イオン交換樹脂に吸着したCr^{6+}を溶離後イオン交換法で精製してクロム塩類製造原料の一部として再資源化する方法[4]について述べる。

11.4.1 実験の概要

表11.5は有機系Cr^{3+}化成処理排水と各処理工程の水質である。

有機系Cr^{3+}化成処理排水は一般に酸性で，CODが高くCr^{3+}，Zn^{2+}，Co^{2+}，Cl^-などを含んでいる。原水のCr^{6+}は不検出であるがCr（Ⅲ）錯体を形成するための有機酸が含まれており，安定でNaOH溶液を用いてアルカリに調整してもCr^{3+}を不溶化できない。

実験は表11.5の中から試料No.1を選んで次の検討を行う。

表11.5　有機系Cr^{3+}化成処理排水と各処理工程の水質

処理工程	試料No.	pH	EC〔μS/cm〕	Cr^{3+}/Cr^{6+}〔mg/L〕	Zn^{2+}/Co^{2+}〔mg/L〕	Cl^-〔mg/L〕	COD/TOC〔mg/L〕
原水	1	3.5	780	170/0	9/8	8	95/75
	2	3.7	750	150/0	5/7	10	80/65
	3	3.3	850	185/0	10/12	10	110/90
UVオゾン酸化(3.0 h)	1	8.3	1,200	0/165	0/0	8	5/4
	2	8.3	1,050	0/145	0/0	10	4/3
	3	8.2	1,500	0/180	0/0	10	7/5
陽イオン交換塔出口	1	3.2	1,250	0/160	0/0	8	5/4
	2	3.3	1,090	0/140	0/0	10	4/3
	3	3.1	1,540	0/175	0/0	10	7/5
陰イオン交換塔出口	1	8.1	18	0/0	0/0	0	2/2
	2	8.2	15	0/0	0/0	0	2/2
	3	8.0	20	0/0	0/0	0	3/3

---

[4] 和田洋六ほか：化学工学論文集，Vol. 31, No. 5, pp. 365-371（2005）

- UVオゾン酸化によるCr^{3+}の酸化
- UVオゾン酸化によるCOD成分の分解
- UVオゾン酸化処理水の脱塩処理
- 陰イオン交換樹脂の再生方法
- Cr^{6+}の精製

実験のフローシートは図11.15 UVオゾン酸化とイオン交換樹脂処理の実験と同じ装置を使用するので，ここでは省略する。

本実験で用いるイオン交換樹脂は，UVオゾン酸化処理で生成するCr^{6+}や残存オゾンによる酸化の影響が懸念されるので，架橋度が高く化学的に安定なマクロポーラス型の樹脂を選択する。

排水の再利用では純度の高い脱イオン水が要求されるので，陽イオン交換樹脂は強酸性陽イオン交換樹脂（R-H型），陰イオン交換樹脂は強塩基性陰イオン交換樹脂（R-OH型）（I型）を使用する。

11.4.2 実験結果

(1) UVオゾン酸化によるCr^{3+}の酸化

UVオゾン酸化は，図11.15に示す原水槽の試料水を酸化反応槽へ送って処理し，全量を再び原水槽に戻す循環方式を採用した。酸化処理はUVオゾン酸化とオゾン単独酸化について行った。

処理水は反応槽の出口から一定時間ごとに採水し，No.5Cのろ紙でろ過後，Cr^{3+}とCr^{6+}を測定した。

測定結果を図11.20に示す。UVオゾン酸化では試料（Cr^{3+} 170 mg/L）中のCr^{3+}が酸化されて3.0時間後にほぼ全量がCr^{6+}に変わったが，オゾン単独酸化では4時間処理しても140 mg/L程度の変化にとどまった。

これは，オゾン単独酸化ではUVオゾン酸化に比べて酸化力が弱いのでクロム錯体が分解し，アルカリ下でCr^{3+}がCr^{6+}に変化する途中で一部がCr(OH)$_3$となって不溶化し，ろ過によって分離されたためと考えられる。

酸化力の強さを示すORPはオゾンの1.24 Vに対してOHラジカルは2.02 Vである。オゾン単独でも式（11.14）のようにCr^{3+}の酸化はできるが，OHラジカルの酸化力のほうが強かったので，ここでは式（11.5）の反応が優先して進行し

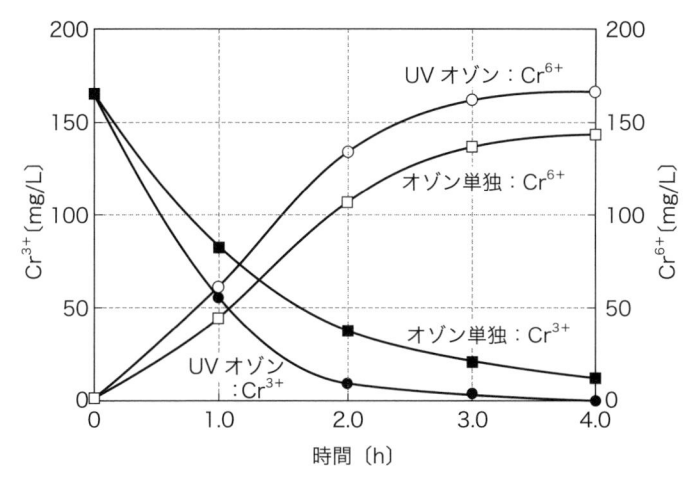

図 11.20 UV オゾン酸化による Cr^{3+} と Cr^{6+} の酸化

たと考えられる。

$$Cr^{3+} + O_3 + 2OH^- \rightarrow CrO_4^{2-} + H_2O \tag{11.14}$$

$$Cr^{3+} + 6OH\cdot + 2OH^- \rightarrow CrO_4^{2-} + 4H_2O \tag{11.15}$$

本実験結果から，Cr^{3+} は UV オゾン酸化によってイオン交換処理可能な Cr^{6+} に酸化されることが明らかとなった。

(2) UV オゾン酸化による COD 成分の分解

前述の (1) と同様の方法で試料を循環し，UV オゾン酸化とオゾン単独酸化を行った。処理水は一定時間ごとに採水し COD と TOC を測定した。測定結果を図 11.21 に示す。

UV オゾン酸化で試料（COD 95 mg/L，TOC 75 mg/L）を処理すると COD，TOC ともに同様の低下傾向を示し 3.0 時間後に COD 5 mg/L，TOC 4 mg/L となり，COD 成分，有機成分の大半が酸化された。オゾン単独酸化では 3.0 時間後に COD 35 mg/L，TOC 25 mg/L まで低下したが，それ以上酸化を継続してもあまり変化しなかった。

本実験結果から，Cr^{3+} 化成処理排水に含まれる有機酸，キレート剤などのクロム（Ⅲ）錯体を形成する有機成分の大半は，UV オゾン酸化により分解できることが明らかとなった。

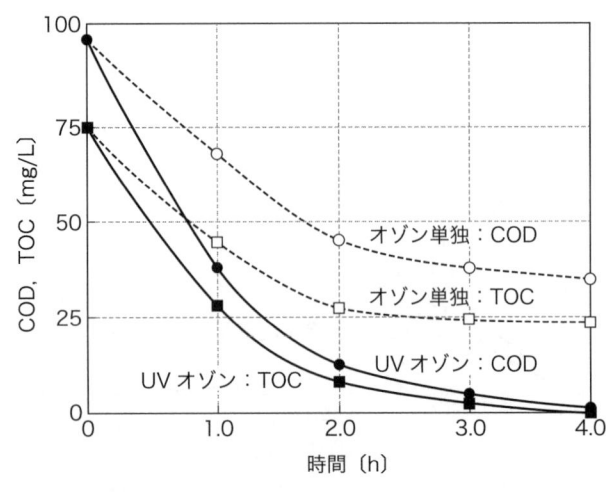

図 11.21 UV オゾン酸化による COD, TOC の変化

(3) UV オゾン酸化処理水の脱塩処理

図 11.22 は表 11.5 の試料 No. 1〜3（図 11.22 の①②③）を 3 時間 UV オゾン酸化した処理水と無処理の水を陽イオン交換樹脂塔，陰イオン交換樹脂塔の順に通水し，陰イオン交換樹脂塔出口水の EC が急上昇したときの BV 値（ここでは 1 リットルの樹脂で処理した処理水量（リットル）を示す）の変化を測定した結果である。

図 11.22 の結果から，試料水を直接イオン交換樹脂処理すると樹脂量の 3〜5 倍の脱イオン水（EC 20 μS/cm 以下）を回収するまでに樹脂表面が青緑色に着色し，樹脂塔の入り口と出口の差圧が増大して処理水の EC が急上昇した。この時点でイオン交換樹脂の交換能力が破過したと判断された。これに対して，UV オゾン酸化処理をした場合は脱イオン水の回収量が樹脂量の 33〜43 倍に向上し，塔入り口と出口の差圧上昇もなかった。

本実験のように H 型陽イオン交換樹脂と OH 型陰イオン交換樹脂を直列につないで脱イオン処理すると，陽イオン交換樹脂塔の出口水は酸性（pH 3.1〜3.3）を示す。これはアルカリ側で 2 価の CrO_4^{2-} として存在していた Cr^{6+} が酸側で 1 価の $HCrO_4^-$ に変化したことを意味する。

イオン交換樹脂には，CrO_4^{2-} と $HCrO_4^-$ のように分子量がほとんど同じでも価

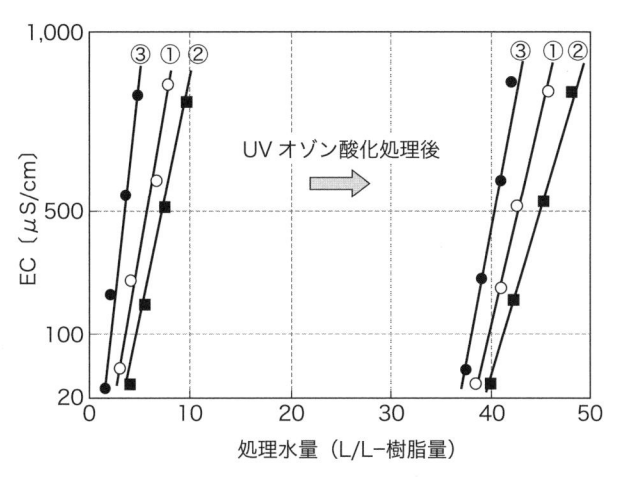

図 11.22 UV オゾン酸化による COD, TOC の変化

数が半分になれば吸着量は 2 倍に増えるという特性がある。したがって，陽イオン交換樹脂処理で酸性に変化した処理水中の Cr^{6+} 吸着量は，アルカリ側に比べて約 2 倍に増えるので，H 型陽イオン交換樹脂と OH 型陰イオン交換樹脂の組み合わせ利用は工業的に有利である。

UV オゾン酸化に伴って生成する低分子の有機酸（一例としてギ酸：HCOOH）は，$HCrO_4^-$ と同様に陰イオン交換樹脂に吸着されるが，低濃度（COD 10 mg/L 以下）であれば樹脂に負荷をかけず，再生でも実用上の問題はない。図 11.22 の結果から，試料 No. 1～3 の排水を UV オゾン酸化したのち，この処理水を H 型陽イオン交換樹脂塔と陰イオン交換樹脂塔の順に通水すれば，イオン交換処理が困難だった Cr^{3+} 化成処理排水が脱イオン水として回収できることを確認した。

(4) 陰イオン交換樹脂の再生方法

ここでは本実験に使用した強塩基性陰イオン交換樹脂の再生方法について検討する。図 11.23 は試料を UV オゾン酸化後，H 型強酸性陽イオン交換樹脂に通水したのち，この処理水を OH 型陰イオン交換樹脂（I 型）に Cr^{6+} が飽和になるまで連続通水し，この陰イオン交換樹脂をいくつかの溶離液を用いて SV3 で溶離したときの再生効率である。再生効率は式（11.16）より計算した。

溶離 Cr^{6+} 量（mg）/飽和吸着 Cr^{6+} 量（mg/L・樹脂量）×100　　　(11.16)

11.4 クロム (Cr) 含有排水のリサイクルとクロムの再資源化

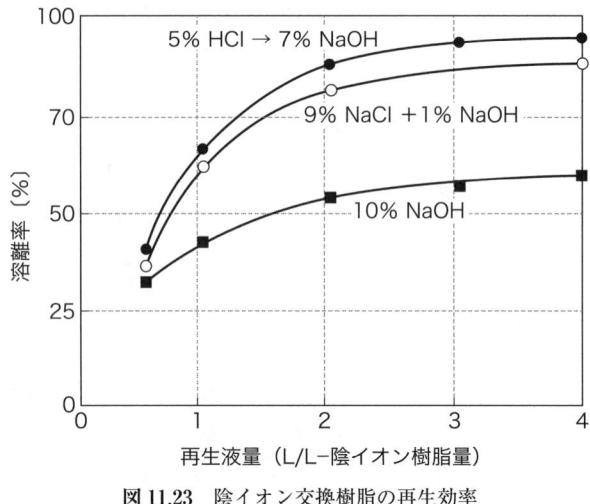

図 11.23 陰イオン交換樹脂の再生効率

10% NaOH 溶液の単独処理による再生効率は 65％であるが，9% NaCl と 1% NaOH の混合溶液では 83％であった。NaCl が混在すると再生効率が向上したのは，NaOH 溶液中で Cl^- は Cr^{6+} より樹脂に対する選択性が強いので，Cl^- が優先して樹脂に吸着し，その反動で多くの Cr^{6+} が溶離したためと考えられる。

次に，本試料に適した更に効率の良い再生方法について検討した。陰イオン交換樹脂は一般に HCl 溶液に浸漬すると体積が収縮するが，同一の樹脂を NaOH 溶液に接触させると膨張する。この点に着目し，HCl 溶液で陰イオン交換樹脂を洗浄したのち NaOH 溶液で脱イオン処理すれば，多孔質の樹脂は収縮と膨張を繰り返すので，樹脂表面と内部の洗浄効果に加えてイオンの溶離効果も促進されるのではないかと考えた。

そこで，飽和陰イオン交換樹脂を 5% HCl 溶液に 3 時間浸漬後 SV3 で洗浄し，次に HCl 成分を樹脂粒間に残した状態で 7% NaOH 溶液を SV3 で通液する溶離方法を考案し実施したところ，再生効率が 93％に向上することを確認した。しかし，この方法は高い樹脂再生効率が得られる半面，溶離液の中に多量の Cl^- を残す結果となり，目的としたクロムの再資源化を妨げる原因となった。

(5) Cr^{6+} の精製

陰イオン交換樹脂の再生溶離液から Cl^- を除く目的で，イオン交換法による実

験を行った.強塩基性陰イオン交換樹脂のイオン選択性の強さの順位は一般に次の傾向がある[5]．

$$SO_4^{2-} > NO_3^- > Cl^- > HCO_3^- > F^- > H_3SiO_4^- > OH^- \qquad (11.17)$$

イオン交換樹脂には選択係数の大きなイオンが吸着した樹脂層に，これより選択係数は小さいが高濃度の溶液（NaOH）を流すと，選択係数の大きなイオンが追い出されるという性質がある．そこで，式(11.17)におけるCl^-のイオン選択性の関係から，低濃度のNa_2CO_3溶液かNaOH溶液で樹脂層を洗浄すればCl^-を優先して除去できるのではないかと考え，pH 9.5～11.0のNa_2CO_3溶液またはNaOH溶液で$HCrO_4^-$，Cl^-などを吸着した樹脂層の洗浄を行い，Cl^-が選択的に除去できるかどうか検討した．

図11.24はCr^{6+}が飽和するまで吸着した樹脂を，樹脂の2倍量のNa_2CO_3溶液（pH 9.5～11.0）を用いてSV 3で洗浄し，Cl^-とCr^{6+}の溶出濃度を測定した結果である．pH 10.5のNa_2CO_3溶液（40 mg/L）で洗浄するとCl^-が80 mg/L，Cr^{6+}が10 mg/L溶出した．pHを11.0に上げるとCl^-が90 mg/L，Cr^{6+}が25 mg/L溶出した．本実験結果から，pH 10.5～11.0のNa_2CO_3溶液で洗浄を行

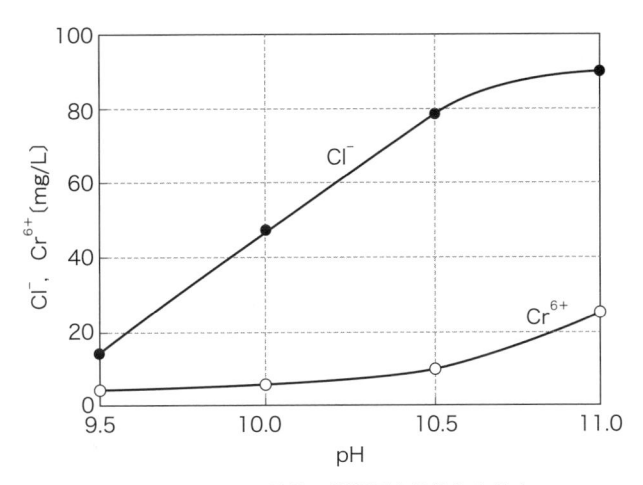

図11.24　Na_2CO_3溶液で樹脂層を洗浄した場合

[5] 大矢晴彦監修：純水・超純水製造法，pp. 23-30，幸書房（1985）

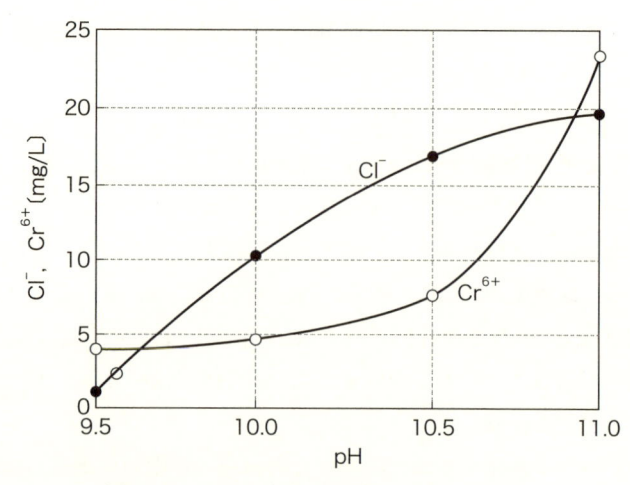

図 11.25 NaOH 溶液で樹脂層を洗浄した場合

えば，樹脂内部の Cl^- は大半が洗浄除去できると考えられる。

図 11.25 は図 11.24 と同様の処理を行った陰イオン交換樹脂を，樹脂の 2 倍量の NaOH 溶液（pH 9.5〜11.5）を用いて SV3 で洗浄し，Cl^- と Cr^{6+} の溶出濃度を測定した結果である。pH 10.5 の NaOH 溶液（15 mg/L）で洗浄すると Cl^- が 17 mg/L，Cr^{6+} が 7 mg/L 溶出した。pH を 11.0 に上げると Cl^- が 19 mg/L，Cr^{6+} が 23 mg/L 溶出した。pH を 11.0 に上げても Cl^- の溶出濃度はあまり変わらなかったが，Cr^{6+} の溶出量は急激に増加する傾向を示した。本実験結果から，pH 10.5〜11.0 の NaOH 溶液で洗浄すると Cl^- はある程度除去されるものの，樹脂内部にはまだかなりの残留があると考えられる。

図 11.24 と図 11.25 との結果から，Cr^{6+} が飽和するまで吸着した陰イオン交換樹脂に混入した Cl^- を優先して溶出させるには，図 11.24 に示すように pH 10.5〜11.0 の Na_2CO_3 溶液による洗浄が効果的であることを見いだした。

図 11.26 はクロム回収における樹脂の利用効率を上げる目的で樹脂塔を配置した事例である。樹脂塔は①②③④の順に並べてクロムを吸着させる。薬品で再生するときは，未吸着部のある④は外して①②③の再生を行う。次の吸着工程では④①②③の順で吸着を行う。この操作を自動で繰り返すことによって高濃度のク

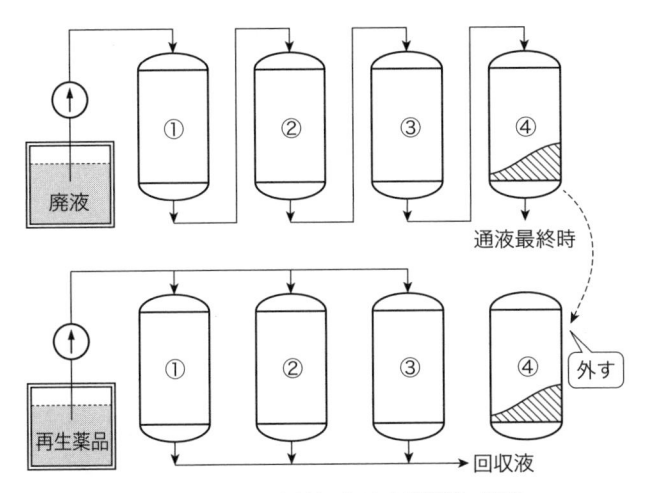

図11.26 クロム回収における樹脂塔の配置

(6) Cr^{3+}化成処理排水のリサイクルシステム

図11.27は本実験結果に基づいて考案したCr^{3+}排水のリサイクルとCr^{6+}の再資源化システムの概要である。No.1水洗槽を出た排水は原水槽に貯留したのち,ポンプ→フィルター→UVオゾン酸化反応槽の順に通水しCr^{3+}や有機質成分を酸化処理したあと,酸化処理水槽に貯留する。酸化処理水槽の水はポンプ→フィルター→陽イオン交換樹脂塔→陰イオン交換樹脂塔の順に通水しEC 20 μS/cm以下の脱イオンとしてNo.3水洗槽に戻して循環利用する。

このリサイクルシステムは,これまで廃棄していたクロム（Ⅲ）排水は生産工程における脱イオン水として全量が再利用できるので,公共水域に排水が出ない。飽和に達したイオン交換樹脂塔は,再生工場に塔容器ごと運搬してまとめて再生を行う方式を採用した。

陰イオン交換樹脂に吸着しているCr^{6+}は,本報告で述べた手段で溶離,精製した。この処理液はクロム塩類製造原料の一部として再資源化できた。これにより,Cr^{3+}化成処理排水の再利用とCr^{6+}の再資源化が実現した。

写真11.5はUVオゾン酸化装置の一部である。

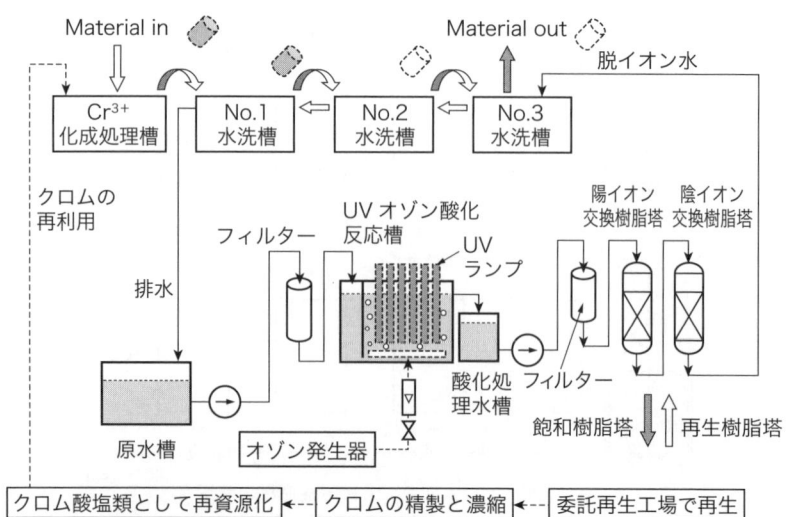

図 11.27 Cr^{3+} 化成処理排水の再利用とクロム再資源化システム

写真 11.5 UV オゾン酸化装置の一部

11.5 汚染地下水のリサイクル

　地下水汚染の多くは，工場・事業場から排出される有害な排水の不適切な取り扱い，漏出，地下浸透が原因で発生する。地下水は流速が緩慢なので，いったん汚染して広範囲に拡散すると，自浄作用を期待するのは困難である。

　化学工場，製鉄所，製油所，表面処理工場などの製造工程からは有機物，シアン（CN^-），クロム（Cr^{3+}，Cr^{6+}）および酸・アルカリなどを含む廃液が排出される。これらの物質は化学的性質が異なるので従来から分別して，酸化，還元，pH調整などの方法により処理されている。分別処理が必須のこれらの廃液が適切に処理されず，長い年月のあいだ汚染地下水になると，従来法による処理ではもはや対応が困難である。これをそのまま放置すれば人の健康に害となるばかりか土壌汚染などの環境問題を引き起こす。これらの背景から，汚染地下水を無害化して再利用する処理システムの確立が望まれていた。

　本書で述べた促進酸化法（AOP）は，処理水中に塩類を増加したり二次副生成物発生の懸念がないので，排水のリサイクルに適すると考えられる。

　地下水は地域により土壌や海水由来のCa^{2+}を多く含むことがある。水中のCa^{2+}はオゾン化空気中のCO_2と作用して溶解度の低い$CaCO_3$を副生し，UVランプや反応容器内壁に析出するなど実用上の障害を派生する。ここでは，難分解性有機物，CN^-，クロム（Cr^{3+}，Cr^{6+}）およびCa^{2+}を含んだ汚染地下水を，UVオゾン酸化とイオン交換樹脂法で無害化して再利用する方法[6]について述べる。

11.5.1 実験の概要

　表11.6に汚染地下水の組成と各処理工程の結果を示す。試料とした地下水のpHは6.2～6.4でほぼ中性であるが，EC 850～950 μS/cm，Ca^{2+} 180～220 mg/L，COD 95～105 mg/L，TOC 68～75 mg/L，IC（無機炭素）3～4 mg/LでECとCODが高い。CN^-は2～3 mg/Lで，これにCr^{3+}とCr^{6+}が3～7 mg/L混在している。以降表11.6の試料No.1を事例とし，次の項目において行った実験結果に

6）和田洋六ほか：化学工学論文集，Vol. 33, No. 1, pp. 65-71（2007）

表 11.6 汚染地下水の組成と処理結果

処理工程	試料 No.	pH	EC 〔µS/cm〕	CN^-/Ca^{2+} 〔mg/L〕	Cr^{3+}/Cr^{6+} 〔mg/L〕	COD/TOC 〔mg/L〕	IC 〔mg/L〕
原水	1	6.4	880	2/200	4/5	95/70	3
	2	6.2	850	3/180	3/5	90/68	3
	3	6.3	950	2/220	5/7	105/75	4
Na_2CO_3 による pH 調整	1	10.0	990	2/18	4/5	95/69	4
	2	10.2	970	3/17	3/5	90/66	5
	3	10.1	1,060	2/20	5/7	100/72	7
UV オゾン酸化 (4.0 h)	1	8.6	1,200	0/16	0/9	5/20	16
	2	8.6	1,050	0/15	0/8	4/20	17
	3	8.7	1,350	0/17	0/12	6/22	20
陽イオン交換塔出口	1	3.0	1,350	0/0	0/8	5/20	16
	2	3.1	1,290	0/0	0/7	4/20	17
	3	3.2	1,540	0/0	0/10	6/22	20
陰イオン交換塔出口	1	8.2	22	0/0	0/0	2/4	0
	2	8.0	20	0/0	0/0	2/4	0
	3	8.1	25	0/0	0/0	5/5	0

ついて述べる。

- Na_2CO_3 による pH 調整と Ca^{2+} の不溶化
- H_2O_2 併用 UV オゾン酸化による COD の処理
- H_2O_2 併用 UV オゾン酸化による CN^-,クロムの処理
- 酸化処理水の脱塩

図 11.28 に実験装置のフローシートを示す。

原水槽(50 リットル)の試料水は定量ポンプを用いて一定流量(2 L/h)で pH 調整槽(2 リットル)に送り撹拌機でかきまぜながら 10% Na_2CO_3 溶液で pH 10 に調整する。こうすると試料水中の Ca^{2+} が $CaCO_3$ として析出するので,沈殿槽(6 リットル)で $CaCO_3$ を分離して上澄水を上澄水槽(5 リットル)に移流させる。

上澄水槽(5 リットル)の処理水には 10% H_2O_2 溶液を所定量添加したあと,定量ポンプを用い一定流量(50 L/h)でフィルターを経て UV オゾン酸化反応槽

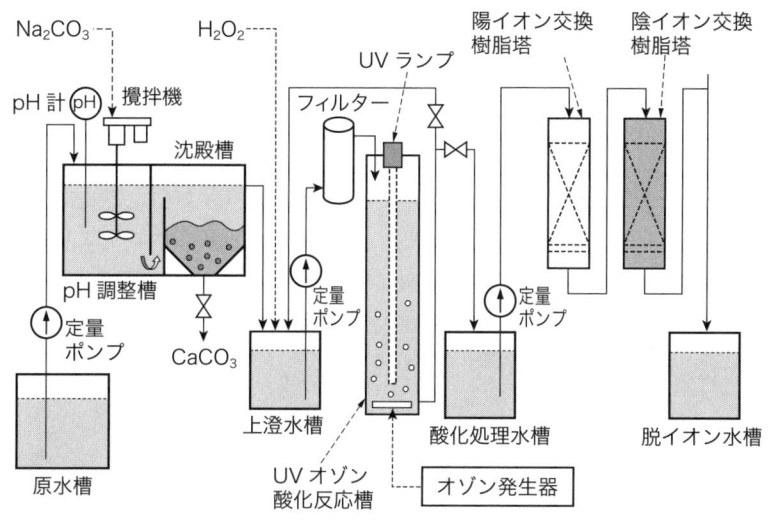

図 11.28 実験装置のフローシート

(5 リットル) へ送る。

　反応槽には UV ランプ (100 V, 40 W) を設置する。この UV ランプは184.9 nm と 253.7 nm の紫外線を発生する。オゾンは空気中のチッ素 (N) を除く PSA 装置つきのオゾン発生器 (オゾン発生量を 0.5 g/h に調整) によって発生させ，120 L/h の流量で反応槽の底部から散気する。

　酸化処理水は，大半を原水槽に戻して循環しながら一部を上澄水槽 (2 リットル) に送るように配管する。上澄水槽の水は定量ポンプでイオン交換樹脂塔 (内径 25 mm，長さ 600 mm，樹脂充填量 0.2 リットル) に送る。はじめの樹脂塔にはH型陽イオン交換樹脂，次の樹脂塔には OH 型陰イオン交換樹脂 (I 型) を充填する。UV オゾン酸化処理水は反応槽の出口，イオン交換処理水はそれぞれの樹脂塔出口で一定時間ごとに採取し，No.5C のろ紙でろ過して水質を測定する。イオン交換樹脂あたりの原水脱塩量は，陰イオン交換樹脂塔を出た処理水のEC が急激に上昇したときをイオン交換樹脂が破過したときとみなし，樹脂量 1リットルに換算した通液量から求める。

11.5.2 実験結果

(1) Na_2CO_3 による pH 調整と Ca^{2+} の不溶化

オゾン酸化はアルカリ側で行うと処理効果が高まる。そこで本実験では試料のpH 調整と Ca^{2+} 除去を目的に Na_2CO_3 を用いることを検討した。

Ca^{2+} を含む中性の水に Na_2CO_3 を加えると，式 (11.18) のように溶解度の低い $CaCO_3$ を生成して pH はアルカリ側に移行する。余剰の炭酸イオン（CO_3^{2-}）は pH によって変化し，pH 8.0～9.5 では重炭酸イオン（HCO_3^-）であるが，pH 9.5 を超えると CO_3^{2-} 量が急激に上昇し，pH 12.5 でほとんど CO_3^{2-} となる。

$$Ca^{2+} + Na_2CO_3 \rightarrow CaCO_3 + 2Na^+ \qquad (11.18)$$

H_2O_2 併用 UV オゾン酸化は OH ラジカルの酸化力を利用したものである。ところが，試料水中に CO_3^{2-} や HCO_3^- が存在すると，式 (11.19)，式 (11.20) のように OH ラジカルの捕捉剤として作用し，酸化反応を妨害すると考えられる。

$$CO_3^{2-} + 4OH\cdot \rightarrow HCO_3^- + H_2O + O_2 + OH^- \qquad (11.19)$$

$$HCO_3^- + 2OH\cdot \rightarrow HCO_3^- + H_2O + [O] \qquad (11.20)$$

式 (11.19)，式 (11.20) から CO_3^{2-} は HCO_3^- より OH ラジカルを多く (2倍) 消費することがわかる。

OH ラジカルと CO_3^{2-} または HCO_3^- の反応速度定数（k_{OH}）は，一例として CO_3^{2-} の 3.9×10^8/M・s に対し HCO_3^- は 8.5×10^6/M・s である[7]。これは CO_3^{2-} の反応速度が HCO_3^- に比べて 46 倍も大きいことを示す。したがって Na_2CO_3 を用いて pH 調整と Ca^{2+} の不溶化を行う場合は，水中の CO_3^{2-} 量を増やさないように pH を 9.5 程度に調整すれば OH ラジカルの酸化作用を有効に活用できると考えられる。実験の結果，表 11.6 試料 No.1 のように Na_2CO_3 溶液で pH を 10 に調整すると，原水中の Ca^{2+} は 200 mg/L から 18 mg/L となり，析出した $CaCO_3$ は 2～3 h の静置により固液分離できた。これにより後工程の酸化処理が支障なく進むことが確認できた。

(2) H_2O_2 併用 UV オゾン酸化による COD の処理

酸化処理は UV オゾン酸化と H_2O_2 併用オゾン酸化について行った。

---

[7] J. Hoigné and H. Barder：Ozone Science and Engineering, Vol. 1, pp. 73-85 (1979)

実験は図 11.6 に示す上澄水槽の処理水を UV オゾン酸化反応槽へ送って処理し，全量を再び上澄水槽に戻す循環方式を採用した。処理水は UV オゾン酸化反応槽の出口から一定時間ごとに採水し，紫外吸収スペクトル，COD，TOC，pH および IC の測定を行った。

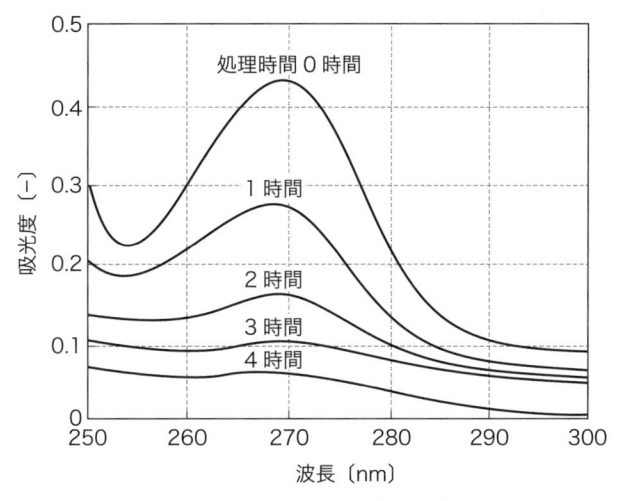

図 11.29 は UV オゾン酸化処理水の紫外吸収スペクトル，図 11.30 は H_2O_2 併用 UV オゾン酸化処理水の紫外吸収スペクトルである。

図 11.29 に示す UV オゾン酸化処理前の試料は波長 270 nm に吸光度 0.42 の極大値を示した。これを UV オゾン酸化処理すると処理時間の経過とともに吸光度は低下したが 4 時間後でも波長 270 nm に吸光度 0.06 のピークが残った。

この結果から，UV オゾン酸化は 4 時間行っても処理水中に難分解性の有機成分が残留していると考えられる。これに対して図 11.30 の H_2O_2 併用 UV オゾン酸化では，1 時間後にすでに吸収のピークがなく，4 時間後には全体の吸光度がさらに低下した。

図 11.29 と図 11.30 の結果から，H_2O_2 併用 UV オゾン酸化を 4 時間行えば，有機成分の大半を分解できることがわかる。

図 11.31 は UV オゾン酸化処理の pH，COD，TOC および IC の測定結果である。pH は酸化反応の進行に伴って低下し，4 時間後に 7.2 となった。COD と TOC

図 11.29　UV オゾン酸化処理水の紫外吸収スペクトル

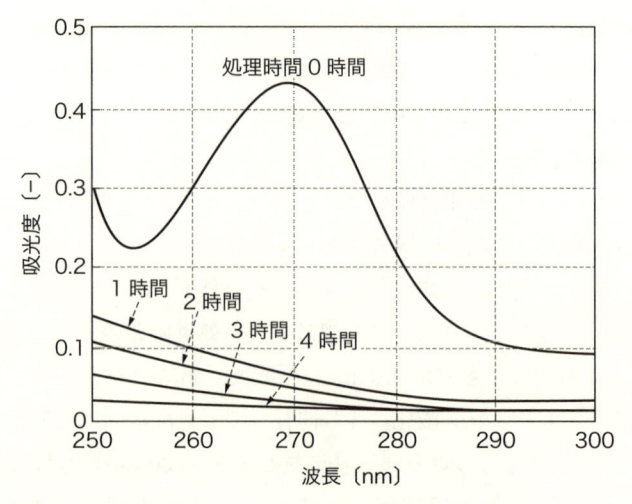

図 11.30　H_2O_2 併用 UV オゾン酸化処理水の紫外吸収スペクトル

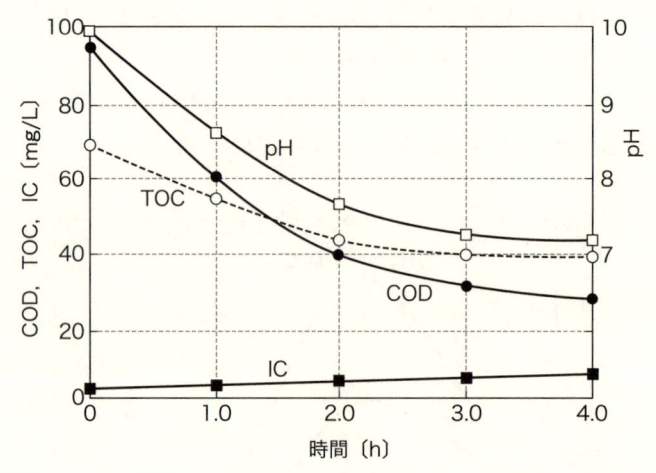

図 11.31　UV オゾン酸化処理水の pH, COD, TOC, IC 変化

はともに低下し4時間後に COD 30 mg/L, TOC 40 mg/L となった。COD 除去率は68％程度で, 有機物の一部は有機酸にまで分解するようであるが残りの32％は未分解のまま残留している。4時間処理後の IC 成分は 8 mg/L となり, 処理水中に無機成分がわずかに増加する傾向を示した。

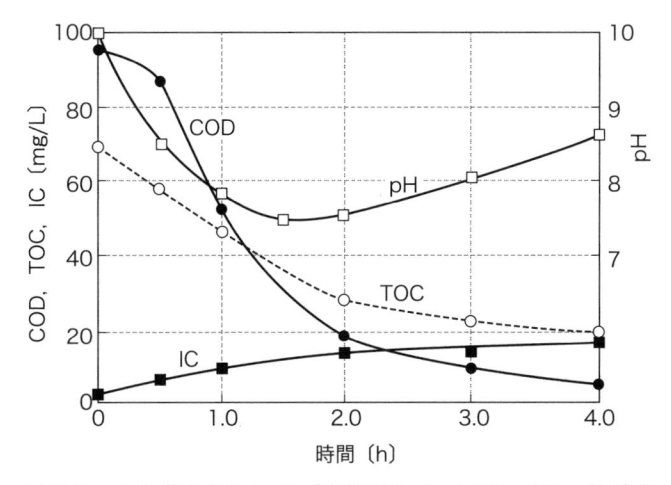

図 11.32 H_2O_2 併用 UV オゾン酸化処理の pH, COD, TOC, IC 変化

UV オゾン酸化では式(11.21), 式(11.22)のように OH ラジカルを生成するが, 発生量が少ないうえに試料中の有機物が難分解性のため, COD 除去効果が低かったと考えられる.

$$O_3 + h\nu \quad (\lambda < 310 \mathrm{nm}) \rightarrow [O] + O_2 \tag{11.21}$$

$$[O] + H_2O \rightarrow 2OH\cdot \tag{11.22}$$

図 11.32 は COD (O) 総量の 0.2 倍に相当する酸素を含む H_2O_2 を加えて UV オゾン酸化処理し pH, COD, TOC および IC を測定した結果である. COD, TOC ともに大幅に低下し 4 時間後に COD 5 mg/L, TOC 20 mg/L となった. COD 除去率は 95% で大半の有機物が分解されたと考えられる. 4 時間処理後の IC 濃度は 19 mg/L となり, 処理水中に無機成分が増加することが示唆された. H_2O_2 の添加量が多すぎると, 試料中に残留している H_2O_2 が式(11.23)のように過マンガン酸イオンと反応して見かけの COD として計測される.

$$5H_2O_2 + 2MnO_4^- + 6H^+ \rightarrow 2Mn^{2+} + 5O_2 + 8H_2O \tag{11.23}$$

図 11.32 はこのような傾向が 0.5 時間の測定で残っているが, 実用上問題はない.

(3) H_2O_2 併用 UV オゾン酸化による CN^-, クロムの処理

前述の (2) と同様の方法で試料を循環し, UV オゾン酸化と H_2O_2 併用オゾン酸化を行った. 測定結果を図 11.33 に示す. H_2O_2 併用 UV オゾン酸化では試料

(Cr^{3+} 4 mg/L）中の Cr^{3+} が酸化されて 2.5 時間後にほぼ全量が Cr^{6+} に変わったが，UV オゾン酸化では 4 時間処理しても 1.5 mg/L が残留した．

Cr^{3+} はオゾンや OH ラジカルにより Cr^{6+} に酸化される．その反応式は式 (11.24)，式 (11.25) と考えられる．

$$2Cr^{3+} + 3O_3 + 5H_2O \rightarrow 2CrO_4^{2-} + 3O_2 + 10H^+ \tag{11.24}$$

$$Cr^{3+} + 3OH\cdot + H_2O \rightarrow CrO_4^{2-} + 5H^+ \tag{11.25}$$

CN^- は H_2O_2 併用 UV オゾン酸化により 0.5 時間で分解されたが，UV オゾン酸化では 1 時間を要した．本試料の CN^- は，式 (11.26)〜式 (11.29) のようにオゾンや OH ラジカルによって CNO^- を経て HCO_3^- や N_2 に分解されると考えられる．

$$CN^- + O_3 \rightarrow CNO^- + O_2 \tag{11.26}$$

$$2CNO^- + 3O_3 + H_2O \rightarrow 2HCO_3^- + N_2 + 3O_2 \tag{11.27}$$

$$CN^- + 2OH\cdot \rightarrow CNO^- + H_2O \tag{11.28}$$

$$2CNO^- + 6OH\cdot \rightarrow 2HCO_3^- + N_2 + 2H_2O \tag{11.29}$$

CN^- 酸化の場合も Cr^{3+} と同様に OH ラジカルの酸化力のほうが強いので，式 (11.28)，式 (11.29) の反応が優先したと考えられる．本実験結果から Cr^{3+} はイオン交換処理可能な Cr^{6+}（$HCrO_4^-$）に酸化され，CN^- は分解したことが明らか

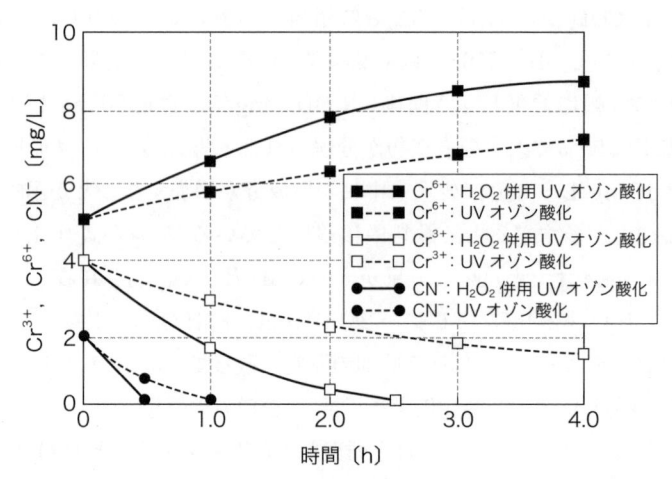

図 11.33 H_2O_2 併用 UV オゾン酸化処理の Cr^{3+}，Cr^{6+}，CN^- 変化

写真11.6 UVオゾン酸化装置の一部

となった。

写真11.6は実際のUVオゾン酸化装置の一部である。

(4) 酸化処理水の脱塩

図11.34は表11.6の試料No.1〜3をH_2O_2併用UVオゾン酸化によって4時間処理した水を陽イオン交換樹脂→陰イオン交換樹脂塔の順に通水し，陰イオン交換樹脂塔出口水のECを測定したものである。処理水量（L/L-樹脂量）は陽イオン交換樹脂と陰イオン交換樹脂を合計して1リットルに換算し，この1リットルの樹脂で処理した水量（BV；Bed Volume）である。

図11.34の結果から，酸化処理水をイオン交換処理すると樹脂量の30〜50 BVの脱イオン水（EC 20 μS/cm以下）が得られた。この脱イオン水は水道水以上の水質なので，当該工場内で機器洗浄や薬品溶解用水として再利用できる。

脱塩に用いたイオン交換樹脂は，再生専門の工場に樹脂塔ごと運搬して再生するシステムを採用した。陰イオン交換樹脂は，樹脂の2倍量の7% NaOH溶液を用いてSV3で再生した。再生廃液はCr^{6+}以外に不純物としてCl^-を含むので，精製のために再度，陰イオン交換樹脂にCr^{6+}が飽和になるまで吸着させたあと，樹脂の2倍量の7% NaOH溶液で溶離したところ，Cl^-の少ないCr^{6+}溶液（Cr^{6+}

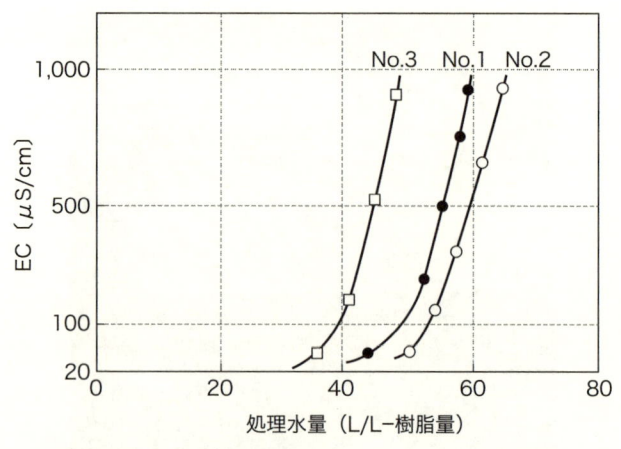

図 11.34 UV オゾン酸化処理水のイオン交換樹脂処理結果

43,000 mg/L) が回収できた。これはクロム酸原料の無水クロム酸（CrO_3）に換算すると，8.3％に相当する。この Cr^{6+} はクロム塩類の原料として再資源化できることを確認した。

表 11.6 の結果から，試料 No.1～3 の排水を H_2O_2 併用 UV オゾン酸化したのち，この処理水をイオン交換樹脂処理すれば難分解性有機物，CN^- およびクロム（Cr^{3+}，Cr^{6+}）を含む汚染地下水が脱イオン水として再利用できることが明らかとなった。

第 11 章水のリサイクルでは，実験結果に基づいて実用化した設備の 5 事例について要約した。

実験結果を実際の装置として実用化する具体的方法は紙面の都合で省略した。

実験結果に基づいて実際の装置を設計・製作し，売れる製品に仕上げるには，実務経験に裏打ちされたエンジニアリング手法が必要である。これを会得するには紙上の学習に加え，多くの現場経験と知識の研鑽が必要である。

本書でお伝えした内容がこれらの実現に少しでも参考になれば幸いである。

索引

欧文

AOP	85
AOP 処理	91
ATP	151
A 型ゼオライト	197
BOD 汚泥負荷	111
BOD 容積負荷	111
Cr^{3+}化成処理液	234
Cr^{3+}化成処理排水	235
Cr^{3+}化成処理皮膜	167
Cr^{3+}排水	243
DNA	85
DPTA	179
DVB	52
EDTA	179
EPT 種数	19
FI 値	41
MBR	138
MF 膜	21, 32
MF 膜ろ過	13
MLSS	113
NPSH	47
OH ラジカル	90
PFOS	17
pH 調整剤	175
pH 調整装置	176
PSA	75
RoHS	166
RO 膜処理	219
RO 膜脱塩	13
UF 膜	28, 32
UF 膜ろ過	219
UV オゾン酸化	100, 230, 234

数字

1,4-ジオキサン	17, 202
2 床 2 塔式	57
2 段 RO 膜処理	224

4 級アンモニウム塩	53

あ

亜鉛クロメート処理	167
アデノシン 3 リン酸	151
亜硫酸水素ナトリウム	221
アルカリ塩素法	157
アルブミン	30
アンモニアストリッピング法	145
硫黄酸化菌	102
イオン交換樹脂	52
イオン交換樹脂処理	14
イオン交換帯	56
イオン交換法	149
イオン状シリカ	55
イオンの選択性	56
ウェハー加工	67
エアリフトポンプ	127
エチレングリコール	60
エンドトキシン	30
オゾン	74
オゾン活性炭処理	81
オゾン酸化	229
オゾン酸化法	161
汚泥再ばっ気法	115
汚泥負荷	120

か

加圧式ろ過	102
海水淡水化	46
回転円板法	135
化学的酸素要求量	14
架橋度	53
活性汚泥法	104
活性炭	97
カルシウムスケール	48
カルシウムヒドロキシアパタイト	155
環境基準	18, 19

桿菌	69	シアン化水素	157
貫流点	56	ジオキサン	60
キセノンエキシマランプ	94, 95	糸状細菌	118
キャリーオーバー	118	ジビニルベンゼン	52
吸着等温線	80	ジメチルエタノールアミン	60
強塩基性陰イオン交換樹脂	56	弱塩基性陰イオン交換樹脂	56
強酸性陽イオン交換樹脂	56	弱酸性陽イオン交換樹脂	56
金属置換キレート剤	179	重金属類	14
金属の分別回収	179	終沈	113
クリノプチロライト	197	純水	13
クリプトスポリジウム	31	晶析法	155
クロスフロー方式	22	植物プランクトン	143
クロム（Ⅵ）	162	初沈	109
クロメート処理	166	浸透作用	33
ゲル型樹脂	54	水酸化物法	173
減圧蒸留	218	水生生物	19
嫌気性菌	153	スクリーン	108
原生動物	104	スチレン	52
高圧ポンプ	47	スパイラル膜	40
工業用水	9	スフェロチルス	104
合成石英	88	スルフォン化	53
光速	87	生物学的酸素要求量	14, 79
高分子凝集剤	14	生物学的処理法	147
向流再生方式	64	生物活性炭	82
向流水洗	10	生物膜法	128
国際河川	15	ゼオライト	75, 149, 196
コレクター	65	ゼオライトX	197
コロイド状シリカ	55	セシウム	195
コロニー	69	接触ばっ気法	128
混床式イオン交換装置	61	セルロース	32
混床塔	65	洗浄用水	13
		選択係数	241
		全有機炭素	77
		全溶解固形分	45

さ

細菌群	104	全量ろ過	22
細孔径	23	双極子	34
最小パターン	68	阻害物質	123
酢酸セルロースRO膜	35	促進酸化法	85
酸化還元電位	6	阻止率	38
酸化溝法	115		
暫定排水基準	20		
残留塩素	7		

た

ジアルジア	31	炭酸同化作用	143
シアン化合物	227	断流現象	15

チッ素	14, 143
中空糸膜	31
長時間ばっ気法	115
超純水	13, 14, 67
低圧水銀ランプ	95
鉄シアン錯塩	159
電気抵抗値	71
電気伝導率	13, 43, 55
天然石英	88
毒性物質	107, 123
トリメチルアミン	60

な

ナチュラルウォーター	6
ナチュラルミネラルウォーター	6
ナノフィルター	33
並流再生	64
難分解性 COD	14
日本薬局方	30
尿毒素成分	30
粘性バルキング	120
農業用水	14
濃縮排水	43
ノルマルヘキサン抽出物質	14

は

バーチャルウォーター	7
排水基準	18, 19
パイロジェン物質	30
ばっ気槽	106, 110
ばっ気の方式	131
光洗浄	94
ヒドロキシルラジカル	85, 100
病原性原虫	31
標準活性汚泥法	106, 114
標準マーカー物質	28
フェリシアン	159
フェロシアン塩	159
フォトンエネルギー	87
フッ素	14
フッ素化合物	181
フッ素排水の処理	184

プランク定数	87
篩ろ過	34
フルオロホウ酸	192
不連続点塩素処理法	147
フロイントリッヒの式	98
分画分子量	28
分注ばっ気法	115
ボイラ水	13
包括固定化担体	206
芳香族ポリアミド膜	36
ホウ酸	50
ホウ酸塩	51
ホウ素	14, 51, 192
ポーラス型樹脂	54
ボトルドウォーター	6
ポリアミド膜	36
ポリエチレン	32
ポリ塩化アルミニウム	21
ポリサルフォン	32
ポリフッ化ビニリデン	32
ポリ硫酸鉄	188

ま

マイクロバブル	83
膜分離	22
膜分離活性汚泥法	138
膜ベッセル	44
ミクログロブリン	30
水ストレス	16
水ビジネス	1
水メジャー企業	1
ミネラルウォーター	6
無機系排水	14
無声放電	75
メッシュスペーサー	40
メンブレンフィルター	41
モルデナイト	197

や

有機系排水	14
有機フッ素化合物	17
ユースポイント	73

遊離塩素	97, 99
溶解度積	177
容積負荷	120
溶存酸素	14, 107
溶融石英	88

ら

硫酸アルミニウム	21
流動床法	136
流量調整槽	109
理論純水	71
リン	14, 143
ルーズ RO 膜	30
ろ過抵抗	23

【著者紹介】

和田洋六（わだ　ひろむつ）
工学博士
技術士（上下水道部門，衛生工学部門）

1943年10月　神奈川県生まれ。
1969年 3月　東海大学大学院工学研究科（修士課程）修了後，日機装㈱に入社。
1982年12月　より日本ワコン㈱に勤務。
　　　　　　常務取締役を経て，現在，常任監査役。

企業で43年にわたる水処理技術研究の傍ら，国際協力機構（JICA）や経済産業省の水処理技術専門家として東南アジアや南米諸国で用水と排水処理の実務指導を行う。
経済産業省および環境省の排水処理技術検討会委員

東海大学大学院講師（非常勤）（1994年～現在）
㈳日本表面処理機材工業会　参与

著書
『水のリサイクル（基礎編・応用編）』地人書館
『造水の技術』地人書館
『飲料水を考える』地人書館
『水処理技術の基本と仕組み』秀和システム
『ポイント解説　水処理技術』東京電機大学出版局
『ポイント解説　用水・排水の産業別水処理技術』東京電機大学出版局

入門　水処理技術

2012年10月20日　第1版1刷発行　　　ISBN 978-4-501-62780-5 C3058

著　者　和田洋六
　　　　Ⓒ Wada Hiromutsu 2012

発行所　学校法人　東京電機大学　　〒120-8551　東京都足立区千住旭町5番
　　　　東京電機大学出版局　　　　〒101-0047　東京都千代田区内神田1-14-8
　　　　　　　　　　　　　　　　　Tel. 03-5280-3433（営業）03-5280-3422（編集）
　　　　　　　　　　　　　　　　　Fax. 03-5280-3563　振替口座 00160-5-71715
　　　　　　　　　　　　　　　　　http://www.tdupress.jp/

JCOPY　<（社）出版者著作権管理機構　委託出版物>
本書の全部または一部を無断で複写複製（コピーおよび電子化を含む）することは，著作権法上での例外を除いて禁じられています。本書からの複写を希望される場合は，そのつど事前に，（社）出版者著作権管理機構の許諾を得てください。
また，本書を代行業者等の第三者に依頼してスキャンやデジタル化をすることはたとえ個人や家庭内での利用であっても，いっさい認められておりません。
[連絡先] Tel. 03-3513-6969，Fax. 03-3513-6979，E-mail : info@jcopy.or.jp

印刷：三美印刷(株)　　製本：渡辺製本(株)　　装幀：大貫伸樹
落丁・乱丁本はお取り替えいたします。　　　　　　　Printed in Japan